高校入試

数学を
ひとつひとつわかりやすく。

Gakken

高校入試に向けて挑戦するみなさんへ

高校入試がはじめての入試だという人も多いでしょう。入試に向けての勉強は不安やプレッシャーがあるかもしれませんが、ひとつひとつ学習を進めていけば、きっと大丈夫。その努力は必ず実を結びます。

学年が上がるごとに難しくなる数学を、苦手に思う人も多いかもしれません。この本では、高校入試で出題される内容の中でも特に大切なところを、図解を使いながらやさしいことばで説明し、簡単な穴うめをすることで、概念や解き方をしっかり理解することができます。

また、この本には、実際に過去に出題された入試問題を多数掲載しています。入試過去問を解くことで、理解を深めるだけでなく、自分の実力を確認し、弱点を補強することができます。

みなさんがこの本で数学の知識や考え方を身につけ、希望の高校に合格できることを心から応援しています。一緒にがんばりましょう！

この本の使い方

1回15分、読む→解く→わかる！

1回分の学習は2ページです。毎日少しずつ学習を進めましょう。

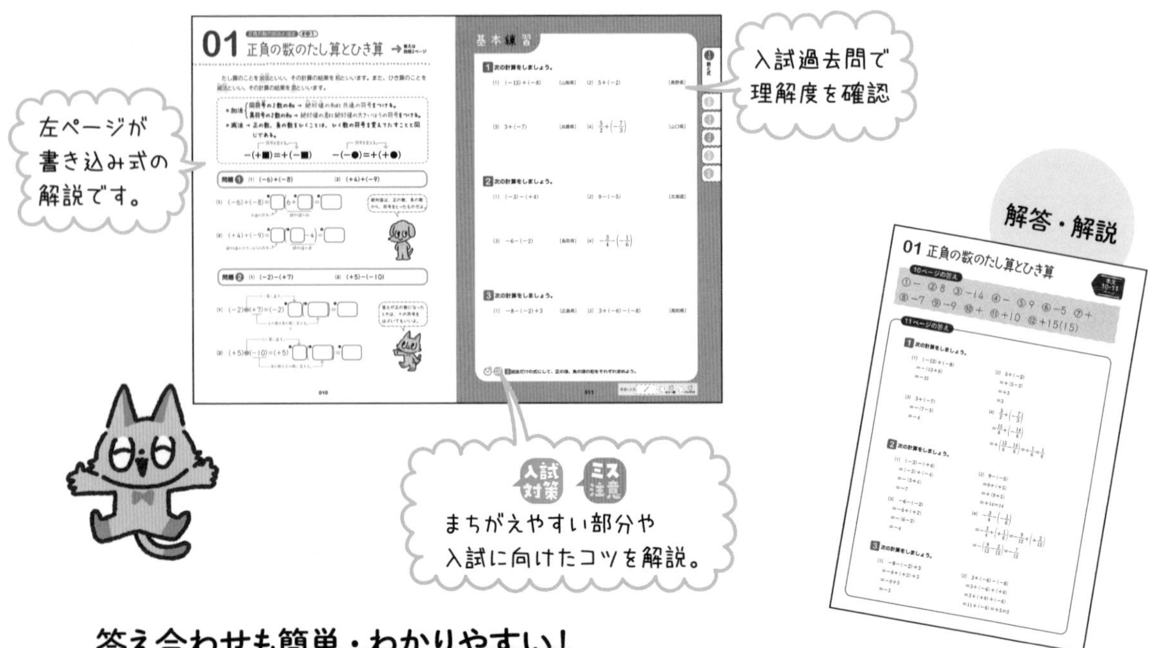

答え合わせも簡単・わかりやすい！

解答は本体に軽くのりづけしてあるので、引っぱって取り外してください。
問題とセットで答えが印刷してあるので、簡単に答え合わせできます。

実戦テスト・模擬試験で、本番対策もバッチリ！

各分野のあとには、入試過去問からよく出るものを厳選した「実戦テスト」が、
巻末には、2回分の「模擬試験」があります。

ニガテなところは、くり返し取り組もう

1回分が終わったら、理解度を記録しよう！

1回分の学習が終わったら、学習日と理解度を記録しましょう。

学習した日 ／   

学習が終わったらどちらかにチェック！

「もう一度」のページは「バッチリ！」と思えるまで、くり返し取り組みましょう。ひとつひとつニガテをなくしていくことが、合格への近道です。

スマホで4択問題ができるWebアプリつき

重要ポイントをゲーム感覚で確認！

無料のWebアプリで４択問題を解いて、学習内容を確認できます。

スマートフォンなどでLINEアプリを開き、「学研 小中Study」を友だち追加していただくことで、クイズ形式で重要ポイントが復習できるWebアプリをご利用いただけます。

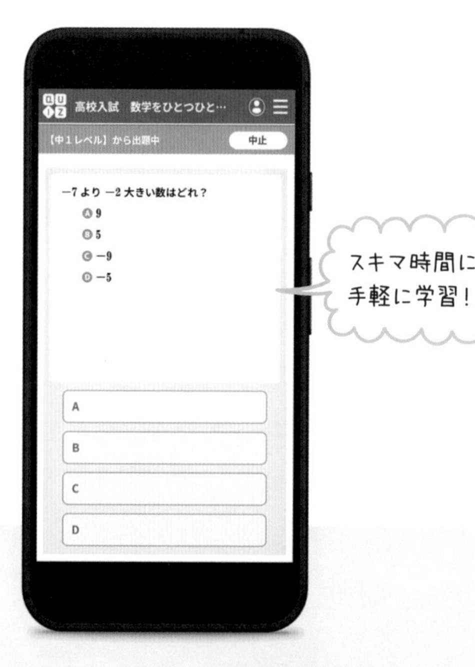

スキマ時間に手軽に学習！

↓LINE友だち追加はこちらから↓

※クイズのご利用は無料ですが、通信料はお客様のご負担になります。
※サービスの提供は予告なく終了することがあります。

高校入試問題の掲載について

・問題の出題意図を損なわない範囲で、問題や写真の一部を変更・省略、また、解答形式を変更したところがあります。
・問題指示文、表記、記号などは、全体の統一のために変更したところがあります。
・解答・解説は、各都道府県発表の解答例をもとに、編集部が作成したものです。

もくじ 高校入試 数学

4章 図形

5章 データの活用・確率

わかる君を探してみよう！

この本にはちょっと変わったわかる君が全部で５つかくれています。学習を進めながら探してみてくださいね。

すまいる君

たべる君

うける君

てれる君

うかる君

色や大きさは、上の絵とちがうことがあるよ！

合格につながるコラム①

高校入試を知っておこう

高校ってどんな種類に分かれるの？

公立・私立・国立のちがい

合格につながる高校入試対策の第一歩は、行きたい高校を決めることです。志望校が決まると、受験勉強のモチベーションアップになります。まずは、高校のちがいを知っておきましょう。高校は公立・私立・国立の３種類に分かれます。どれが優れているということはありません。自分に合う高校を選びましょう。

公立高校
・都道府県・市・町などが運営する高校
・学費が私立高校と比べてかなり安い
・公立高校がその地域で一番の進学校ということもある

私立高校
・学校法人という民間が経営している。独自性が魅力の一つ
・私立のみを受験する人も多い

国立高校
・国立大学の附属校。個性的な教育を実践し、自主性を尊重する学校が多い

入試の用語と形式を知ろう！

単願・併願って？

単願（専願）と併願とは、主に私立高校で使われている制度です。単願とは「合格したら必ず入学する」という約束をして願書を出すこと。併願とは「合格しても、断ることができる」というものです。

単願のほうが受かりやすい形式・基準になっているので、絶対に行きたい学校が決まっている人は単願で受けるといいでしょう。

推薦入試は、一般入試よりも先に実施されますが、各高校が決める推薦基準をクリアしていないと受けられないという特徴があります。

小論文や面接も「ひとつひとつ」で対策！

左：『高校入試　作文・小論文をひとつひとつわかりやすく。』
右：『高校入試　面接対策をひとつひとつわかりやすく。』
（どちらもGakken）

入試の形式を確認しよう!

形式の違いを把握して正しく対策!

公立の入試形式は各都道府県や各高校で異なります。私立は学校ごとに試験の形式や難易度、推薦の制度などが大きく違います。同じ高校でも、普通科・理数科など、コースで試験日が分かれていたり、前期・後期など何回かの試験日を設定したりしていて、複数回受験できることもあります。

必ず自分の受ける高校の入試形式や制度を確認しましょう。

公立

推薦入試
- 内申点+面接、小論文、グループ討論など
- 高倍率で受かりにくい

一般入試
- 内申点+学力試験(面接もあり)
- 試験は英・数・国・理・社の5教科
- 同じ都道府県内では同じ試験問題のことが多い
- 難易度は標準レベルなのでミスをしないことが大切

私立

推薦入試
- 制度は各高校による
- 単願推薦はより受かりやすい

一般入試
- 制度は各高校による(内申点を評価するところもある)
- 試験は英・数・国の3教科のところが多い
- 各高校独自の問題で、難易度もさまざま(出題範囲が教科書をこえるところもある)

公立の高校入試には内申点も必要

公立高校の入試では、内申点+試験当日の点数で合否が決まります。「内申点と学力試験の点数を同等に扱う」という地域や高校も多いので、内申点はとても重要です。

都道府県によって、内申点の評価学年の範囲、内申点と学力試験の点数の配分は異なります。

中1~3年の内申点を同じ基準で評価する地域、中3のときの内申点を高く評価する地域、実技教科の内申点を高く評価する地域などさまざまなので、必ず自分の住む地域の入試形式をチェックしましょう。

入試に向けたスケジュール

入試では３年分が出題範囲

中３からは、ふだんの授業の予習・復習や定期テスト対策に加えて、中１・２の総復習や、３年間の学習範囲の受験対策、志望校の過去問対策など、やるべきことが盛りだくさんです。

学校の進度に合わせて勉強をしていると、中３の最後のほうに教わる範囲は、十分な対策ができません。夏以降は、学校で教わっていない内容も自分で先取り学習をして、問題を解くとよいでしょう。

下のスケジュールを目安に、中３の春からコツコツと勉強を始めて、夏に勢いを加速させるようにしましょう。

	勉強のスケジュール	入試に向けて
4月～7月	・ふだんの予習・復習 ・定期テスト対策 ・中１・２の総復習 ➡夏休み前にひと通り終えるようにする	・学校説明会や文化祭へ行く ➡１学期中に第一志望校を決めよう ・模試を受けてみる ➡自分の実力がわかる
夏休み	・中１～３の全範囲での入試対策 ➡問題集を解いたり、過去の定期テストの見直しをしたりしよう ・２学期以降の中３範囲の予習 ➡学校の進度にあわせると入試ギリギリになるので予習する	・１学期の成績をもとに、志望校をしぼっていく ※部活が夏休み中もある人はスケジュール管理に注意！
9月～3月	・定期テスト対策 ➡２学期・後期の内申点までが受験に関わるので、しっかりと！ ・10月ごろから総合演習 ➡何度も解いて、練習しよう ・受ける高校の過去問対策 ➡くり返し解いて、形式に慣れる。苦手分野は問題集に戻ってひたすら苦手をつぶしていく	・模試を受ける ➡テスト本番の練習に最適 ・説明会や個別相談会に行く ➡２学期の成績で受験校の最終決定 ・１月ごろから入試スタート

1 章

数と式

01 正負の数のたし算とひき算

正負の数の加法と減法　#中1

→ 答えは別冊2ページ

たし算のことを**加法**(かほう)といい、その計算の結果を**和**(わ)といいます。また、ひき算のことを**減法**(げんぽう)といい、その計算の結果を**差**(さ)といいます。

- 加法
  - 同符号(ふごう)の2数の和 → 絶対値(ぜったいち)の和に共通の符号をつける。
  - 異符号の2数の和 → 絶対値の差に絶対値の大きいほうの符号をつける。
- 減法 → 正の数、負の数をひくことは、ひく数の符号を変えてたすことと同じである。

符号を変える。
$-(+■)=+(-■)$

符号を変える。
$-(-●)=+(+●)$

問題1　(1) $(-6)+(-8)$　　(2) $(+4)+(-9)$

(1) $(-6)+(-8)=$ ❶□ $(6+$ ❷□ $)=$ ❸□

共通の符号　絶対値の和

(2) $(+4)+(-9)=$ ❹□ $($ ❺□ $-4)=$ ❻□

絶対値の大きいほうの符号　絶対値の差

絶対値は、正の数、負の数から、符号をとったものだよ。

問題2　(1) $(-2)-(+7)$　　(2) $(+5)-(-10)$

(1) $(-2)-(+7)=(-2)$ ❼□ $($ ❽□ $)=$ ❾□

たし算に直す。
正の数を負の数に変える。

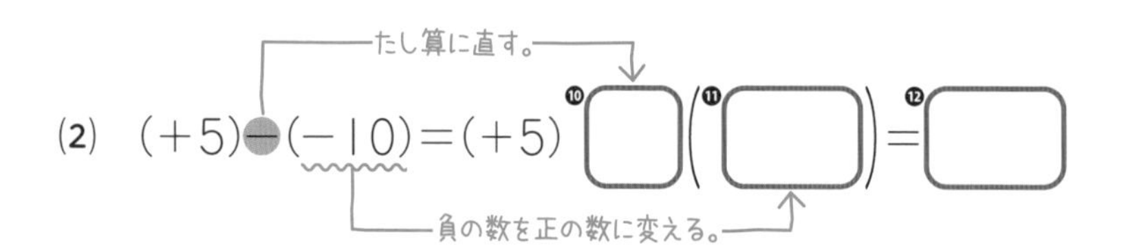

答えが正の数になったときは、＋の符号をはぶいてもいいよ。

基本練習

1章 数と式

2章 3章 4章 5章 模試

1 次の計算をしましょう。

(1) $(-13)+(-8)$ ［山梨県］

(2) $5+(-2)$ ［長野県］

(3) $3+(-7)$ ［兵庫県］

(4) $\frac{5}{2}+\left(-\frac{7}{3}\right)$ ［山口県］

2 次の計算をしましょう。

(1) $(-3)-(+4)$

(2) $9-(-5)$ ［北海道］

(3) $-6-(-2)$ ［鳥取県］

(4) $-\frac{3}{4}-\left(-\frac{1}{6}\right)$

3 次の計算をしましょう。

(1) $-8-(-2)+3$ ［広島県］

(2) $3+(-6)-(-8)$ ［高知県］

入試対策 3 加法だけの式にして、正の項、負の項の和をそれぞれ求めよう。

学習した日 ／  もう一度  バッチリ！

正負の数の乗法と除法 #中1

02 正負の数のかけ算とわり算

→ 答えは別冊2ページ

かけ算のことを**乗法**(じょうほう)といい、その計算の結果を**積**(せき)といいます。わり算のことを**除法**(じょほう)といい、その計算の結果を**商**(しょう)といいます。

> 同符号の2数の積・商 → 絶対値の積・商に正の符号をつける。
> 異符号の2数の積・商 → 絶対値の積・商に負の符号をつける。

問題1 (1) $(-3)\times(-6)$　　(2) $18\times\left(-\frac{2}{3}\right)$

(1) $(-3)\times(-6)=$ ❶□ $(3\times$ ❷□$)=$ ❸□

正の符号　絶対値の積

(2) $18\times\left(-\frac{2}{3}\right)=$ ❹□ $\left(\frac{\overset{❺□}{\cancel{18}}\times 2}{\underset{❻□}{\cancel{3}}}\right)=$ ❼□

負の符号　ここで約分する。

分数をふくむ計算で、約分できるときは、約分してから計算しよう。

問題2 (1) $(-28)\div(+4)$　　(2) $(-24)\div\left(-\frac{3}{4}\right)$

(1) $(-28)\div(+4)=$ ❽□ $(28\div$ ❾□$)=$ ❿□

負の符号　絶対値の商

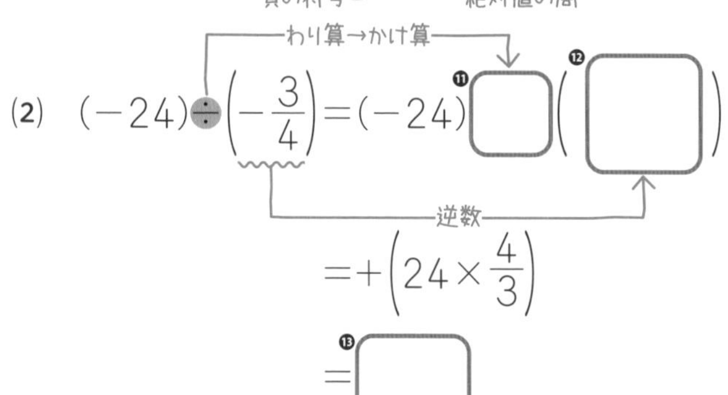

(2) $(-24)\div\left(-\frac{3}{4}\right)=(-24)$ ⓫□ $\left(\text{⓬□}\right)$

$=+\left(24\times\frac{4}{3}\right)$

$=$ ⓭□

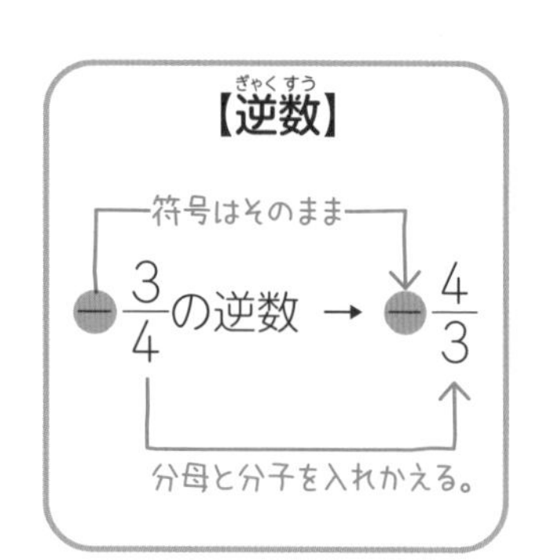

基本練習

1章 数と式

2章 3章 4章 5章 模試

1 次の計算をしましょう。

(1) $-5\times(-8)$ ［千葉県］

(2) $8\times(-7)$ ［三重県］

(3) $27\times\left(-\frac{5}{9}\right)$ ［大阪府］

(4) $-\frac{7}{10}\times\left(-\frac{5}{21}\right)$ ［宮崎県］

2 次の計算をしましょう。

(1) $(-32)\div(-4)$

(2) $(-21)\div7$ ［福島県］

(3) $-12\div\left(-\frac{6}{7}\right)$ ［大阪府］

(4) $-\frac{2}{3}\div\frac{8}{9}$ ［鳥取県］

3 次の計算をしましょう。

(1) $27\div(-8)\times\frac{2}{9}$

(2) $20\div\left(-\frac{3}{4}\right)\div\left(-\frac{5}{6}\right)$

入試対策 3 乗法だけの式に直して計算する。積の符号は、負の数の個数が偶数個→＋、奇数個→－。

学習した日 ／ もう一度 バッチリ！

03 いろいろな計算

四則の混じった計算　#中1

➔ 答えは別冊2ページ

加法、減法、乗法、除法をまとめて**四則**（しそく）といいます。四則の混じった計算では、左から順に計算してはいけません。次の計算の順序にしたがって計算しましょう。

四則の混じった計算の順序

❶かっこ・累乗（るいじょう） → ❷乗法・除法 → ❸加法・減法

問題❶ $3\times(-8)-12\div(-4)$

加法と減法、乗法と除法の混じった計算では、乗法と除法を先に計算します。

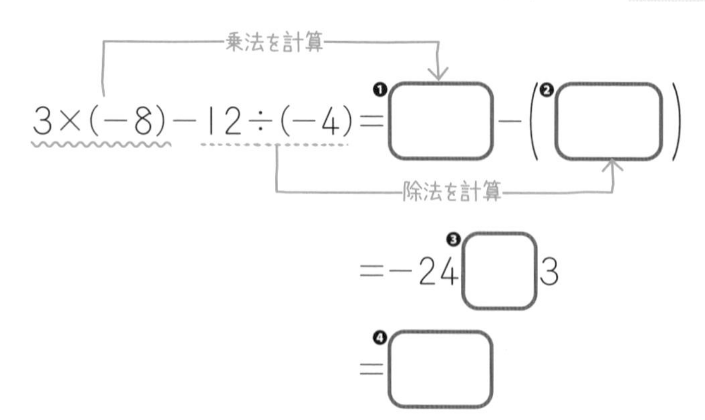

式の形をよく見て、計算の順序を確認しよう。

問題❷ (1) $9-(-3)\times(2-6)$　　(2) $8+16\div(-2)^3$

(1) かっこのある式の計算では、かっこの中を先に計算します。

$9-(-3)\times(2-6)$　かっこの中を計算

$=9-(-3)\times($ ❺□ $)$　乗法を計算

$=9-$ ❻□　減法を計算

$=$ ❼□

(2) 累乗のある式の計算では、累乗を先に計算します。

$8+16\div(-2)^3$　累乗を計算

$=8+16\div($ ❽□ $)$　除法を計算

$=8+($ ❾□ $)$　加法を計算

$=$ ❿□

基本練習

1 次の計算をしましょう。

(1) $9+4\times(-3)$ [福岡県]

(2) $7-5\times(-2)$ [沖縄県]

(3) $2+12\div(-3)$ [島根県]

(4) $4\times(-5)-(-15)\div3$

2 次の計算をしましょう。

(1) $3-7\times(5-8)$ [21 愛知県]

(2) $\frac{3}{5}\times\left(\frac{1}{2}-\frac{2}{3}\right)$ [山形県]

(3) $(-3)^2\times2-8$ [石川県]

(4) $-8+6^2\div9$ [23 東京都]

(5) $-2^2+(-5)^2$ [山梨県]

(6) $-6^2+4\div\left(-\frac{2}{3}\right)$ [京都府]

2 次の2つの計算のちがいに注意しよう。$(-■)^2=(-■)\times(-■)$、$-■^2=-(■\times■)$

学習した日 ／ もう一度 バッチリ！

04 文字式で表そう

文字式の表し方 #中1

答えは 別冊2ページ

a、b、x、yなどの文字を使った式を**文字式**といいます。数量を文字式で表すときは、×や÷の記号を使わず、文字式の表し方にしたがって表します。

- 積の表し方
  記号×をはぶいて、数は文字の前に書く。
  同じ文字の積は、累乗の指数を使って書く。
- 商の表し方
  記号÷を使わずに、分数の形で書く。

問題1 次の式を、文字式の表し方にしたがって表しましょう。

(1) $b \times a \times 4 \times b$　　(2) $x \times y \div (-7)$

(1) $b \times a \times 4 \times b =$ ❶□

(2) $x \times y \div (-7) =$ ❷□ $\div (-7) =$ ❸□

文字の積は、ふつう、アルファベット順に書くよ。

問題2 次の数量を文字を使った式で表しましょう。

(1) a mLのジュースを5人で等分したときの1人分のジュースの量

(2) x kmの道のりを、時速40kmでy時間進んだときの残りの道のり

(1) 1人分のジュースの量は、(全体のジュースの量)÷(人数)だから、

❹□ $\div 5 =$ ❺□ (mL)

(2) 進んだ道のりは、(速さ)×(時間)だから、

$40 \times$ ❻□ $=$ ❼□ (km)

残りの道のりは、(全体の道のり)−(進んだ道のり)

だから、❽□ (km)

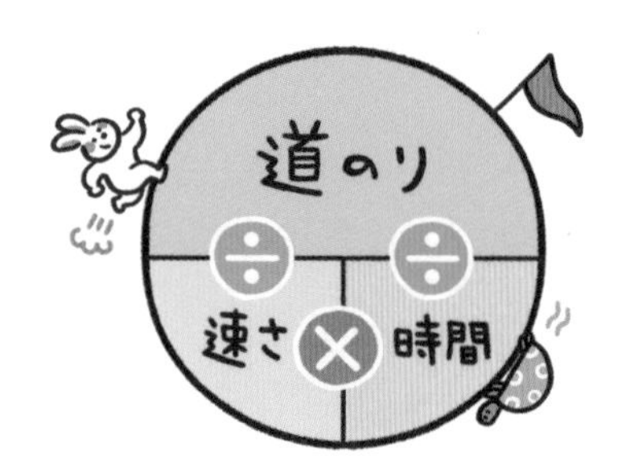

基本練習

1 次の式を、文字式の表し方にしたがって表しましょう。

(1) $y \times (-1) \times x$

(2) $b \times a \times b \times a \times b$

(3) $x \times 3 + y \times (-6)$

(4) $a \div (-9) \times b$

(5) $(x+y) \div 5$

(6) $m \div n \div (-4)$

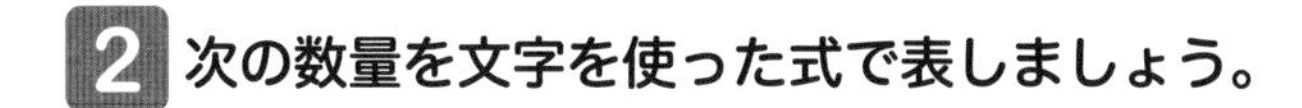

2 次の数量を文字を使った式で表しましょう。

(1) 1個の重さがagのビー玉2個と、1個の重さがbgのビー玉7個の重さの合計。 ［大阪府・改］

(2) 800mの道のりを、行きは分速xm、帰りは分速ymの速さで歩いたときの往復にかかった時間。

1 (4) $a \div (-9) \times b = a \div (-9b) = \dfrac{a}{-9b}$ のように、後ろの2つの項を先に計算してはダメ。

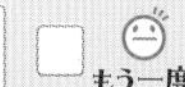

関係を表す式 #中1

05 等式や不等式で表そう

→ 答えは別冊3ページ

等号＝を使って、2つの数量が等しい関係を表した式を**等式**（とうしき）といいます。また、不等号>、<、≧、≦を使って、2つの数量の大小関係を表した式を**不等式**（ふとうしき）といいます。

問題1 卵が全部でx個あり、それを10個ずつパックに入れたところ、yパックできて5個余りました。この数量の関係を等式で表しましょう。

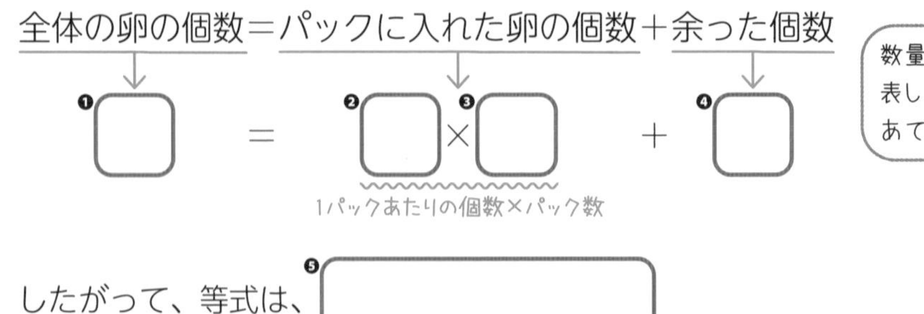

問題2 amLの牛乳を、8人にbmLずつ分けたら、残りは50mLより少なくなりました。この数量の関係を不等式で表しましょう。

全体の牛乳の量－8人に分けた牛乳の量 ❻□（不等号） 50（ことばの式で表す。）

❼□ － ❽□×❾□ ❿□ 50

1人あたりの量×人数

したがって、不等式は、⓫□

【不等号の使い方】

aはb以上…………$a \geqq b$

aはb以下…………$a \leqq b$

aはbより大きい…$a > b$

aはb未満…………$a < b$

基本練習

1章 数と式
2章
3章
4章
5章
模試

1 次の数量の関係を等式で表しましょう。

(1) a個のチョコレートを1人に8個ずつb人に配ると5個余りました。

［富山県］

(2) $a$cmの紙テープから$b$cmの紙テープを5本切り取ると、3cm残りました。

［長崎県］

2 次の数量の関係を不等式で表しましょう。

(1) 1個あたりのエネルギーが20kcalのスナック菓子(がし)a個と、1個あたりのエネルギーが51kcalのチョコレート菓子b個のエネルギーの総和は180kcalより小さいです。

［山口県］

(2) A地点からB地点まで、はじめは毎分60mでam歩き、途中から毎分100mでbm走ったところ、20分以内でB地点に到着しました。

［栃木県］

(3) 130人の生徒が1人a円ずつ出して、1つb円の花束を5つと、1本150円のボールペンを5本買って代金を払うと、おつりがありました。

［新潟県］

入試対策 2(3)おつりがあるということは、生徒が出した金額が代金より多いということ。

学習した日　／　□もう一度　□バッチリ!

06 式のたし算とひき算

単項式・多項式の加減 #中1 #中2

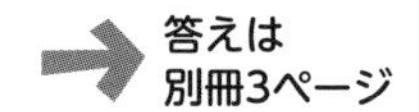
答えは
別冊3ページ

文字の部分が同じである項を**同類項**(どうるいこう)といいます。同類項は、■x＋●x＝(■＋●)x を利用して１つの項にまとめることができます。

同類項をまとめるには、係数(けいすう)どうしを計算して共通の文字をつける。

$2a + 7b + 5a - 4b = (2+5)a + (7-4)b = 7a + 3b$

（$2a$ と $+5a$ が同類項、$+7b$ と $-4b$ が同類項）

問題１ $6x-8y-3x+4y$ の同類項をまとめましょう。

$6x-8y-3x+4y$
$=6x-3x-8y+4y$ ← 同類項を集める。
$=($❶□$-$❷□$)x+($❸□$+$❹□$)y$ ← 同類項をまとめる。
$=$❺□

問題２ (1) $(3a+5b)+(4a-9b)$ (2) $(x-6y)-(7x-8y)$

(1) ＋(　)は、そのままかっこをはずします。

$(3a+5b)+(4a-9b)$
$=3a+5b$❻□ ← かっこをはずす。
$=($❼□$)a+($❽□$)b$
$=$❾□

(2) －(　)は、各項の符号を変えて、かっこをはずします。

$(x-6y)-(7x-8y)$
$=x-6y$❿□ ← かっこをはずす。
$=($⓫□$)x+($⓬□$)y$
$=$⓭□

基本練習

1章 数と式

2章 3章 4章 5章 模試

1 次の計算をしましょう。

(1) $7x-3x$ [23 埼玉県]

(2) $\frac{1}{3}a-\frac{5}{4}a$ [滋賀県]

(3) $a-6b+5b-7a$

(4) $\frac{1}{3}x+y-2x+\frac{1}{2}y$ [青森県]

2 次の計算をしましょう。

(1) $(2x-y)+(5x-4y)$

(2) $(4a-3b)+(b-8a)$

(3) $(6x+y)-(9x+7y)$ [山口県]

(4) $(-3a-5)-(5-3a)$ [岡山県]

入試対策 1 (2)(4)係数が分数のときは、係数を通分してまとめよう。

よくある×まちがい　うしろの項の符号に注意しよう

−(　)のかっこをはずすときは、うしろの項の符号も忘れずに変えましょう。

例 $-(3x-5y)$ → $-3x-5y$ (×)、$-3x+5y$ (○)

−(●＋▲)→−●−▲

−(●−▲)→−●＋▲

学習した日　／

もう一度

バッチリ!

07 多項式の計算

数と多項式との乗法 #中2

答えは 別冊3ページ

(数)×(多項式)の計算は、分配法則を使ってかっこをはずします。このとき注意することは、数をすべての項にかけることと、負の数をかけたときの符号の変化です。

● 分配法則

$$a(b+c)=ab+ac \qquad a(b-c)=ab-ac$$

問題❶ $3(4x+y)-4(2x-3y)$

$3(4x+y)-4(2x-3y)=12x+3y$ ❶[　　] x ❷[　　] y

①　②　③　④

同類項を集める。

$=12x$ ❸[　　] $x+3y$ ❹[　　] y

同類項をまとめる。

$=$ ❺[　　　　]

問題❷ $\dfrac{2a+b}{4}-\dfrac{a+4b}{6}$

$\dfrac{2a+b}{4}-\dfrac{a+4b}{6}=\dfrac{❻[\quad](2a+b)}{❼[\quad]}-\dfrac{❽[\quad](a+4b)}{❾[\quad]}$

4と6の最小公倍数を分母として通分する。

1つの分数にまとめる。

$=\dfrac{❿[\quad](2a+b)-⓫[\quad](a+4b)}{⓬[\quad]}$

分子を計算する。

$=\dfrac{6a+3b\ ⓭[\quad\quad]}{⓮[\quad]}=\dfrac{⓯[\quad\quad]}{⓰[\quad]}$

基本練習

1 次の計算をしましょう。

(1) $6(2x-5y)$ [三重県]

(2) $-2(x+3y)+(x-3y)$ [佐賀県]

(3) $4(x-2y)+3(x+3y-1)$ [愛媛県]

(4) $3(2a+b)-(a+5b)$ [和歌山県]

(5) $3(5x+2y)-4(3x-y)$ [沖縄県]

(6) $2(3a-2b)-4(2a-3b)$ [新潟県]

2 次の計算をしましょう。

(1) $\dfrac{x+5y}{8}+\dfrac{x-y}{2}$ [大分県]

(2) $\dfrac{2x-5y}{3}+\dfrac{x+3y}{2}$ [愛媛県]

(3) $\dfrac{3x-5y}{2}-\dfrac{2x-y}{4}$ [長野県]

(4) $\dfrac{7a+b}{5}-\dfrac{4a-b}{3}$ [23 東京都]

ミス注意 **2** 通分するときは、分子の多項式をかっこでくくって、数を多項式のすべての項にかける。

単項式の乗除 #中2

08 単項式どうしのかけ算とわり算

→ 答えは別冊3ページ

（単項式）÷（単項式）の計算のしかたは、次の①、②の２つの方法があります。係数が分数のときは②の方法で計算しましょう。

- 単項式どうしのかけ算は、係数の積に文字の積をかける。
- 単項式どうしのわり算は、
  ①分数の形にして、係数どうし、文字どうしを約分する。
  ②わる式を逆数にして、わり算をかけ算に直して計算する。

問題1 (1) $6a^2\times(-7ab)$　(2) $8xy^2\div\frac{2}{3}x^2y$

(1) $6a^2\times(-7ab)=6\times(-7)\times a\times a\times$ ❶□ $\times b$

係数の積　文字の積

$=$ ❷□ $\times$ ❸□ $=$ ❹□

(2) $8xy^2\div\frac{2}{3}x^2y=8xy^2\times\frac{❺□}{❻□}=\frac{\overset{4}{\cancel{8}}\times3\times\cancel{x}\times\cancel{y}\times y}{\cancel{2}\times\cancel{x}\times x\times\cancel{y}}=$ ❼□

わり算→かけ算

逆数にする。

係数どうし、文字どうしを約分する。

問題2 $3a^2\times8b\div(-6ab^2)$

単項式のかけ算とわり算が混じった計算は、かける式を分子、わる式を分母とする分数の形にして、係数どうし、文字どうしを約分します。

$3a^2\times8b\div(-6ab^2)=\frac{❽□\times❾□}{❿□}=-\frac{\cancel{3}\times\overset{4}{\cancel{8}}\times\cancel{a}\times a\times\cancel{b}}{\underset{2}{\cancel{6}}\times\cancel{a}\times\cancel{b}\times b}=$ ⓫□

かける式　わる式

分数の形にする。

係数どうし、文字どうしを約分する。

基本練習

1 次の計算をしましょう。

(1) $(-4a)\times(-6b)$

(2) $\dfrac{1}{6}xy\times(-18x)$ ［山梨県］

(3) $8xy^2\div(-2x)$ ［佐賀県］

(4) $\dfrac{15}{2}x^3y^2\div\dfrac{5}{8}xy^2$ ［石川県］

2 次の計算をしましょう。

(1) $2a\times9ab\div6a^2$ ［大阪府］

(2) $30xy^2\div5x\div3y$ ［23 埼玉県］

(3) $-ab^2\div\dfrac{2}{3}a^2b\times(-4b)$ ［高知県］

(4) $8a^3b\div(-6ab)^2\times9b$ ［熊本県］

入試対策 **2** (2) ●÷■÷▲を分数の形にすると $\dfrac{●}{■\times▲}$、(4) ●÷■×▲を分数の形にすると $\dfrac{●\times▲}{■}$

よくある×まちがい　単項式の逆数のつくり方

係数が分数の単項式の逆数をつくるとき、次のようにしてつくります。

例 $\dfrac{2}{3}ab$ → $\dfrac{3}{2}ab$（×） 係数だけを逆数にするミスが多い。

$\dfrac{2}{3}ab$ → $\dfrac{2ab}{3}$ → $\dfrac{3}{2ab}$ 分母と分子をはっきりさせてから、分母と分子を入れかえる。

学習した日　／

もう一度

バッチリ!

09 式の形を変えよう

等式の変形　#中2

答えは別冊4ページ

等式を、(ある文字)＝～の形に変形することを、はじめの**等式を、ある文字について解く**といいます。解く文字以外の文字を数とみて、方程式を解くように変形します。

問題❶　次の等式を、〔　〕の中の文字について解きましょう。

(1)　$4x+2y=12$〔x〕　　(2)　$V=\frac{1}{3}\pi r^2h$〔h〕

(1)　$4x+2y=12$

2yを移項する。

$4x=$ ❶□ $+12$

両辺をxの係数でわる。

$x=$ ❷□ $y+$ ❸□

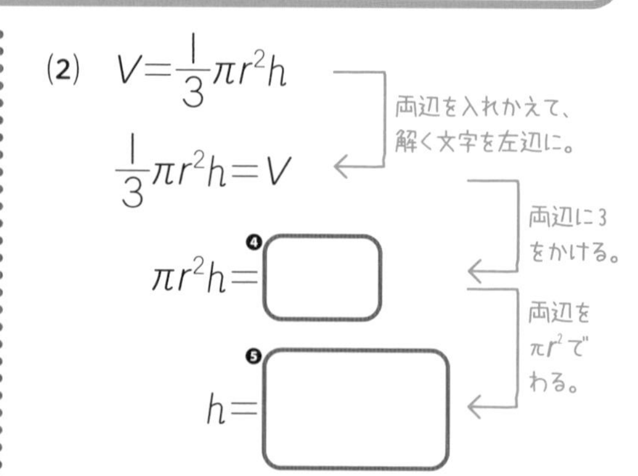

式の中の文字に数をあてはめることを**代入する**といい、代入して計算した結果を**式の値**といいます。

問題❷　$x=-2$、$y=3$のとき、$2x^3\times3y^2\div(-12xy)$の値を求めましょう。

代入する式を計算して簡単にしてから、数を代入して計算します。

$2x^3\times3y^2\div(-12xy)$

$=-\frac{2x^3\times3y^2}{12xy}$

かける式を分子に、わる式を分母にする。

$-\frac{\overset{1}{\cancel{2}}\times\overset{1}{\cancel{3}}\times\overset{1}{\cancel{x}}\times x\times x\times\overset{1}{\cancel{y}}\times y}{\underset{2}{\underset{\cancel{6}}{\cancel{12}}}\times\underset{1}{\cancel{x}}\times\underset{1}{\cancel{y}}}$

$=$ ❻□

$x=-2$、$y=3$を代入する。

$=-\frac{1}{2}\times($ ❼□ $)^2\times$ ❽□

$=$ ❾□

基本練習

1 次の等式を、〔　〕の中の文字について解きましょう。

(1)　$-a+3b=1$〔b〕　［宮崎県］

(2)　$V=\frac{1}{3}Sh$〔h〕　［愛媛県・改］

(3)　$3x+2y-4=0$〔y〕　［福島県］

(4)　$3(4x-y)=6$〔y〕　［香川県］

(5)　$a=\frac{2b-c}{5}$〔c〕　［栃木県］

(6)　$\frac{x}{2}-\frac{y}{3}=\frac{z}{6}$〔$y$〕

2 次の問いに答えましょう。

(1)　$a=-6$、$b=5$のとき、a^2-8bの値を求めましょう。　［大阪府］

(2)　$x=4$、$y=-3$のとき、$8x^2y^3\div(-4x)\div6y$の値を求めましょう。

(3)　$x=\frac{1}{2}$、$y=-3$のとき、$2(x-5y)+5(2x+3y)$の値を求めましょう。

［秋田県］

2(2)(3)は、まず式を計算して簡単にしよう。簡単にしてから代入すれば計算ミスを防げるよ。

10 式を展開しよう

式の展開　#中3

→ 答えは別冊4ページ

(単項式)×(多項式)、(多項式)×(多項式)を、かっこをはずして単項式の和の形で表すことを、もとの式を**展開**(てんかい)するといいます。乗法公式を使って式を展開しましょう。

乗法公式

① $(x+a)(x+b)=x^2+(a+b)x+ab$

② $(x+a)^2=x^2+2ax+a^2$

③ $(x-a)^2=x^2-2ax+a^2$

④ $(x+a)(x-a)=x^2-a^2$

問題 1　次の式を展開しましょう。

(1) $(x+2)(x+6)$　　　(2) $(a-4b)^2$

(1) $(x+2)(x+6)=x^2+(❶\square+❷\square)x+❸\square\times❹\square$　← 乗法公式①にあてはめる。

和　積

$=x^2+❺\square x+❻\square$

(2) $(a-4b)^2=a^2-2\times❼\square\times a+(❽\square)^2=❾\square$　← 乗法公式③にあてはめる。

4bをひとまとまりとみる。

問題 2　$(x+3)(x-3)-(x+5)^2$

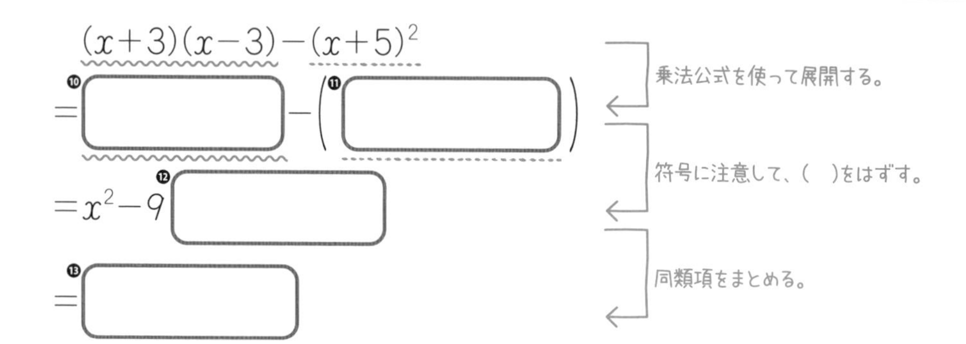

基本練習

1 次の計算をしましょう。

(1) $(x+3)(2x-5)$

(2) $(x-4)(x-5)$ ［徳島県］

(3) $(x+3)^2$ ［栃木県］

(4) $(x-9)(x+6)$

(5) $(a+7b)(a-7b)$

(6) $(x-6y)^2$ ［広島県］

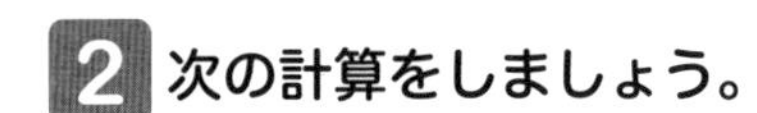

2 次の計算をしましょう。

(1) $(x+1)(x-5)+(x+2)^2$ ［熊本県］

(2) $(x+2)(x+8)-(x+4)(x-4)$ ［奈良県］

入試対策 1 (5)は$7b$をひとまとまりとみて、(6)は$6y$をひとまとまりとみて、乗法公式にあてはめよう。

もっとくわしく 乗法公式をつくれる？

展開の基本公式は、$(a+b)(c+d)=ac+ad+bc+bd$ です。

乗法公式は、この基本公式を使って次のようにつくることができます。

● 乗法公式①のつくり方

$(x+a)(x+b)=x^2+bx+ax+ab$

$=x^2+(a+b)x+ab$

● 乗法公式②のつくり方

$(x+a)^2=(x+a)(x+a)$

$=x^2+ax+ax+a^2=x^2+2ax+a^2$

乗法公式を忘れても
自分でつくれるね！

学習した日  ／

 もう一度

 バッチリ！

11 因数分解しよう

因数分解　#中1　#中3

→ 答えは別冊4ページ

多項式をいくつかの式の積の形で表すことを、もとの多項式を**因数分解**するといいます。つまり、展開と因数分解はお互いに逆の操作といえます。

因数分解の公式

① $x^2+(a+b)x+ab=(x+a)(x+b)$

② $x^2+2ax+a^2=(x+a)^2$

③ $x^2-2ax+a^2=(x-a)^2$

④ $x^2-a^2=(x+a)(x-a)$

問題❶ 次の式を因数分解しましょう。

(1) $x^2+7x-18$　　(2) $x^2+10x+25$

(1) 和が7、積が−18になる2つの数の組は、❶□と❷□

因数分解の公式①を使って、$x^2+7x-18=(x+$❸□$)(x-$❹□$)$

(2) 数の項25は5の❺□乗、xの係数10は5の❻□倍になっています。

因数分解の公式②を使って、$x^2+10x+25=(x+$❼□$)^2$

問題❷ 264を素因数分解しましょう。

自然数を素数だけの積で表すことを**素因数分解**するといいます。

①わりきれる素数で順にわっていきます。

②商が素数になったらやめます。

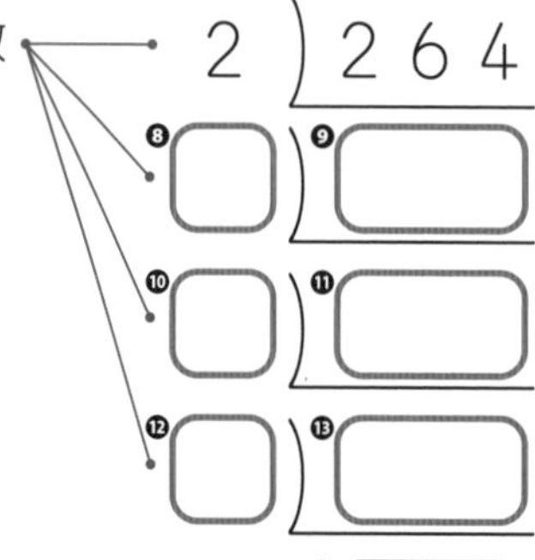

③わった数と商を積の形で表します。

$264=$⓯$\square^3\times$⓰$\square\times$⓱$\square$

同じ数が2つ以上かけ合わされているときは、累乗の指数を使って表す。

基本練習

1章 数と式

1 次の式を因数分解しましょう。

(1) $x^2+10x+24$ ［岩手県］

(2) $x^2+8x+16$

(3) x^2-81

(4) $x^2-11x+30$ ［23 埼玉県］

(5) $x^2-12x+36$ ［和歌山県］

(6) $3x^2-6x-45$ ［青森県］

(7) $8a^2b-18b$ ［高知県］

(8) $(x+1)(x-3)+4$ ［香川県］

2 次の数を素因数分解しましょう。

(1) 140 ［島根県］

(2) 450

1 (6)(7)は、まず共通因数をくくり出し、さらに公式を使って因数分解する。

学習した日   もう一度  バッチリ！

12 平方根とは？

平方根　#中3

答えは別冊4ページ

2乗するとaになる数をaの**平方根**（へいほうこん）といいます。正の数aの平方根は、正の数と負の数の2つがあり、その絶対値は等しくなります。また、0の平方根は0だけです。

● **平方根の大小**

a、bが正の数のとき、$a<b$ ならば $\begin{cases}\sqrt{a}<\sqrt{b}\\-\sqrt{a}>-\sqrt{b}\end{cases}$

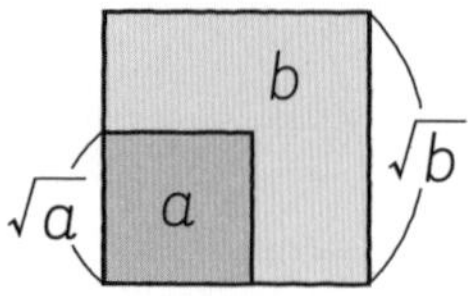

（図：面積a、bの正方形、一辺$\sqrt{a}$、$\sqrt{b}$）

問題❶　次のア〜エについて、正しいものはどれですか。記号で答えましょう。

ア　5の平方根は$\sqrt{5}$である。　　イ　$\sqrt{36}=\pm6$である。

ウ　$\sqrt{(-8)^2}=-8$である。　　エ　$-\sqrt{17}<-4$ である。

ア　5の平方根は、$\sqrt{5}$と❶□の2つある。

イ　$\sqrt{36}$は、36の平方根のうち❷□のほうだから、$\sqrt{36}=$❸□

（正か？負か？）

ウ　$\sqrt{(-8)^2}=\sqrt{64}=$❹□

エ　$-4=-\sqrt{❺□}$で、$17>16$だから、$-\sqrt{17}$❻□-4

（不等号）

よって、正しいものは、❼□。

問題❷　$2<\sqrt{n}<3$にあてはまる自然数nの値をすべて求めましょう。

2、$\sqrt{n}$、3をそれぞれ2乗しても大小関係は変わらないことを利用します。
それぞれを2乗して、$\sqrt{\ }$をはずすと、

この不等式にあてはまる自然数nの値は、⓬□

基本練習

1 **次の①〜④について、正しくないものを１つ選び、その番号を書きましょう。**

［長崎県］

① $\sqrt{(-2)^2}=2$である。　　② 9の平方根は± 3である。

③ $\sqrt{16}=\pm 4$である。　　④ $(\sqrt{5})^2=5$である。

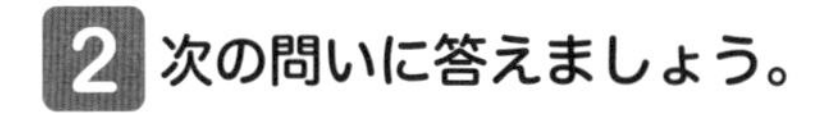

2 **次の問いに答えましょう。**

(1) $\sqrt{10-n}$が正の整数となるような正の整数nの値をすべて求めましょう。

［栃木県］

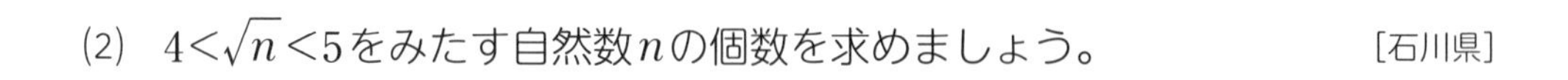

(2) $4<\sqrt{n}<5$をみたす自然数nの個数を求めましょう。　［石川県］

(3) 無理数であるものを、次の**ア**〜**オ**からすべて選び、記号を書きましょう。

ア 0.7　**イ** $-\frac{1}{3}$　**ウ** π　**エ** $\sqrt{10}$　**オ** $-\sqrt{49}$　［長野県］

入試対策 **2** (3)分数で表すことができる数を有理数、分数で表すことができない数を無理数という。

学習した日　／

13 $\sqrt{\ }$がついた数の計算①

根号がついた数の加減乗除　#中3

➔ 答えは別冊5ページ

$\sqrt{\ }$がついた数の計算では、$\sqrt{\ }$の中の数をできるだけ小さい自然数に変形してから計算すると、簡単に計算ができる場合が多いです。

a、bを正の数とするとき、

- 乗法　$\sqrt{a}\times\sqrt{b}=\sqrt{a\times b}$
- 除法　$\sqrt{a}\div\sqrt{b}=\sqrt{\dfrac{a}{b}}$
- 加法　$m\sqrt{a}+n\sqrt{a}=(m+n)\sqrt{a}$
- 減法　$m\sqrt{a}-n\sqrt{a}=(m-n)\sqrt{a}$

問題❶　(1) $\sqrt{12}\times\sqrt{18}$　　(2) $\sqrt{60}\div\sqrt{5}$

(1) $\sqrt{12}\times\sqrt{18}=2\sqrt{3}\times$ ❶☐

$a\sqrt{b}$の形に変形する。

$=2\times$ ❷☐ $\times\sqrt{3}\times\sqrt{❸☐}=$ ❹☐

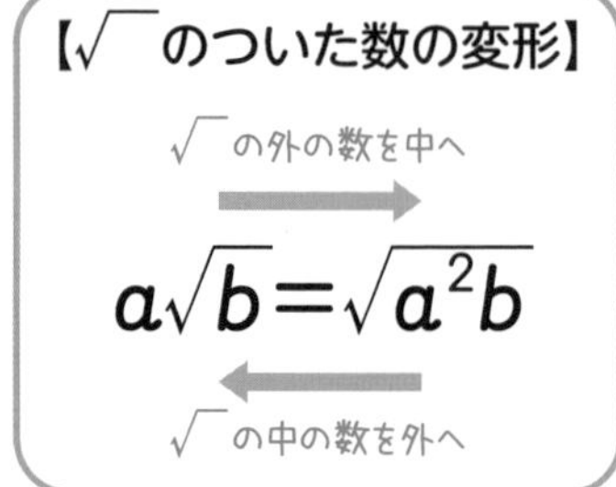

(2) $\sqrt{60}\div\sqrt{5}=\sqrt{\dfrac{❺☐}{❻☐}}=\sqrt{❼☐}=$ ❽☐

$a\sqrt{b}$の形に直して答える。

問題❷　$\sqrt{27}-\dfrac{6}{\sqrt{3}}$

$\sqrt{27}-\dfrac{6}{\sqrt{3}}=3\sqrt{3}-\dfrac{6\times❾☐}{\sqrt{3}\times❿☐}$

$a\sqrt{b}$の形に変形する。　分母を有理化する。

😊【分母の有理化(ゆうりか)】

$\dfrac{a}{\sqrt{b}}=\dfrac{a\times\sqrt{b}}{\sqrt{b}\times\sqrt{b}}=\dfrac{a\sqrt{b}}{b}$

$=3\sqrt{3}-\dfrac{⓫☐}{⓬☐}=3\sqrt{3}-$ ⓭☐ $=$ ⓮☐

分母に$\sqrt{\ }$がある数は、分母に$\sqrt{\ }$がない形に変形して計算しよう。

基本練習

1 次の計算をしましょう。

(1) $\sqrt{2}\times\sqrt{14}$ [北海道]

(2) $\sqrt{20}\times\sqrt{27}$

(3) $\sqrt{56}\div\sqrt{7}$

(4) $\sqrt{48}\div\sqrt{3}$

2 次の計算をしましょう。

(1) $\sqrt{5}+\sqrt{45}$ [大阪府]

(2) $5\sqrt{3}-\sqrt{27}$ [徳島県]

(3) $6\sqrt{2}-\sqrt{18}+\sqrt{8}$ [鳥取県]

(4) $\sqrt{20}+\dfrac{10}{\sqrt{5}}$ [島根県]

(5) $\dfrac{9}{\sqrt{3}}-\sqrt{48}$ [富山県]

(6) $\dfrac{\sqrt{2}}{2}-\dfrac{1}{3\sqrt{2}}$ [秋田県]

入試対策 2(4)～(6)は、分母を有理化してから、$\sqrt{}$ の中が同じ数をまとめる。

学習した日 ／ もう一度 バッチリ！

14 $\sqrt{\ }$がついた数の計算②

根号がついた数のいろいろな計算 #中3

→ 答えは別冊5ページ

$\sqrt{\ }$がついた数の四則の計算では、計算の順序に注意して計算しましょう。また、$\sqrt{\ }$の部分を文字とみて、乗法公式を利用して計算することができます。

問題1 (1) $\sqrt{6}+\sqrt{8}\times\sqrt{12}$　(2) $\sqrt{3}-\sqrt{54}\div\sqrt{2}$

(1) $\sqrt{6}+\sqrt{8}\times\sqrt{12}$

$=\sqrt{6}+$ ❶ $\square \times$ ❷ $\square$

$a\sqrt{b}$の形に変形する。

$=\sqrt{6}+$ ❸ $\square$

$=$ ❹ $\square$

(2) $\sqrt{3}-\sqrt{54}\div\sqrt{2}$

$=\sqrt{3}-\sqrt{\frac{54}{2}}$

$=\sqrt{3}-\sqrt{❺\square}$

$=\sqrt{3}-$ ❻ $\square$　← $a\sqrt{b}$の形に変形する。

$=$ ❼ $\square$

問題2 (1) $(\sqrt{3}+6)(\sqrt{3}-4)$　(2) $(\sqrt{2}+\sqrt{5})^2$
(3) $(\sqrt{7}+4)(\sqrt{7}-4)$

(1) $\sqrt{3}$をx、6をa、-4をbとみて、$(x+a)(x+b)$の乗法公式を利用します。

$(\sqrt{3}+6)(\sqrt{3}-4)=($❽$\square)^2+\{6+(-4)\}\times$❾$\square+6\times(-4)$

$=$ ❿ $\square$

(2) $\sqrt{2}$をx、$\sqrt{5}$をaとみて、$(x+a)^2$の乗法公式を利用します。

$(\sqrt{2}+\sqrt{5})^2=(\sqrt{2})^2+$⓫$\square\times\sqrt{5}\times\sqrt{2}+($⓬$\square)^2$

$=$ ⓭ $\square$

(3) $\sqrt{7}$をx、4をaとみて、$(x+a)(x-a)$の乗法公式を利用します。

$(\sqrt{7}+4)(\sqrt{7}-4)=($⓮$\square)^2-4^2$

$=$ ⓯ $\square-16=$ ⓰ $\square$

乗法公式については、28ページで確認！

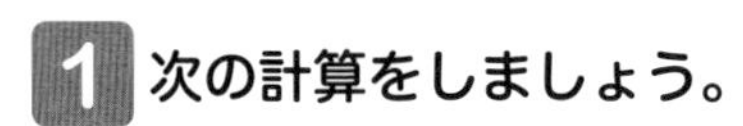

1 次の計算をしましょう。

(1) $\sqrt{8}-3\sqrt{6}\times\sqrt{3}$ [山梨県]

(2) $\sqrt{48}-3\sqrt{2}\times\sqrt{24}$ [京都府]

(3) $\sqrt{30}\div\sqrt{5}+\sqrt{54}$ [熊本県]

(4) $\sqrt{32}+2\sqrt{3}\div\sqrt{6}$ [石川県]

2 次の計算をしましょう。

(1) $\sqrt{8}-\sqrt{3}(\sqrt{6}-\sqrt{27})$ [香川県]

(2) $(\sqrt{6}-1)(2\sqrt{6}+9)$ [23 東京都]

(3) $(\sqrt{3}+2)(\sqrt{3}-5)$ [岡山県]

(4) $(\sqrt{5}+1)^2$ [佐賀県]

(5) $(\sqrt{6}+\sqrt{2})(\sqrt{6}-\sqrt{2})$ [岩手県]

(6) $(\sqrt{2}-\sqrt{3})^2+\sqrt{6}$ [滋賀県]

2 (3)〜(6) $\sqrt{}$ の部分を1つの文字とみて、乗法公式にあてはめて計算する。

実戦テスト 1

→答えは別冊17ページ

得点　　／100点

1 次の計算をしましょう。

【各3点　計12点】

(1) $-5+1-(-12)$ [高知県]

［　　　　］

(2) $14\div\left(-\dfrac{7}{2}\right)$ [山梨県]

［　　　　］

(3) $15+(-4)^2\div(-2)$ [奈良県]

［　　　　］

(4) $(-2)^2\times3+(-15)\div(-5)$ [青森県]

［　　　　］

2 次の計算をしましょう。

【各4点　計24点】

(1) $3(3a+b)-2(4a-3b)$ [富山県]

［　　　　］

(2) $\dfrac{3x+2y}{7}-\dfrac{2x-y}{5}$ [神奈川県・改]

［　　　　］

(3) $4a^2b\div\dfrac{3}{2}b$ [岡山県]

［　　　　］

(4) $-12ab\times(-3a)^2\div6a^2b$ [山形県]

［　　　　］

(5) $a(a+2)+(a+1)(a-3)$ [和歌山県]

［　　　　］

(6) $(3x+1)(x-4)-(x-3)^2$ [愛媛県]

［　　　　］

3 次の式を因数分解しましょう。

【各4点　計8点】

(1) $4x^2-9y^2$ [愛媛県]

［　　　　］

(2) $(x-3)^2+2(x-3)-15$ [長野県]

［　　　　］

4 次の計算をしましょう。

【各4点　計16点】

(1) $\dfrac{18}{\sqrt{3}}-\sqrt{27}$ ［福岡県］

［　　　　］

(2) $\sqrt{45}-\sqrt{5}+\dfrac{10}{\sqrt{5}}$ ［新潟県］

［　　　　］

(3) $(\sqrt{5}-\sqrt{2})(\sqrt{20}+\sqrt{8})$ ［23 愛知県・改］

［　　　　］

(4) $(\sqrt{7}-2)(\sqrt{7}+3)-\sqrt{28}$ ［山形県］

［　　　　］

5 次の問いに答えましょう。

【各8点　計40点】

(1) 等式$3x+7y=21$をxについて解きましょう。 ［滋賀県］

［　　　　］

(2) $x=23$、$y=18$のとき、$x^2-2xy+y^2$の値を求めましょう。 ［山形県］

［　　　　］

(3) a mLのジュースを7人にb mLずつ分けたら、残りは200 mLより少なくなりました。このときの数量の間の関係を不等式で表しましょう。 ［石川県］

［　　　　］

(4) $\sqrt{6a}$が5より大きく7より小さくなるような自然数aの値をすべて求めましょう。 ［大分県］

［　　　　］

(5) 面積が$168n\,\mathrm{m}^2$の正方形の土地があります。この正方形の土地の1辺の長さ(m)が整数となるような最も小さい自然数nの値を求めましょう。 ［鳥取県］

［　　　　］

学習した日　／　□もう一度　□バッチリ！

合格につながるコラム②

数学が得意になるには？

数学のノートは弱点克服のカギ！

間違えた答えは消さずに残しておく

数学が得意ではない人の中には、間違えた問題を消して書き直している間に、授業についていけなくなる人がいるかもしれません。

そんな人に提案です。間違えた問題でも、自分の答えは消さずに残しておき、その下に正しい答えを書くようにしましょう。なぜなら、間違えた問題は自分の弱点で、なぜ間違えたのかを理解することで同じ間違いを防ぐことができるからです。

正しい答えは赤で書き、間違えた理由は青で書くなどのルールを決めておくと、見やすいノートになります。読み間違えないように大きな字で書いたり、数式のイコールの位置をそろえたりするのも、見やすいノートを作るポイントです。

ペンの色数が多すぎたり、イコールの位置がそろっていなかったりすると、見づらくなってしまうよ。

同じ問題集を何度もやろう

数多くの問題をこなせばよい、というわけではない

数学が得意になるためには、たくさんの問題を解かなければならないとプレッシャーを感じることはありませんか？　確かに、数多くの問題にふれることで、数学の問題に慣れるというメリットがあるかもしれません。一方で、解けない問題が増えたり、難しい問題に直面したりして、心が折れてしまう危険性もあります。

そこで、数学に苦手意識が強い人には、同じ問題集を何度も繰り返し解くことをおすすめします。一度間違えた問題に改めて取り組んだり、別の日にも間違えずに解けるかどうかを確かめたりすることで、問題に慣れていくことができます。

問題集を何度も使えるように、直接書き込むことはせずに、ノートを用意してそこに解答を書くとよいでしょう。間違えた問題には印を付けておき、テスト前に間違えた問題に再挑戦して、全部の問題が解けるようになるまで繰り返すと効果的です。全部の問題をすらすら解けるようになったら、次の問題集に取り組むようにしましょう。

こうして一度、目標を達成できれば、ゲームをクリアするような感覚で、次からも楽しく取り組めるようになります。少しずつ目標を高く設定して、それに向かって頑張る習慣が身に付けば、成績もどんどん伸びていくでしょう。

2 章

方程式

1次方程式の解き方 #中1

15 1次方程式を解こう

答えは 別冊5ページ

式の中の文字に特別な値を代入すると成り立つ等式を**方程式**(ほうていしき)といいます。方程式を成り立たせる文字の値を**方程式の解**(かい)といい、解を求めることを**方程式を解く**(と)といいます。

● 1次方程式の解き方

① 文字の項を左辺に、数の項を右辺に移項(いこう)する。

② 両辺を計算して、$ax=b$の形に整理する。

③ 両辺をxの係数aでわる。

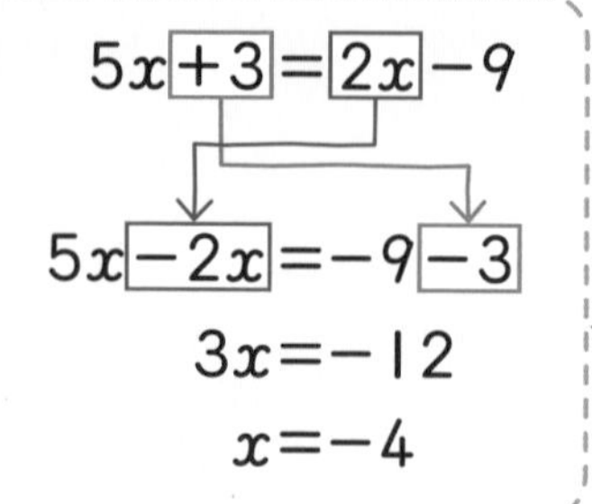

問題1 次の1次方程式を解きましょう。

(1) $7x-6=4x+9$　　(2) $3(x-5)=7x-3$

(1) $7x-6=4x+9$

❶□を右辺に、❷□を左辺に移項すると、

$7x$ ❸□ $4x=9$ ❹□ 6 ← 文字の項を左辺に、数の項を右辺に移項する。

❺□ $x=$ ❻□ ← $ax=b$の形に整理する。

$x=$ ❼□ ← 両辺をxの係数aでわる。

移項

等式の一方の辺にある項を、その項の符号を変えて、他方の辺に移すこと。

(2) かっこのある方程式は、まず、分配法則を使って、かっこをはずします。

分配法則

$3(x-5)=7x-3$

❽□ $x-$ ❾□ $=7x-3$ ← かっこをはずす。

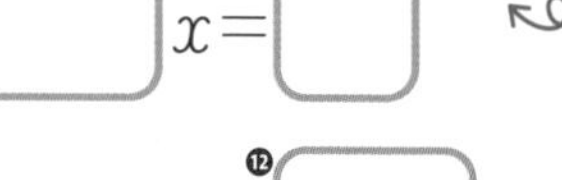

❿□ $x=$ ⓫□ ← 移項して、$ax=b$の形に整理する。

$x=$ ⓬□ ← 両辺をxの係数aでわる。

方程式を解くときは、式を＝で縦にそろえて書くと式の変形がよくわかり、ミスを防げるよ。

基本練習

1 次の１次方程式を解きましょう。

(1) $5x-7=13$

(2) $3x=7x-8$

(3) $6x-1=4x-9$ ［群馬県］

(4) $5x-6=2x+3$ ［沖縄県］

(5) $7x-2=x+1$ ［22 埼玉県］

(6) $x-4=5x+16$ ［熊本県］

2 次の１次方程式を解きましょう。

(1) $3(2x-5)=8x-1$ ［福岡県］

(2) $4(x+8)=7x+5$ ［23 東京都］

ミス注意 移項するときは、移項する項の符号の変え忘れが多いので十分注意すること。

もっとくわしく 等式の性質とは？

等式の性質

$A=B$ ならば
- ① $A+C=B+C$
- ② $A-C=B-C$
- ③ $A\times C=B\times C$
- ④ $A\div C=B\div C$ ($C\neq 0$)
- ⑤ $B=A$

方程式は基本的に等式の性質を使って解きます。

例
$4x+5=-3$
$4x+5-5=-3-5$ 等式の性質②
$4x=-8$
$4x\div 4=-8\div 4$ 等式の性質④
$x=-2$

学習した日 ／

もう一度　バッチリ！

16 いろいろな1次方程式を解こう

いろいろな1次方程式の解き方　#中1

答えは別冊5ページ

分数や小数をふくむ方程式は、両辺に適当な数をかけて、整数だけの式に直します。

問題 1　次の1次方程式を解きましょう。

(1) $\frac{1}{2}x-4=\frac{1}{3}x-5$　　(2) $0.1x+4=0.6x-0.5$

(1) 分数をふくむ方程式は、両辺に分母の最小公倍数をかけて、整数だけの式に直します。

$\left(\frac{1}{2}x-4\right)\times$ ❶□ $=\left(\frac{1}{3}x-5\right)\times$ ❷□

$3x-$ ❸□ $=$ ❹□ $x-30$

$x=$ ❺□

(2) 小数をふくむ方程式は、両辺に10、100などをかけて、整数だけの式に直します。

$(0.1x+4)\times$ ❻□ $=(0.6x-0.5)\times$ ❼□

$x+$ ❽□ $=$ ❾□ $x-5$

❿□ $x=$ ⓫□、$x=$ ⓬□

比例式（ひれいしき）では、比例式の性質を使って、比例式を方程式に直して解きます。

問題 2　比例式 $x:9=4:3$ を解きましょう。

$x:9=4:3$

⓭□ $x=$ ⓮□

$x=$ ⓯□

比例式の性質

$a:b=c:d$ ならば $ad=bc$

外側の項の積　内側の項の積

比例式にふくまれる文字の値を求めることを、**比例式を解く**というよ。

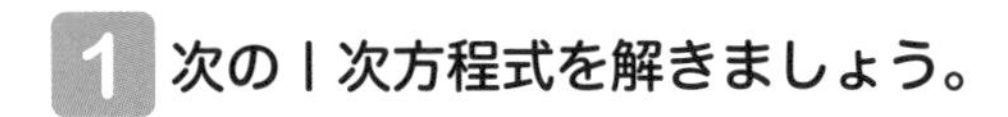

基本練習

1 次の１次方程式を解きましょう。

(1) $\frac{2}{3}x+5=\frac{1}{4}x$

(2) $\frac{5x-2}{4}=7$ ［秋田県］

(3) $\frac{5-3x}{2}-\frac{x-1}{6}=1$ ［鳥取県］

(4) $1.3x+0.6=0.5x+3$ ［23 埼玉県］

2 次の比例式を解きましょう。

(1) $3:8=x:40$ ［沖縄県］

(2) $(x-3):6=2:3$

入試対策 2 (2)かっこをひとまとまりとみて、比例式の性質を使って方程式をつくろう。

よくある×まちがい 方程式と式の計算のちがい

● 方程式では、両辺に同じ数をかけて、分数を整数に直すことができます。

例

$$\frac{2x+1}{3}=\frac{3x+4}{5}$$

$$\frac{2x+1}{3}\times 15=\frac{3x+4}{5}\times 15$$

$$10x+5=9x+12$$

同じ数をかける。

● 式の計算では、通分して計算し、分数を整数に直すことはできません。

例

$$\frac{2x+y}{3}-\frac{3x+4y}{5}$$

$$=\frac{5(2x+y)}{15}-\frac{3(3x+4y)}{15}$$

$$=\frac{10x+5y-9x-12y}{15}$$

通分する。

17 加減法で連立方程式を解こう

連立方程式の解き方(加減法)　#中2

→ 答えは別冊6ページ

連立方程式を解くのに、2つの方程式の左辺どうし、右辺どうしをたしたりひいたりして、1つの文字を**消去**(しょうきょ)する方法を**加減法**(かげんほう)といいます。

● **加減法**

$$\begin{cases}5x+2y=6 & \cdots\cdots① \\ 4x+3y=-5 & \cdots\cdots②\end{cases}$$

→

①×3　$15x+6y=18$

②×2　$-)\ 8x+6y=-10$

$7x\quad=28$

左辺どうし、右辺どうしをひいて、yを消去する。

問題1 次の連立方程式を解きましょう。

(1) $\begin{cases}2x-y=7 & \cdots\cdots① \\ 7x+4y=2 & \cdots\cdots②\end{cases}$

(2) $\begin{cases}9x+5y=6 & \cdots\cdots① \\ 3x-2y=-9 & \cdots\cdots②\end{cases}$

(1) ①の両辺を❶□倍して、yの係数の絶対値を❷□にそろえ、yを消去します。

①×4　$8x-4y=28$ ← 右辺も4倍する。

②　$+)\ 7x+4y=2$

❸□$x\quad=30$

$x=$❹□

$x=$❺□を①に代入して、

$2\times$❻□$-y=7$

$y=$❼□

(2) ②の両辺を❽□倍して、xの係数の絶対値を❾□にそろえ、xを消去します。

①　$9x+5y=6$

②×3　$-)\ 9x-6y=-27$

❿□$y=33$

$y=$⓫□

$y=$⓬□を②に代入して、

$3x-2\times$⓭□$=-9$

$x=$⓮□

基本練習

1 次の連立方程式を解きましょう。

(1) $\begin{cases} x-3y=10 \\ 5x+3y=14 \end{cases}$ ［大阪府］

(2) $\begin{cases} 3x+y=8 \\ x-2y=5 \end{cases}$ ［鹿児島県］

(3) $\begin{cases} x+4y=5 \\ 4x+7y=-16 \end{cases}$ ［奈良県］

(4) $\begin{cases} 2x+3y=1 \\ 8x+9y=7 \end{cases}$ ［23 東京都］

(5) $\begin{cases} 4x+3y=-7 \\ 3x+4y=-14 \end{cases}$ ［京都府］

(6) $\begin{cases} 3x+5y=2 \\ -2x+9y=11 \end{cases}$ ［23 埼玉県］

消去する文字の係数の絶対値をそろえて、同符号ならばひき算、異符号ならばたし算。

18 代入法で連立方程式を解こう

連立方程式の解き方(代入法) #中2

➜ 答えは別冊6ページ

連立方程式の一方の式が、$y=$(xの式)や$x=$(yの式)であるときは、その式を他方の式に代入して、1つの文字を消去することができます。この解き方を**代入法**(だいにゅうほう)といいます。

● **代入法**

$$\begin{cases} y=x+4 & \cdots\cdots① \\ 9x-2y=6 & \cdots\cdots② \end{cases}$$

➡ ①を②に代入して、yを消去します。

$9x-2(x+4)=6$

式は(　)をつけて代入する。

yが消去されて、xについての1次方程式になる。

問題 1 次の連立方程式を解きましょう。

(1) $\begin{cases} y=x-5 & \cdots\cdots① \\ 5x+3y=9 & \cdots\cdots② \end{cases}$

(2) $\begin{cases} 7x-3y=5 & \cdots\cdots① \\ x=2y+7 & \cdots\cdots② \end{cases}$

(1) ①を②に代入して、yを消去します。

$5x+3($❶$\boxed{})=9$

$5x+$❷$\boxed{}=9$

分配法則を使って、かっこをはずす。

❸$\boxed{}x=$❹$\boxed{}$、$x=$❺$\boxed{}$

$ax=b$の形にして、両辺をxの係数aでわる。

$x=$❻$\boxed{}$を①に代入して、$y=$❼$\boxed{}-5=$❽$\boxed{}$

(2) ②を①に代入して、xを消去します。

$7($❾$\boxed{})-3y=5$

❿$\boxed{}-3y=5$

⓫$\boxed{}y=$⓬$\boxed{}$、$y=$⓭$\boxed{}$

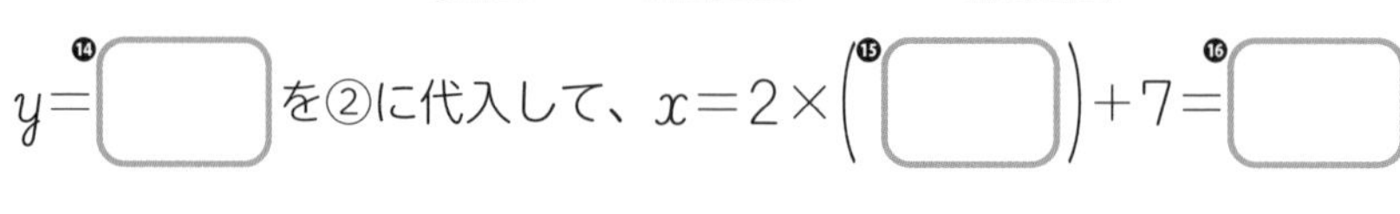

$y=$⓮$\boxed{}$を②に代入して、$x=2\times($⓯$\boxed{})+7=$⓰$\boxed{}$

連立方程式の解き方には、加減法と代入法があるんだね。式の形をみて、どちらで解けばよいか考えよう。

基本練習

1章
2章 方程式
3章
4章
5章
模試

1 次の連立方程式を解きましょう。

(1) $\begin{cases} 2x+y=11 \\ y=3x+1 \end{cases}$ ［北海道］

(2) $\begin{cases} y=x-6 \\ 3x+4y=11 \end{cases}$ ［宮崎県］

(3) $\begin{cases} x=4y+1 \\ 2x-5y=8 \end{cases}$ ［22 東京都］

(4) $\begin{cases} y=x+6 \\ y=-2x+3 \end{cases}$ ［岩手県］

入試対策 (4) $\begin{cases} y=(x\text{の式①}) \\ y=(x\text{の式②}) \end{cases}$ の形の連立方程式は、$(x$の式①$)=(x$の式②$)$として解こう。

もっとくわしく A=B=Cの形の連立方程式は？

$A=B=C$ の形の連立方程式は、$\begin{cases} A=B \\ A=C \end{cases}$ $\begin{cases} A=B \\ B=C \end{cases}$ $\begin{cases} A=C \\ B=C \end{cases}$ のいずれかの形にして解きます。

例　連立方程式 $5x+4y=3x-2y=11$ を解きましょう。

$\begin{cases} 5x+4y=11 & \cdots\cdots① \\ 3x-2y=11 & \cdots\cdots② \end{cases}$

$\begin{cases} A=C \\ B=C \end{cases}$ の形に直す。

➡

$$\begin{array}{lrl} ① & & 5x+4y=11 \\ ②\times2 & +) & 6x-4y=22 \\ \hline & & 11x \quad\;\; =33 \\ & & \qquad x=3 \end{array}$$

$x=3$ を①に代入して、

$5\times3+4y=11$

$4y=-4$

$y=-1$

学習した日　／

もう一度

バッチリ！

19 連立方程式の文章題

連立方程式の利用　#中2

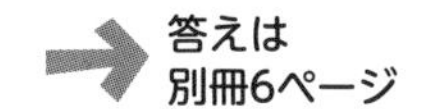
答えは
別冊6ページ

連立方程式の文章題では、(代金)＝(1個の値段)×(個数)や(道のり)＝(速さ)×(時間)などを使って、数量の関係を方程式に表すことがポイントになります。

文章題の解き方の手順

① 連立方程式をつくる。 ← 問題の中の等しい数量関係を見つける。何をx、yで表すかを決める。

↓

② 連立方程式を解く。

↓

③ 解の検討をする。 ← 方程式の解が、その問題にあっているかを調べる。

問題 1　1個450円のあんみつと1個250円の水ようかんをあわせて12個買ったら、代金の合計が4000円でした。あんみつと水ようかんを、それぞれ何個買いましたか。

数量の関係をつかむ

あんみつの個数＋水ようかんの個数＝❶□(個)

あんみつの代金＋水ようかんの代金＝❷□(円)

↓

x、yで表す数量を決める

あんみつをx個、水ようかんをy個買ったとします。

求めるものをx、yとすることが多い。

↓

連立方程式をつくる

❸□＝12　…①　← 個数の関係から方程式をつくる。

❹□＝4000　…②　← 代金の関係から方程式をつくる。

↓

連立方程式を解く

①、②を連立方程式として解くと、

x＝❺□、y＝❻□

↓

解の検討をする

個数は自然数だから、この解は問題にあっています。

したがって、あんみつは❼□個、水ようかんは❽□個。

基本練習

1 みずきさんは、お菓子屋さんでお土産(みやげ)を選んでいます。店員さんから、タルト4個とクッキー6枚で1770円のセットと、タルト7個とクッキー3枚で2085円のセットをすすめられました。このとき、タルト1個とクッキー1枚の値段をそれぞれ求めましょう。ただし、消費税は考えないものとします。

［岩手県・改］

2 ある陸上競技大会に小学生と中学生合わせて120人が参加しました。そのうち、小学生の人数の35%と中学生の人数の20%が100m走に参加し、その人数は小学生と中学生合わせて30人でした。陸上競技大会に参加した小学生の人数と、中学生の人数をそれぞれ求めましょう。

［三重県・改］

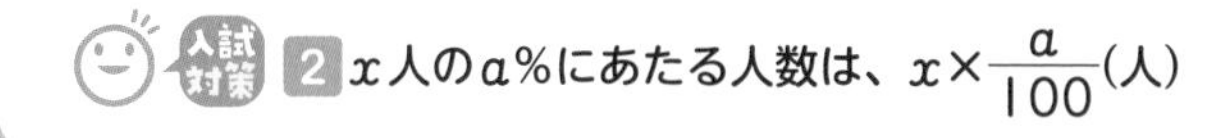

学習した日 ／ □もう一度 □バッチリ!

20 2次方程式を解こう

2次方程式の解き方(平方根、因数分解) #中3

答えは別冊6ページ

移項して整理することで、(2次式)=0 の形に変形できる方程式を**2次方程式**(じほうていしき)といいます。一般に、2次方程式は、$ax^2+bx+c=0$の形で表すことができます。

- 平方根の考え方を使った解き方

$$ax^2-b=0 \xrightarrow{\text{移項する。}} ax^2=b \xrightarrow{\text{両辺をaでわる。}} x^2=\frac{b}{a} \xrightarrow{\text{平方根を求める。}} x=\pm\sqrt{\frac{b}{a}}$$

- 因数分解を利用した解き方

2次方程式$ax^2+bx+c=0$の左辺が因数分解できるとき、
$AB=0$ならば$A=0$または$B=0$を利用して解く。

問題1 2次方程式 $(x+3)^2=8$ を解きましょう。

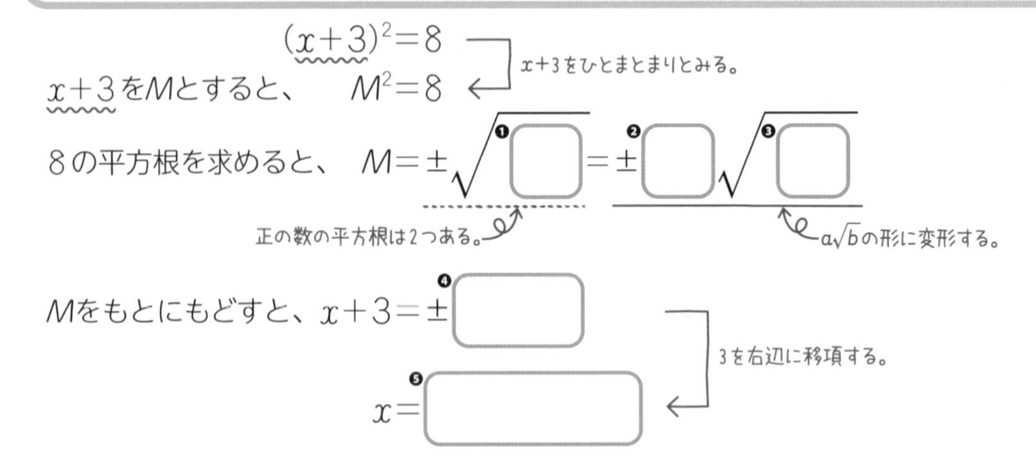

問題2 2次方程式 $x^2-6x-16=0$ を解きましょう。

$$x^2-6x-16=0$$

たして−6、かけて−16になる2つの数を見つける。

左辺を因数分解すると、$(x+❻\square)(x-❼\square)=0$

$AB=0$ ならば $A=0$ または $B=0$

よって、$x+❽\square=0$　または　$x-❾\square=0$

したがって、$x=❿\square$、$x=⓫\square$

1 次の２次方程式を解きましょう。

(1) $5x^2=30$

(2) $3x^2-36=0$ ［徳島県］

(3) $(x-2)^2=25$ ［富山県］

(4) $(x+1)^2=72$ ［京都府］

2 次の２次方程式を解きましょう。

(1) $9x^2=5x$ ［宮崎県］

(2) $x^2+x-6=0$ ［島根県］

(3) $x^2+8x+16=0$

(4) $x^2-11x+18=0$ ［大阪府］

(5) $x^2-9x-36=0$ ［山梨県］

(6) $x^2-14x+49=0$ ［徳島県］

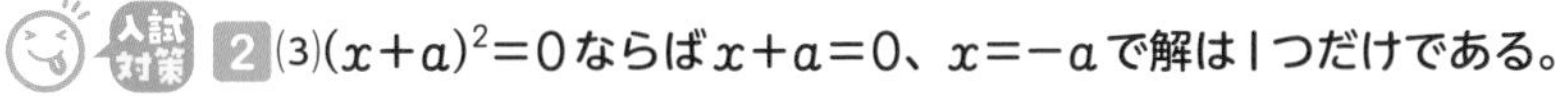

2 (3) $(x+a)^2=0$ ならば $x+a=0$、$x=-a$ で解は１つだけである。

21 解の公式で2次方程式を解こう

2次方程式の解の公式 #中3

→ 答えは別冊7ページ

平方根や因数分解の考え方で解くことができない2次方程式では、解の公式を利用します。解の公式では、計算の過程が複雑なので計算ミスに気をつけましょう。

● 2次方程式の解の公式

2次方程式 $ax^2+bx+c=0$ の解は、$x=\dfrac{-b\pm\sqrt{b^2-4ac}}{2a}$

問題 1 2次方程式 $3x^2-5x-1=0$ を解きましょう。

解の公式に、$a=$ ❶□、$b=$ ❷□、$c=$ ❸□ をあてはめて計算します。

$$x=\frac{-(❹\square)\pm\sqrt{(❺\square)^2-4\times❻\square\times(❼\square)}}{2\times❽\square}$$

← $x=\dfrac{-b\pm\sqrt{b^2-4ac}}{2a}$

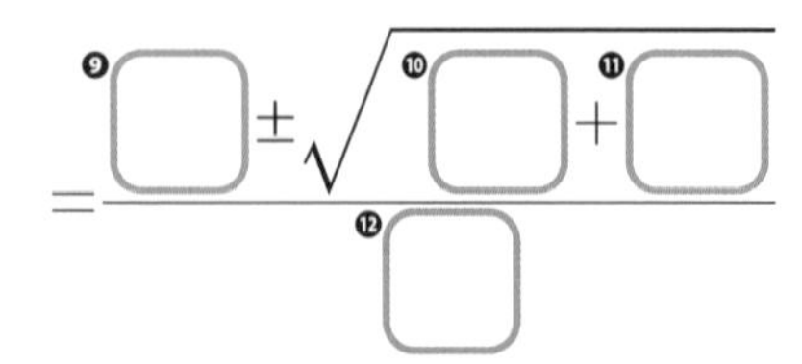

$$=\frac{❾\square\pm\sqrt{❿\square+⓫\square}}{⓬\square}$$

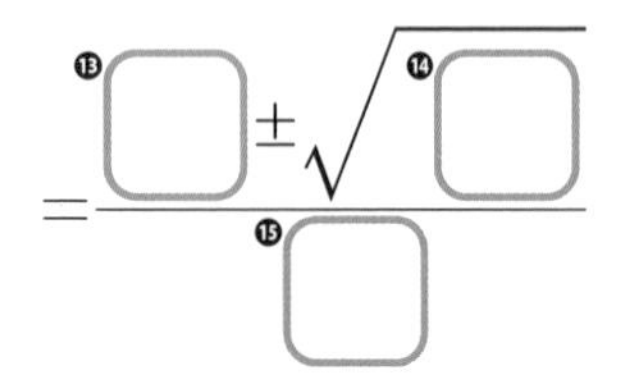

$$=\frac{⓭\square\pm\sqrt{⓮\square}}{⓯\square}$$

負の数は、かっこをつけて解の公式にあてはめよう。

2次方程式$ax^2+bx+c=0$で、$a=1$、bが偶数のときは、$(x+m)^2=n$の形に変形して平方根の考え方を使って解くことができます。解き方については、55ページのもっとくわしくで説明しているので、しっかり覚えて使えるようにしましょう。解の公式にあてはめるよりもカンタンですよ。

基本練習

方程式

1 次の２次方程式を解きましょう。

(1) $x^2+x-4=0$ ［島根県］

(2) $x^2-5x+5=0$ ［岩手県］

(3) $2x^2+3x-4=0$ ［長崎県］

(4) $3x^2-7x+1=0$ ［三重県］

(5) $x^2+4x+1=0$ ［栃木県］

(6) $7x^2+2x-1=0$ ［神奈川県・改］

(5)(6) x の係数が偶数のときは、解の公式の計算のとちゅうで約分できる。

もっとくわしく $(x+m)^2=n$ の形にして解く

$x^2+px+q=0$ の形の方程式で、p が偶数のときは、$(x+m)^2=n$ の形に変形して解くことができます。

例 ２次方程式 $x^2+6x+2=0$ を解きましょう。

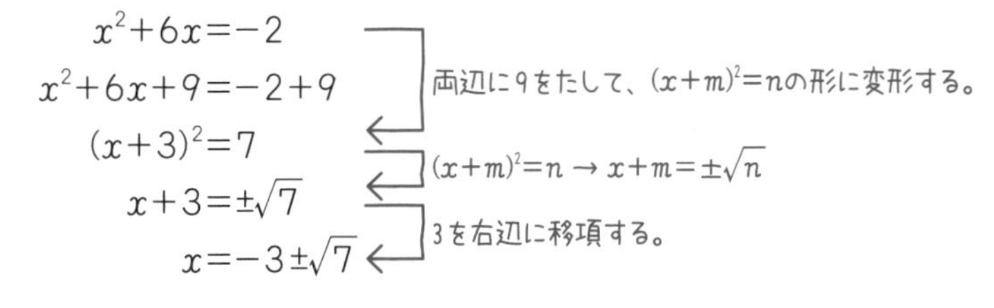

学習した日　／　□もう一度　□バッチリ！

いろいろな2次方程式の解き方 #中3

22 いろいろな2次方程式を解こう

答えは別冊7ページ

2次方程式は、いつも$ax^2+bx+c=0$の形とはかぎりません。
ここでは、$ax^2+bx+c=0$の形でない2次方程式の解き方を考えてみましょう。

問題1 次の2次方程式を解きましょう。

(1) $3x^2-5x=7x+15$　(2) $(x-2)(x-6)=3-2x$

(1) 移項して、(2次式)=0の形に整理します。

$3x^2-5x=7x+15$

移項して整理すると、$3x^2-$❶□$x-$❷□$=0$

（(2次式)=0の形にする。）

両辺を3でわると、x^2-❸□$x-$❹□$=0$

左辺を因数分解すると、$(x+$❺□$)(x-$❻□$)=0$

（$x^2+(a+b)x+ab=(x+a)(x+b)$）

よって、$x+$❼□$=0$　または　$x-$❽□$=0$

したがって、$x=$❾□、$x=$❿□

移項するときは、符号が変わることに注意しよう。

(2) 左辺を展開して、(2次式)=0の形に整理します。

$(x-2)(x-6)=3-2x$

左辺を展開すると、⓫□$=3-2x$

（$(x+a)(x+b)=x^2+(a+b)x+ab$）

移項して整理すると、x^2-⓬□$x+$⓭□$=0$

（(2次式)=0の形にする。）

左辺を因数分解すると、$(x-$⓮□$)^2=0$

（$x^2-2ax+a^2=(x-a)^2$）

よって、$x-$⓯□$=0$

したがって、$x=$⓰□

基本練習

1 次の２次方程式を解きましょう。

(1) $x^2=x+12$ ［滋賀県］

(2) $x^2+7x=2x+24$ ［静岡県］

(3) $2x(x-1)-3=x^2$ ［長崎県］

(4) $(x+3)(x-7)+21=0$ ［茨城県］

(5) $(x-2)(x+2)=x+8$ ［福岡県］

(6) $(x-3)^2=-x+15$ ［23 愛知県・改］

(7) $(2x+1)^2-3x(x+3)=0$ ［22 愛知県］

(8) $(5x-2)^2-2(5x-2)-3=0$ ［23 埼玉県］

入試対策 (8)$5x-2=M$とおいて、$M^2-2M-3=0$をMについての2次方程式と考えて解く。

学習した日 ／ □もう一度 □バッチリ!

実戦テスト 2

➜答えは別冊18ページ

得点

／100点

1

(1)〜(4)は1次方程式を解きましょう。(5)、(6)は比例式を解きましょう。

【各4点　計24点】

(1)　$5x+8=3x-4$　[熊本県]

[　　　　]

(2)　$5x-7=9(x-3)$　[22 東京都]

[　　　　]

(3)　$x-7=\dfrac{4x-9}{3}$　[千葉県]

[　　　　]

(4)　$0.16x-0.08=0.4$　[京都府]

[　　　　]

(5)　$x:12=3:2$　[大阪府]

[　　　　]

(6)　$(x-1):x=3:5$　[香川県]

[　　　　]

2

次の連立方程式を解きましょう。

【各5点　計20点】

(1)　$\begin{cases} 2x+y=5 \\ x-2y=5 \end{cases}$　[沖縄県]

[　　　　]

(2)　$\begin{cases} 2x+5y=-2 \\ 3x-2y=16 \end{cases}$　[富山県]

[　　　　]

(3)　$\begin{cases} 2x-3y=-5 \\ x=-5y+4 \end{cases}$　[秋田県]

[　　　　]

(4)　$\begin{cases} 0.2x+0.8y=1 \\ \dfrac{1}{2}x+\dfrac{7}{8}y=-2 \end{cases}$　[神奈川県・改]

[　　　　]

3

次の2次方程式を解きましょう。 【各5点　計20点】

(1) $x^2+2x-1=0$ [長野県]

[　　　　]

(2) $x^2-2x-35=0$ [大阪府]

[　　　　]

(3) $2x^2-3x-6=0$ [23 東京都]

[　　　　]

(4) $(x-5)(x+4)=3x-8$ [福岡県]

[　　　　]

4

次の問いに答えましょう。 【(1) 10点、(2)各5点　計20点】

(1) x、yについての連立方程式Ⓐ、Ⓑがあります。連立方程式Ⓐ、Ⓑの解が同じであるとき、a、bの値を求めましょう。 [千葉県]

Ⓐ $\begin{cases} -x-5y=7 \\ ax+by=9 \end{cases}$　　Ⓑ $\begin{cases} 2bx+ay=8 \\ 3x+2y=5 \end{cases}$

[　　　　]

(2) aを0でない定数とします。xの2次方程式$ax^2+4x-7a-16=0$の1つの解が$x=3$であるとき、aの値を求めましょう。また、この方程式のもう1つの解を求めましょう。 [大阪府]

aの値 [　　　　]、もう1つの解 [　　　　]

5

ある中学校で地域の清掃活動を行うために、生徒200人が4人1組または5人1組のグループに分かれました。ごみ袋を配るとき、1人に1枚ずつに加え、グループごとの予備として4人のグループには2枚ずつ、5人のグループには3枚ずつ配ったところ、配ったごみ袋は全部で314枚でした。このとき、4人のグループと5人のグループの数をそれぞれ求めましょう。求める過程も書きましょう。 [福島県]【16点】

[　　4人のグループの数　　　　、5人のグループの数　　]

学習した日 ／　□もう一度　□バッチリ!

合格につながるコラム③

自主的に勉強し、成績をアップするには？

苦手な教科こそ、先生に質問！

先生に質問する習慣を作ろう

苦手な教科ほど、授業にも身が入らないし、先生にも質問しづらいものではないでしょうか。でも、苦手だからこそ、先生にわからなかったところをもっと詳しく説明してもらったり、どうしたら克服できるかアドバイスをもらったりするとよいのです。

ただし、「よくわからないから教えてください」というような漠然とした質問ではいけません。どの問題をどのように間違えて、どこがわからないのかなどを明確にしてから質問することが大切です。授業の後や放課後など、先生の都合を確認して質問に行きましょう。わからないところをそのままにせず、すぐに質問することで、理解が早まり、苦手意識が減っていきます。

また、先生に質問することで、先生とよりよいコミュニケーションも築くことができ、どんどん質問しやすくなるはずです。

まわりからの「勉強しなさい！」を封じる

自分からやる気を見せて、まわりの人を安心させよう

勉強しなければと思っていても、先にまわりの人から「勉強しなさい！」と言われると、とたんにやる気をなくしてしまうことがありますね。言われないようにするためにはどうしたらよいか、対策を立ててみましょう。

たとえば、勉強のスケジュールや目標を事前に伝えておくのも一つの手です。まわりの人が、あなたの計画や予定がわからず心配で、「何をだらだらしているの」と言うことがあるでしょう。そのようなときは、「次のテストでは成績アップを目指したいと思って計画を立てているんだ。だけど、『勉強しなさい！』と言われるとやる気をなくすから、静かに見守ってね」などと、まわりの人と目標や計画を共有するとよいかもしれません。

こうして、まわりに納得感を与えることができれば、まわりも安心して応援することができるはずです。

3章

関数

23 比例とは？

比例　#中1

答えは別冊7ページ

yがxの関数で、$y=ax$（aは定数）で表されるとき、yはxに比例するといい、aを比例定数といいます。$y=ax$のグラフは、原点を通る直線になります。

● 比例の式の求め方

① 求める式を$y=ax$とおく。

② この式に1組のx、yの値を代入する。

③ aについての方程式を解き、aの値を求める。

● 比例のグラフ

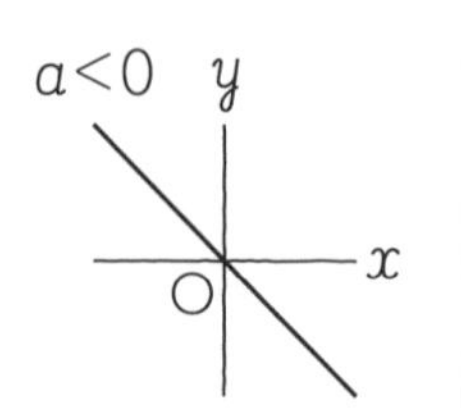

問題❶　yはxに比例し、$x=4$のとき$y=12$です。yをxの式で表しましょう。

yはxに比例するから、比例定数をaとすると、$y=ax$とおくことができます。

$x=4$のとき$y=12$だから、❶□$=a\times$❷□、$a=$❸□

（$y=ax$に$x=4$、$y=12$を代入する。）

したがって、式は、$y=$❹□

問題❷　右の図は比例のグラフです。yをxの式で表しましょう。

（グラフ：x軸・y軸ともに-4〜4の目盛り、原点O）

まず、グラフが通る点のうち、x座標、y座標がどちらも整数であるような点を見つけます。

グラフは、点（2, ❺□）を通ります。

この点の座標を$y=ax$に代入すると、

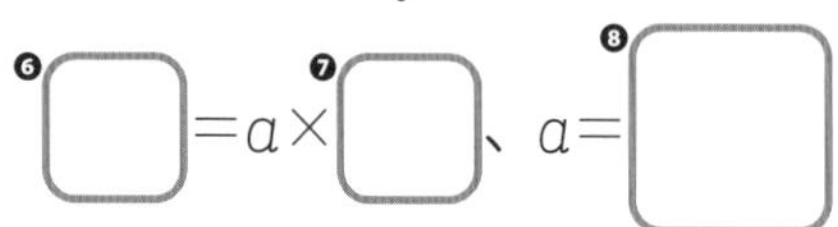

❻□$=a\times$❼□、$a=$❽□

したがって、式は、$y=$❾□

上のグラフは、点(4, 2)、(−2, −1)、(−4, −2)も通っているね。これらの点の座標を$y=ax$に代入してもいいよ。

基本練習

関数

1 **次の問いに答えましょう。**

(1)　yはxに比例し、$x=-2$のとき、$y=10$です。xとyの関係を式に表しましょう。　［徳島県］

(2)　yはxに比例し、$x=-3$のとき、$y=18$です。$x=\frac{1}{2}$のときのyの値を求めましょう。　［青森県］

2 **右の図の(1)、(2)のグラフは比例のグラフです。それぞれについて、yをxの式で表しましょう。**

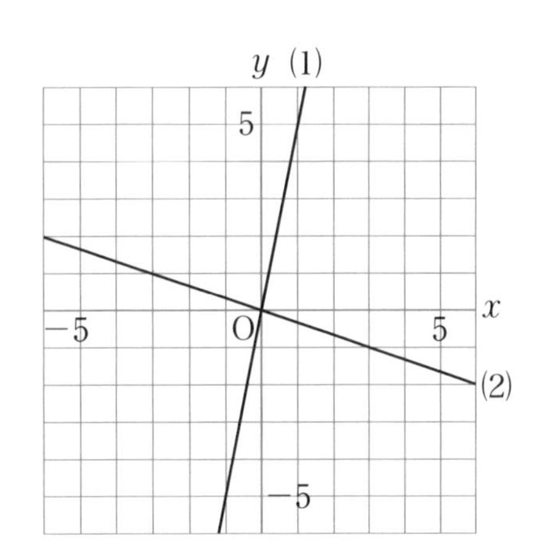

入試対策　**1** **2** yがxに比例するならば、比例定数をaとして、$y=ax$とおこう。

もっとくわしく　関数とは？

ともなって変わる2つの数量x、yがあって、xの値を決めると、yの値もただ1つに決まるとき、yはxの関数であるといいます。

例　ある自然数xの約数の個数をy個とするとき、yはxの関数であるか、または、xはyの関数であるかを調べてみましょう。

xが4のとき→yは3（4の約数は、1、2、4）
↓
xの値を決めると、yの値もただ1つに決まるから、yはxの関数である。

yが3のとき→xは4、9、25、…
↓
yの値を決めても、xの値はただ1つに決まらないから、xはyの関数ではない。

学習した日　／

24 反比例とは？

反比例 #中1

→ 答えは 別冊7ページ

yがxの関数で、$y=\frac{a}{x}$(aは定数)で表されるとき、**yはxに反比例する**(はんぴれい)といい、aを**比例定数**といいます。$y=\frac{a}{x}$のグラフは、**双曲線**(そうきょくせん)になります。

● 反比例の式の求め方

① 求める式を$y=\frac{a}{x}$とおく。

② この式に1組のx、yの値を代入する。

③ aについての方程式を解き、aの値を求める。

● 反比例のグラフ

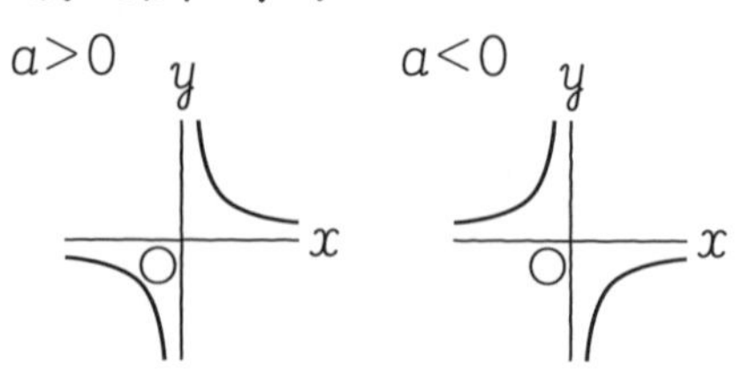

問題1 yはxに反比例し、$x=3$のとき$y=5$です。yをxの式で表しましょう。

yはxに反比例するから、比例定数をaとすると、$y=\frac{a}{x}$とおくことができます。

$x=3$のとき$y=5$だから、❶□$=\frac{a}{❷□}$、$a=$❸□

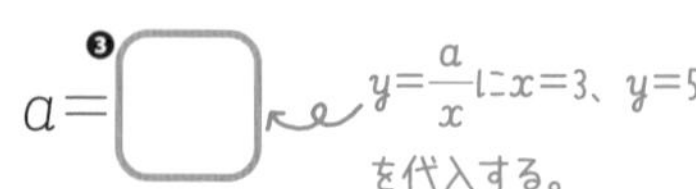

したがって、式は、$y=$❹□

反比例の関係を表す式は、$xy=a$とおくこともできるよ。

問題2 反比例の関係$y=-\frac{6}{x}$のグラフをかきましょう。

① xの値に対応するyの値を求め、下の表を完成させます。

x	…	−6	−3	−2	−1	0
y	…	1	❺□	❻□	❼□	×

1	2	3	6	…
❽□	❾□	❿□	⓫□	…

② ①の表のx、yの値の組を座標とする点をとり、とった点を通るなめらかな曲線をかきます。

⓬

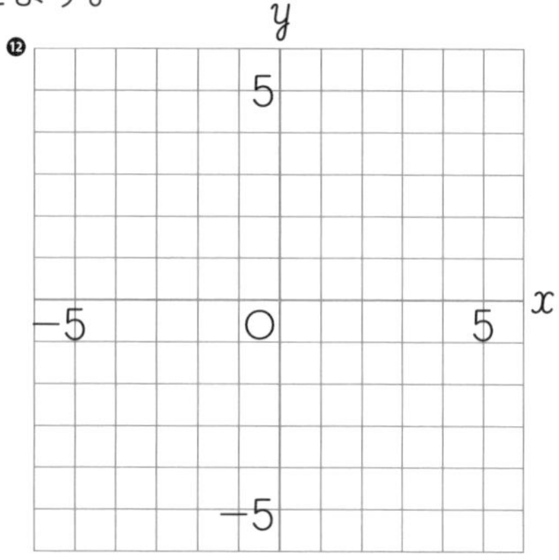

基本練習

1 yはxに反比例し、$x=2$のとき$y=5$です。$x=3$のときのyの値を求めましょう。
［香川県］

2 右の図は、反比例のグラフです。yをxの式で表しましょう。
［石川県］

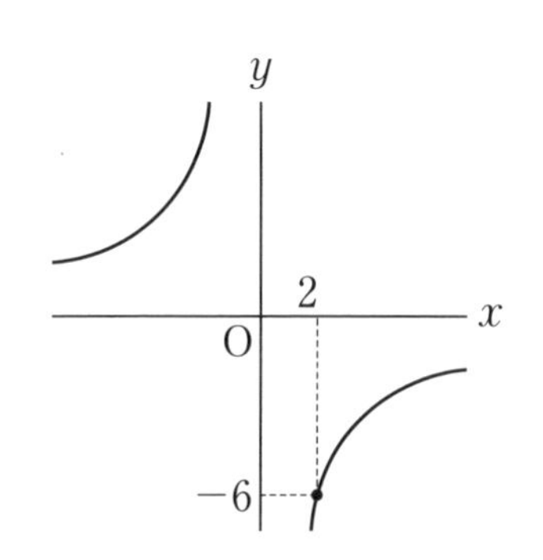

3 次のグラフをかきましょう。

(1) $y=\frac{12}{x}$

(2) $y=-\frac{8}{x}$

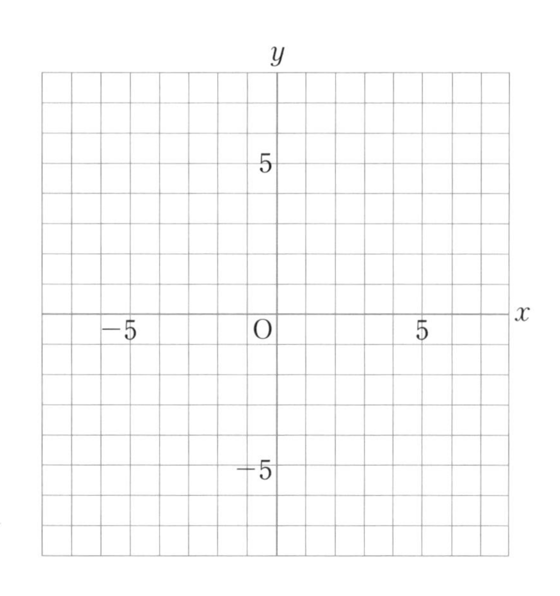

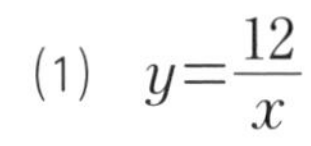

1 **2** yがxに反比例するならば、比例定数をaとして、$y=\frac{a}{x}$とおこう。

1章 2章 3章 関数 4章 5章 模試

25 1次関数とは？

1次関数 #中2

→ 答えは別冊8ページ

yがxの関数で、yがxの1次式で表されるとき、**yはxの1次関数である**といいます。
比例は1次関数の特別な場合ですが、反比例は1次関数ではありません。

問題❶ 次のア〜ウのうち、yがxの1次関数であるものをすべて選びましょう。

ア　600 mの道のりを、分速x mで歩いたときにかかる時間y分

イ　底面が半径x cmの円で、高さが12 cmの円錐の体積y cm^3

ウ　180 Lの水が入っている水そうから、毎分3 Lずつの割合でx分間水を抜いたとき、水そうの中の残りの水の量y L

ア〜ウのそれぞれについて、$y=$ 〜の形で表し、式の形に着目します。

ア　(かかる時間)＝(道のり)÷(速さ)より、

$y=600\div x=$ ❶□

【1次関数の式】

$y=ax+b$

ax：xに比例する部分　b：定数の部分

(a、bは定数)

イ　(円錐の体積)$=\frac{1}{3}\times$(底面積)×(高さ)より、

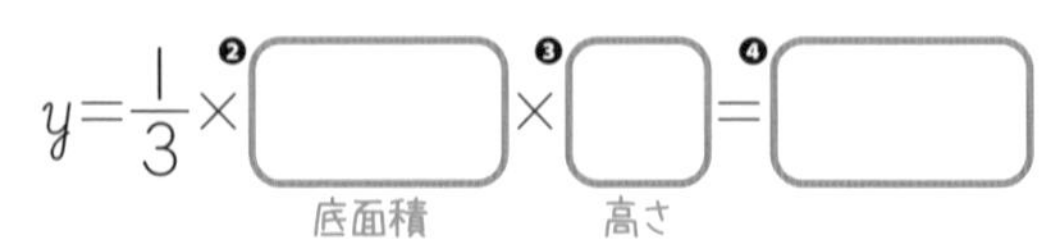

ウ　(水そうの中の水の量)＝(はじめの水そうの水の量)－(抜いた水の量)より、

$y=180-$ ❺□

したがって、yがxの1次関数であるものは、❻□

問題❷ 1次関数$y=\frac{1}{2}x-3$について、xの増加量が6のときのyの増加量を求めましょう。

(yの増加量)＝(変化の割合)×(xの増加量)より、

(yの増加量)＝ ❼□ × ❽□ ＝ ❾□

変形すると ← $(変化の割合)=\frac{(y の増加量)}{(x の増加量)}$

1次関数$y=ax+b$では、変化の割合は一定でaに等しい。

基本練習

1 次のアからエまでの中から、yがxの１次関数となるものを１つ選びましょう。

［23 愛知県］

ア　面積が$100\mathrm{cm}^2$で、縦の長さが$x\mathrm{cm}$である長方形の横の長さ$y\mathrm{cm}$

イ　１辺の長さが$x\mathrm{cm}$である正三角形の周の長さ$y\mathrm{cm}$

ウ　半径が$x\mathrm{cm}$である円の面積$y\mathrm{cm}^2$

エ　１辺の長さが$x\mathrm{cm}$である立方体の体積$y\mathrm{cm}^3$

2 関数$y=-2x+7$について、xの値が-1から4まで増加するときのyの増加量を求めましょう。

［福岡県］

入試対策　**1** 数量の関係を$y=$〜の形で表し、式の形が$y=ax+b$であるものを選ぶ。

学習した日　　／　　□もう一度　□バッチリ！

26 1次関数のグラフを考えよう

1次関数のグラフ　#中2

答えは別冊8ページ

1次関数$y=ax+b$のグラフは、$y=ax$のグラフをy軸の正の方向にbだけ平行移動した直線です。$a>0$のとき右上がりの直線、$a<0$のとき右下がりの直線になります。

1次関数$y=ax+b$のグラフは、傾き(かたむ)a、切片(せっぺん)bの直線。
- 傾きa…変化の割合aに等しい。
- 切片b…グラフとy軸との交点$(0, b)$のy座標である。

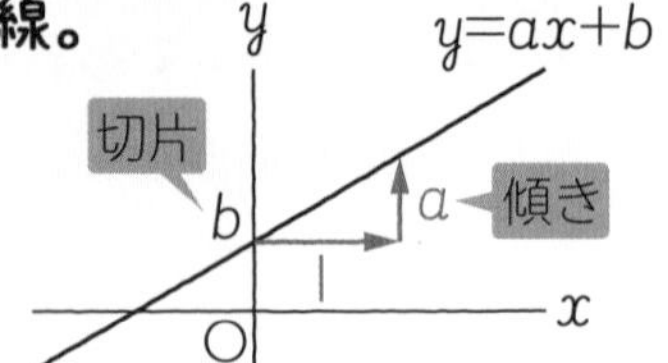

問題1　1次関数$y=-2x+4$のグラフについて、切片と傾きを求め、グラフをかきましょう。

1次関数$y=-2x+4$のグラフについて、

切片は❶□だから、点(0, ❷□)をとります。

傾きは❸□だから、点(0, ❹□)から右へ1、

下へ❺□進んだところにある点(1, ❻□)をとります。

この2点を通る直線をかきます。

❼
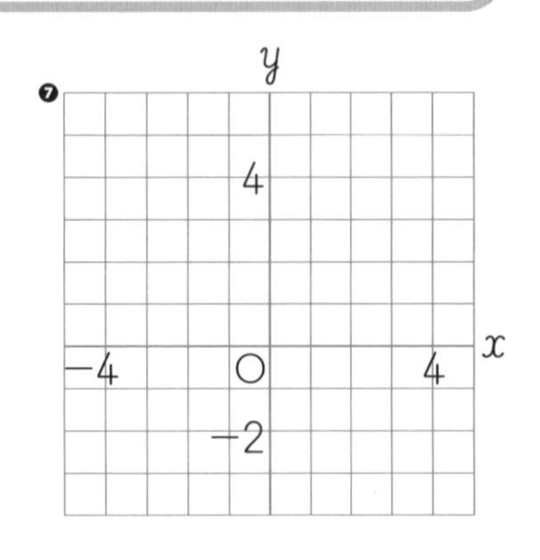

問題2　1次関数$y=\frac{1}{2}x+3$について、xの変域が$-2 \leqq x \leqq 4$のときのyの変域を求めましょう。

1次関数$y=\frac{1}{2}x+3$のグラフは、右下の図のようになります。

$x=-2$のとき、$y=\frac{1}{2}\times$(❽□)$+3=$❾□

$x=4$のとき、$y=\frac{1}{2}\times$❿□$+3=$⓫□

したがって、yの変域は、⓬□$\leqq y \leqq$⓭□

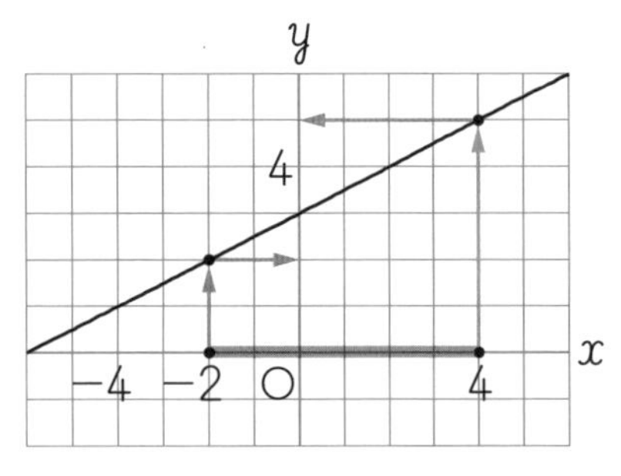

基本練習

1 a、bを0でない定数とします。右の図において、ℓは関数$y=ax+b$のグラフを表します。次のア〜エのうち、a、bについて述べた文として正しいものを1つ選び、記号を○で囲みましょう。 ［大阪府］

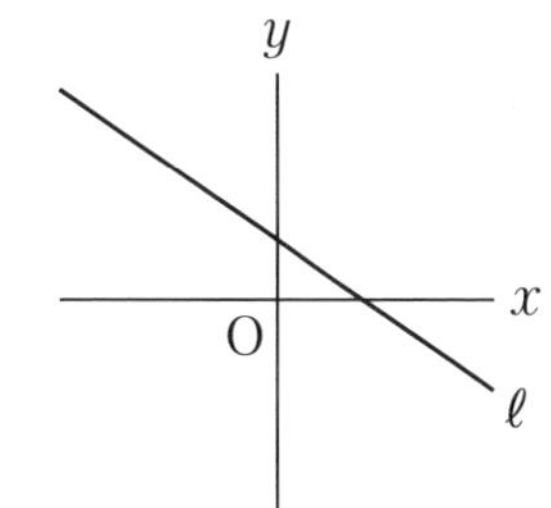
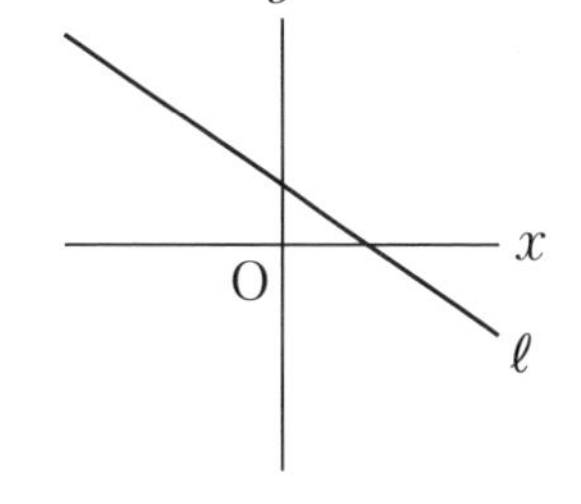

ア　aは正の数であり、bも正の数である。
イ　aは正の数であり、bは負の数である。
ウ　aは負の数であり、bは正の数である。
エ　aは負の数であり、bも負の数である。

2 次の1次関数のグラフをかきましょう。

(1)　$y=3x-1$

(2)　$y=-\frac{2}{3}x+2$

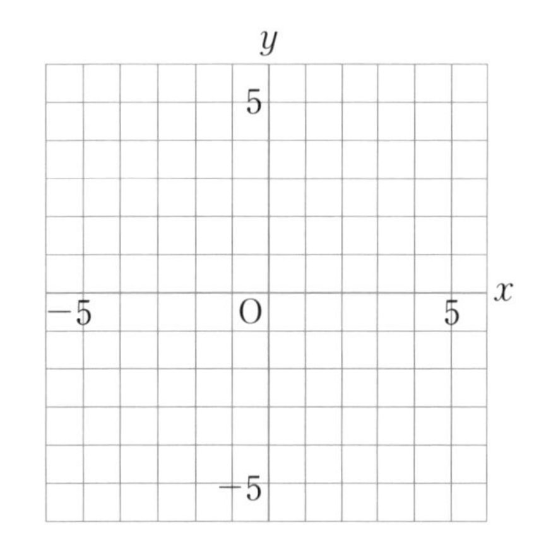

3 1次関数$y=-2x+1$について、xの変域が$-1 \leqq x \leqq 2$のとき、yの変域を求めましょう。 ［長崎県］

入試対策 **3** 1次関数のyの変域は、xの変域の端の値に対応するyの値を求める。

学習した日　／　もう一度　バッチリ！

27 1次関数の式を求めよう

1次関数の式の求め方　#中2

→ 答えは 別冊8ページ

1次関数の式は、グラフの傾きとグラフが通る1点の座標、または、グラフが通る2点の座標がわかれば求めることができます。

問題❶　yはxの1次関数で、そのグラフの傾きが3で、点(2，−3)を通るとき、この1次関数の式を求めましょう。

傾きが3だから、この1次関数の式は$y=$❶□$x+b$とおけます。

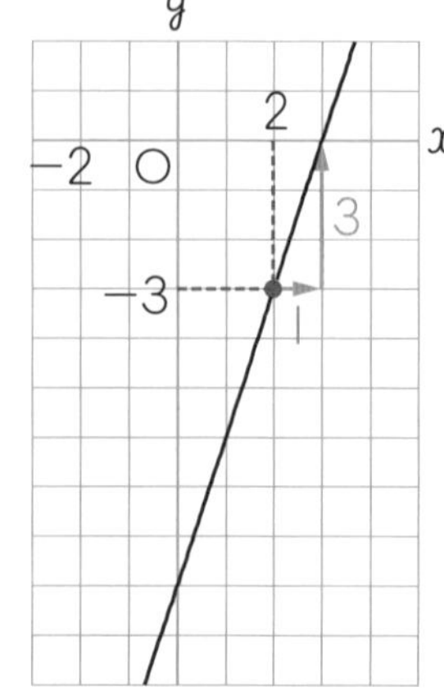

グラフが点(2，−3)を通るから、

❷□$=3\times$❸□$+b$

$b=$❹□

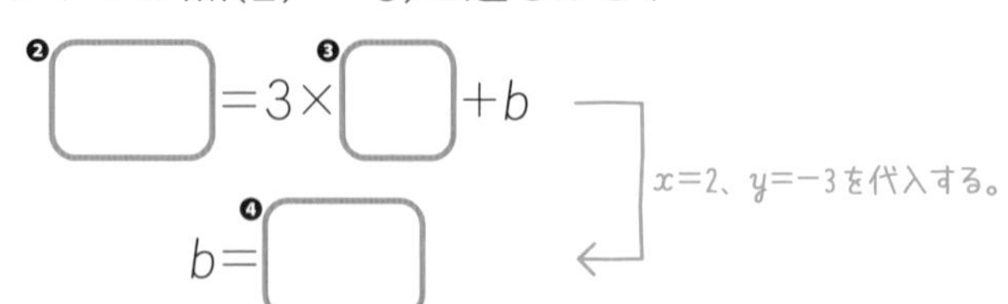

したがって、1次関数の式は、$y=$❺□

問題❷　yはxの1次関数で、そのグラフが2点(−2，6)、(4，−3)を通るとき、この1次関数の式を求めましょう。

1次関数の式を$y=ax+b$とします。

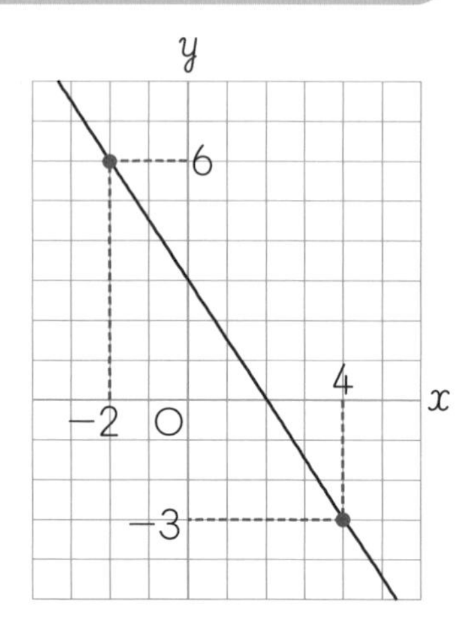

グラフが点(−2，6)を通るから、

❻□$=$❼□$a+b$　……①

$x=-2$、$y=6$を代入する。

また、グラフが点(4，−3)を通るから、

❽□$=$❾□$a+b$　……②

$x=4$、$y=-3$を代入する。

①、②を連立方程式として解くと、

$a=$❿□、$b=$⓫□

したがって、1次関数の式は、$y=$⓬□

基本練習

1 次の問いに答えましょう。

(1)　関数$y=ax+b$について、xの値が2増加するとyの値は4増加し、$x=1$のとき$y=-3$です。このとき、a、bの値をそれぞれ求めましょう。　[青森県]

(2)　グラフが直線$y=-3x+1$に平行で、点$(-4,\ 7)$を通る直線の式を求めましょう。

(3)　2点$(-1,\ 1)$、$(2,\ 7)$を通る直線の式を求めましょう。　[新潟県]

(4)　$x=2$のとき$y=3$、$x=-4$のとき$y=6$である1次関数の式を求めましょう。

入試対策 (2)平行な直線の傾きは等しいことから、求める直線の傾きが決まる。

学習した日　／

もう一度

バッチリ！

28 交点の座標を求めよう

連立方程式の解とグラフ　#中2

→ 答えは別冊8ページ

方程式のグラフは、その方程式の解を座標とする点の集まりです。つまり、2つの方程式のグラフの交点の座標は、どちらの方程式の解でもあります。

● 2直線$y=ax+b$と$y=cx+d$の交点Pの座標

連立方程式$\begin{cases} y=ax+b \\ y=cx+d \end{cases}$の解 $x=p$、$y=q$ ➡ P(p, q)

問題1 家から3000mはなれた公園まで、兄は歩いて、妹は自転車で行きました。右のグラフは、兄が出発してからx分後の家からの道のりをymとして、そのときのようすを表したものです。妹が兄に追いついたのは兄が家を出発してから何分後ですか。また、それは家から何mのところですか。

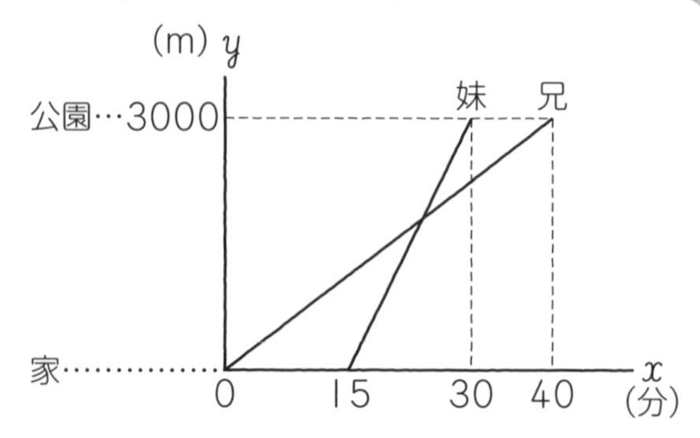

兄のグラフは、点(0, 0)、(40, 3000)を通るから、グラフの傾きは❶☐

（グラフの傾きは $\frac{(道のり)}{(時間)}$ より、速さになる。）

よって、兄のグラフの式は、$y=$❷☐ ……①

妹のグラフは，点(15, 0)、(30, 3000)を通るから、グラフの傾きは❸☐

（$\frac{3000-0}{30-15}$）

よって、妹のグラフの式は、$y=$❹☐ ……②

①、②を連立方程式として解くと、$x=$❺☐、$y=$❻☐

したがって、妹が兄に追いついたのは、兄が家を出発してから、

❼☐分後で、家から❽☐mのところです。

（2つのグラフの交点のx座標が妹が兄に追いついた時間を、y座標が家からの道のりを表す。）

基本練習

1 2直線 $y=3x-5$、$y=-2x+5$ の交点の座標を求めましょう。　［21 愛知県］

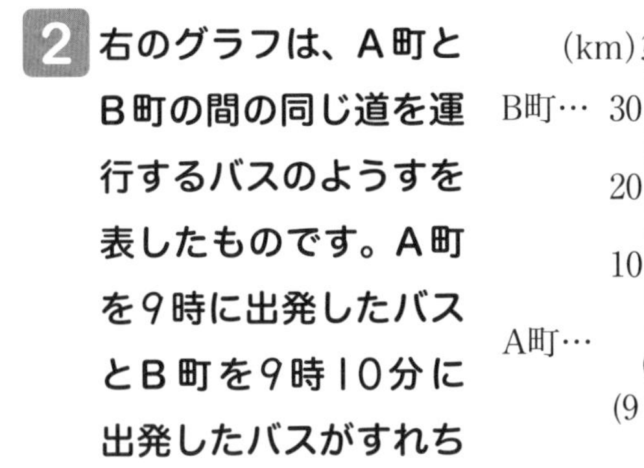

2 右のグラフは、A町とB町の間の同じ道を運行するバスのようすを表したものです。A町を9時に出発したバスとB町を9時10分に出発したバスがすれちがうのは、何時何分ですか。また、それはA町から何kmのところですか。

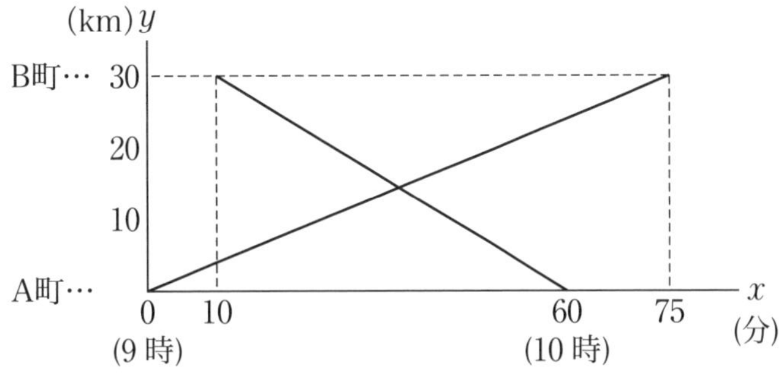

入試対策 **2** 2つのグラフの交点の x 座標がすれちがう時間を、y 座標がすれちがう地点を表している。

学習した日　／　もう一度　バッチリ!

29 関数$y=ax^2$の式を求めよう

関数$y=ax^2$の式の求め方　#中3

→ 答えは別冊9ページ

yがxの関数で、$y=ax^2$（aは定数）で表されるとき、**yはxの2乗に比例する**といい、aを**比例定数**といいます。

問題 1　(1)　**yはxの2乗に比例し、$x=3$のとき$y=18$です。yをxの式で表しましょう。**

(2)　**yはxの2乗に比例し、$x=2$のとき$y=-1$です。$x=-4$のときのyの値を求めましょう。**

【yがxの2乗に比例する関数の式の求め方】

①求める式を$y=ax^2$とおく。

②この式に1組のx、yの値を代入する。

③aについての方程式を解き、aの値を求める。

(1)　yはxの2乗に比例するから、式は$y=ax^2$とおけます。

$x=3$のとき$y=18$だから、これを代入して、

❶□$=a\times$❷□^{2}　← xの値とyの値を逆に代入しないように注意！

$a=$❸□

したがって、式は、$y=$❹□

(2)　yはxの2乗に比例するから、式は$y=ax^2$とおけます。

$x=2$のとき$y=-1$だから、これを代入して、

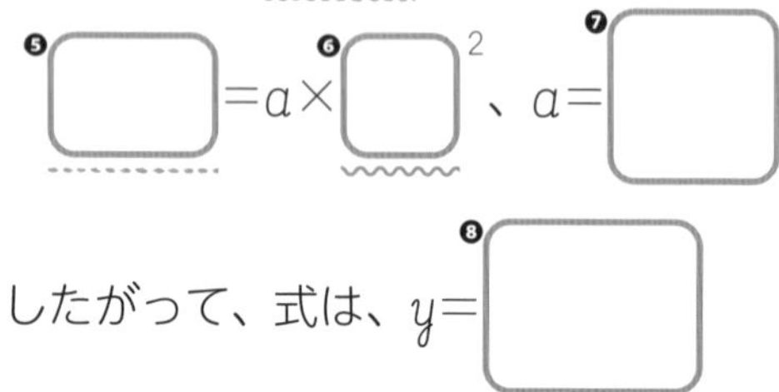

❺□$=a\times$❻□^{2}、$a=$❼□

したがって、式は、$y=$❽□

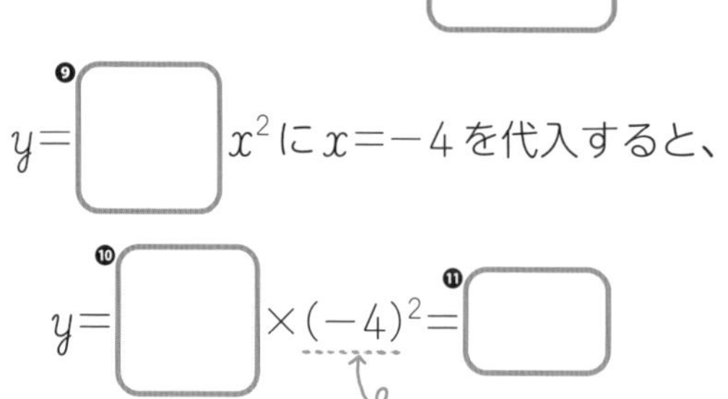

$y=$❾□x^2に$x=-4$を代入すると、

$y=$❿□$\times(-4)^2=$⓫□

← 負の数は（　）をつけて代入する。

比例…$y=ax$

反比例…$y=\frac{a}{x}$

1次関数…$y=ax+b$

2乗に比例する関数…$y=ax^2$

（a、bは定数）

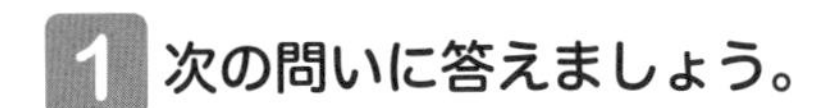

1 次の問いに答えましょう。

(1) yはxの2乗に比例し、$x=-2$のとき$y=12$です。このとき、yをxの式で表しましょう。 ［新潟県］

(2) yはxの2乗に比例し、$x=3$のとき$y=-3$です。$x=-9$のときのyの値を求めましょう。

2 右の表は、yがxの2乗に比例する関数で、xとyの値の対応のようすの一部を表したものです。㋐、㋑にあてはまる数を求めましょう。

x	-6	-4	-2
y	㋐	㋑	-6

入試対策 **2** まず、対応する1組のx、yの値を使って、この関数の式を求めよう。

30 関数$y=ax^2$のグラフを考えよう

関数$y=ax^2$のグラフ　#中3

→答えは別冊9ページ

関数$y=ax^2$のグラフは放物線(ほうぶつせん)というなめらかな曲線になります。$y=ax^2$のグラフには、次のような特徴があります。

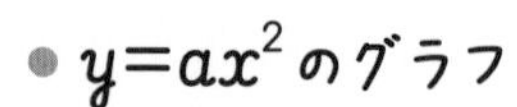

① 原点を通る。
② y軸について対称な放物線。
③ $a>0$のとき、上に開いた形。
　$a<0$のとき、下に開いた形。
④ aの値の絶対値が大きくなるほど、グラフの開き方は小さくなる。

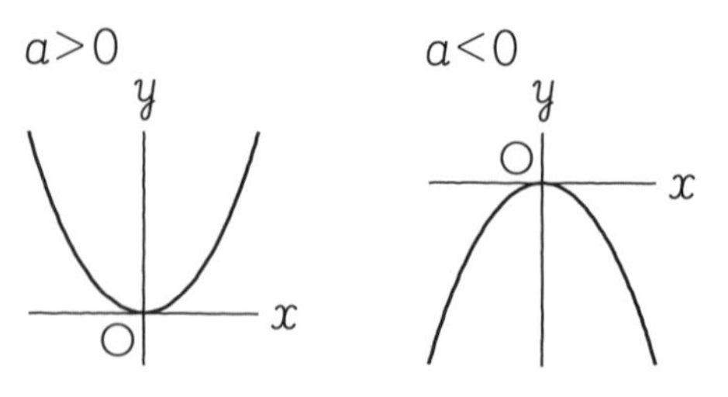

問題1　右の図の①～③は、

ア $y=-x^2$　イ $y=\frac{1}{2}x^2$　ウ $y=-\frac{1}{3}x^2$

のいずれかの関数のグラフです。
それぞれのグラフの式を、ア～ウの記号で答えましょう。

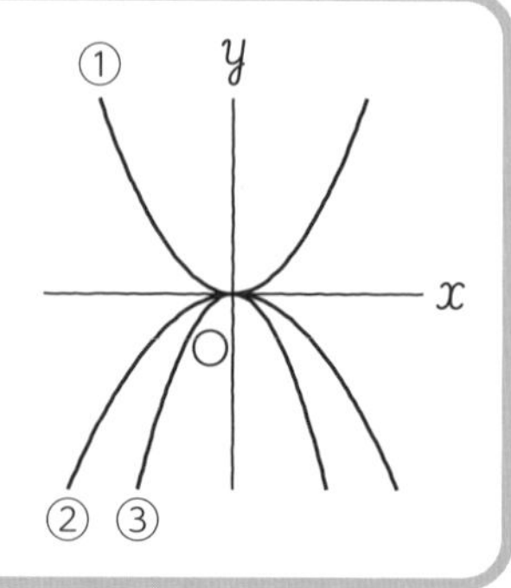

①のグラフは、❶□に開いているから、比例定数が❷□です。
（❶上または下　❷正または負）

よって、①の式は❸□です。

②、③のグラフは、❹□に開いているから、比例定数が❺□です。
（❹上または下　❺正または負）

よって、②、③の式は、❻□または❼□です。

次に、②、③のグラフの開き方を比べると、②のほうが大きいので、比例定数の絶対値は、❽□のほうが小さくなります。

したがって、②のグラフの式は❾□、③のグラフの式は❿□です。

基本練習

関数

1 右の図のアは、$y=\frac{1}{2}x^2$ のグラフで、イ～オは、それぞれ$y=ax^2$のグラフです。また、アとエのグラフはx軸について対称です。次の問いに答えましょう。

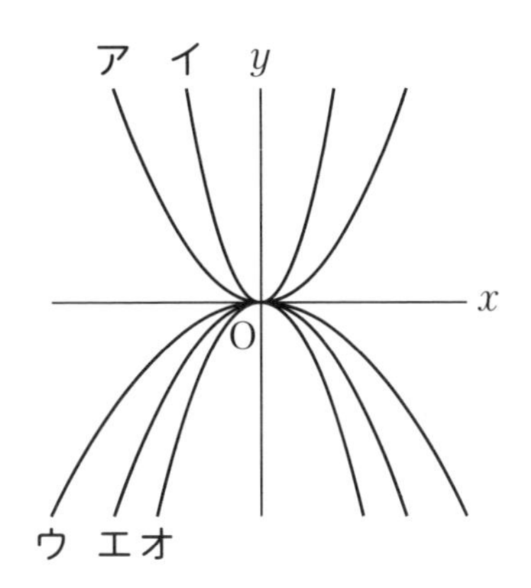

(1) エのグラフの式を求めましょう。

(2) イ～オのグラフのうち、$y=-\frac{1}{4}x^2$ のグラフが1つあります。そのグラフを選び、記号で答えましょう。

2 次の問いに答えましょう。

(1) 関数$y=\frac{1}{4}x^2$のグラフが点$(6,\ b)$を通るとき、bの値を求めましょう。

(2) 関数$y=ax^2$のグラフが点$(-2,\ -12)$を通るとき、aの値を求めましょう。

［群馬県］

入試対策 **1** (1)関数$y=ax^2$と$y=-ax^2$のグラフは、x軸について対称な放物線である。

学習した日 ／

もう一度

バッチリ！

31 関数$y=ax^2$の変域を求めよう

関数$y=ax^2$の変域　#中3

→ 答えは別冊9ページ

x、yなどの変数がとる値の範囲を、その変数の変域（へんいき）といいます。関数$y=ax^2$で、xの変域とそれに対応するyの変域について調べてみましょう。

- 関数$y=ax^2$の変域の求め方
  1. 関数$y=ax^2$のグラフをかく。（グラフはおよその形がわかればよい。）
  2. xの変域に対応するグラフの部分を調べ、その部分に対応するyの値の最小値と最大値を見つける。
  3. yの変域は、(yの最小値)$\leqq y \leqq$(yの最大値)になる。

問題①　関数$y=\frac{1}{2}x^2$で、xの変域が$-2 \leqq x \leqq 4$のとき、yの変域を求めましょう。

xの変域が$-2 \leqq x \leqq 4$のとき、$y=\frac{1}{2}x^2$のグラフは右の図の実線部分のようになります。

xの変域に対応するyの値を調べると、

$x=0$のとき、yは最小値❶□

$x=$❷□のとき、yは最大値❸□をとります。

したがって、yの変域は、❹□$\leqq y \leqq$❺□

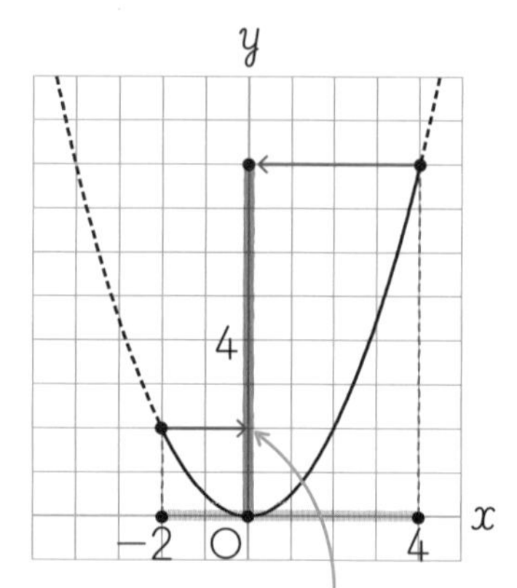

$x=-2$のときのyの値を最小値としないように!

問題②　関数$y=ax^2$で、xの変域が$-4 \leqq x \leqq 2$のとき、yの変域は$0 \leqq y \leqq 4$になります。aの値を求めましょう。

yの変域は0以上だから、$a>0$

よって、xの変域が$-4 \leqq x \leqq 2$のとき、$y=ax^2$のグラフは右の図の実線部分のようになります。

これより、$x=$❻□のとき、yは最大値❼□をとる

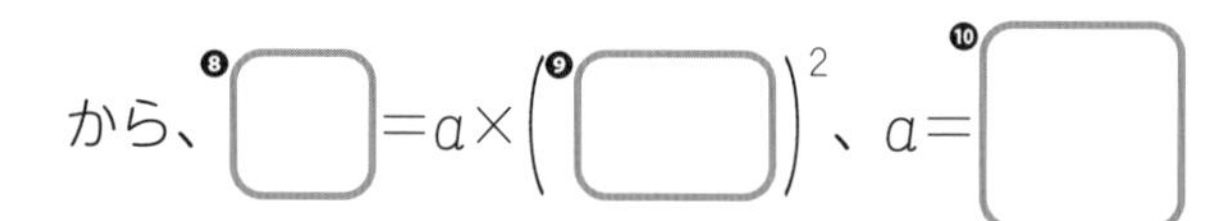
から、❽□$=a\times($❾□$)^2$、$a=$❿□

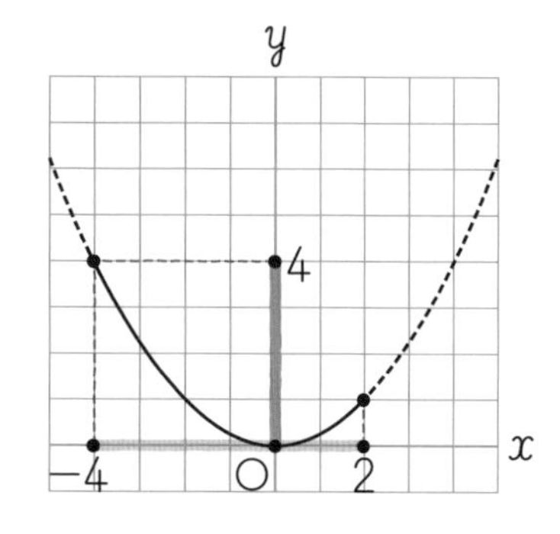

基本練習

1 右の図のように、点A(3, 5)を通る関数$y=ax^2$のグラフがあります。この関数について、xの変域が$-6 \leqq x \leqq 4$のときのyの変域を求めましょう。［広島県］

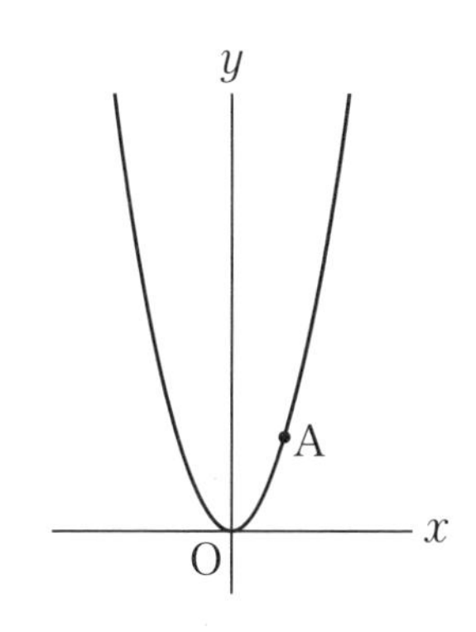

2 関数$y=-x^2$について、xの変域が$-2 \leqq x \leqq a$のとき、yの変域は$-16 \leqq y \leqq b$です。このとき、a、bの値をそれぞれ求めましょう。［大分県］

3 関数$y=ax^2$について、xの変域が$-2 \leqq x \leqq 3$のとき、yの変域は$-6 \leqq y \leqq 0$です。このとき、aの値を求めましょう。［青森県］

入試対策 **3** yの変域は0以下だから、関数$y=ax^2$のグラフはx軸の下側にあり、下に開いた形。

1章 2章 3章 関数 4章 5章 模試

学習した日   もう一度  バッチリ!

32 関数$y=ax^2$の変化の割合を求めよう

関数$y=ax^2$の変化の割合　#中3

➜ 答えは 別冊9ページ

1次関数$y=ax+b$の変化の割合は一定で、aの値に等しいですが、関数$y=ax^2$では、xがどの値からどの値まで増加するかによって変化の割合も異なってきます。

問題❶　関数$y=2x^2$について、xの値が1から5まで増加するときの変化の割合を求めましょう。

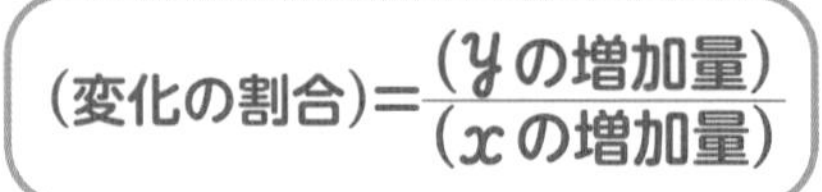

(変化の割合)$=\dfrac{(y\text{の増加量})}{(x\text{の増加量})}$

xの増加量は、$5-1=4$

$x=1$のとき、$y=2\times1^2=$ ❶□

$x=5$のとき、$y=2\times5^2=$ ❷□

yの増加量は、❸□$-$❹□$=$❺□

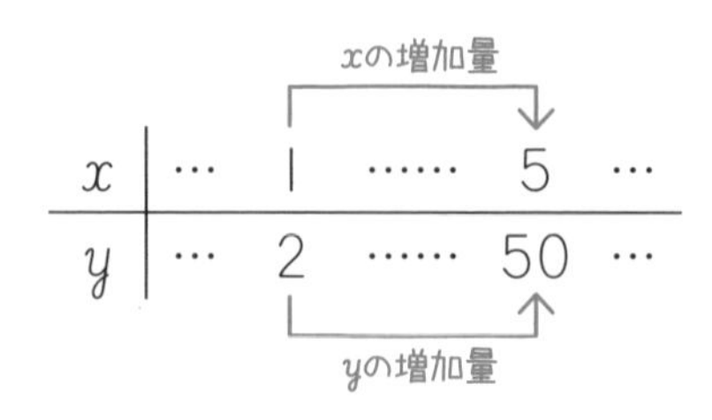

x	…	1	……	5	…
y	…	2	……	50	…

したがって、変化の割合は、$\dfrac{❻□}{4}=$ ❼□

問題❷　関数$y=ax^2$について、xの値が3から6まで増加するときの変化の割合は-3です。このとき、aの値を求めましょう。

xの増加量は、$6-3=3$

$x=3$のとき、$y=a\times3^2=$ ❽□、$x=6$のとき、$y=a\times6^2=$ ❾□

yの増加量は、❿□$-$⓫□$=$⓬□

したがって、変化の割合は、$\dfrac{⓭□}{3}=$ ⓮□

変化の割合は-3だから、⓯□$=-3$、$a=$ ⓰□

基本練習

1 **次の問いに答えましょう。**

(1) 関数$y=-2x^2$について、xの値が-3から-1まで増加するときの変化の割合を求めましょう。 〔神奈川県・改〕

(2) 関数$y=\frac{1}{4}x^2$について、xの値が2から6まで増加するときの変化の割合を求めましょう。 〔徳島県〕

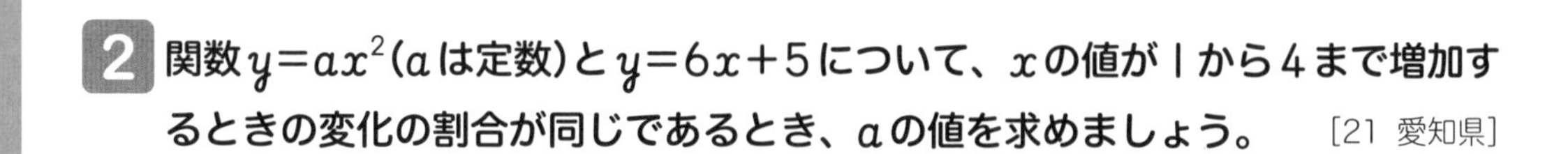

2 **関数$y=ax^2$(aは定数)と$y=6x+5$について、xの値が1から4まで増加するときの変化の割合が同じであるとき、aの値を求めましょう。** 〔21 愛知県〕

入試対策 **2** 関数$y=ax^2$の変化の割合をaで表し、これが6になることから方程式をつくろう。

もっとくわしく 変化の割合を簡単に求めよう

関数$y=ax^2$で、xの値がpからqまで増加するときの変化の割合について考えてみましょう。

xの増加量は、$q-p$、yの増加量は、aq^2-ap^2

したがって、変化の割合は、$\frac{aq^2-ap^2}{q-p}=\frac{a(q^2-p^2)}{q-p}=\frac{a(q+p)(q-p)}{q-p}=a(q+p)=a(p+q)$

このように、関数$y=ax^2$で、xの値がpからqまで増加するときの変化の割合は、右の式で求めることができます。

$a(p+q)$

この式を利用して、**問題1**の変化の割合を求めると、$2\times(1+5)=12$

このように簡単に求めることができて、ベンリですね！

学習した日　／　□もう一度　□バッチリ！

1章

2章

3章 関数

4章

5章

模試

33 放物線と直線の問題を解こう

放物線と直線　#中3

➔ 答えは別冊10ページ

座標平面上で、三角形の面積を考える問題では、x軸やy軸に平行な線分を三角形の底辺や高さとみて考えましょう。

問題1 **右の図のように、放物線$y=ax^2$と直線ℓが2点A、Bで交わっています。点Aの座標は$(-6,\ 9)$、点Bのx座標は4です。このとき、3点O、A、Bを結んでできる△OABの面積を求めましょう。**

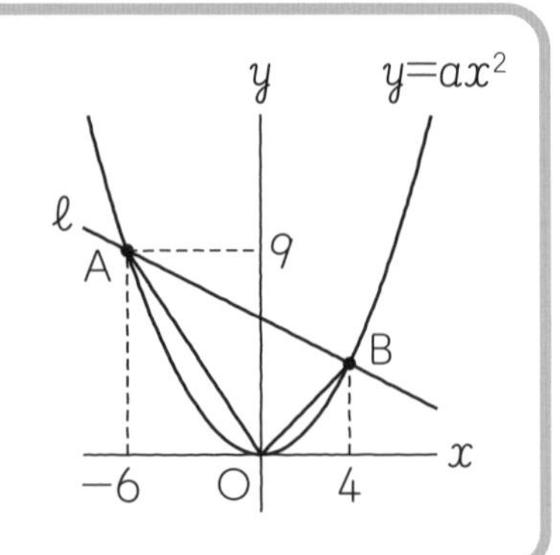

aの値を求める

$y=ax^2$に点Aの座標を代入すると、

点Bの座標を求める

$y=\frac{1}{4}x^2$に$x=4$を代入すると、$y=\frac{1}{4}\times 4^2=$ ❹

よって、点Bの座標は$(4,$ ❺ $)$

直線ℓの式を求め、OCの長さを求める

直線ℓの式を$y=bx+c$とおくと、$\begin{cases} 9=-6b+c \\ 4=4b+c \end{cases}$

これを連立方程式として解くと、

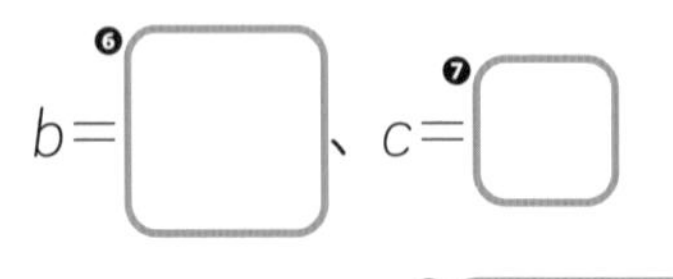

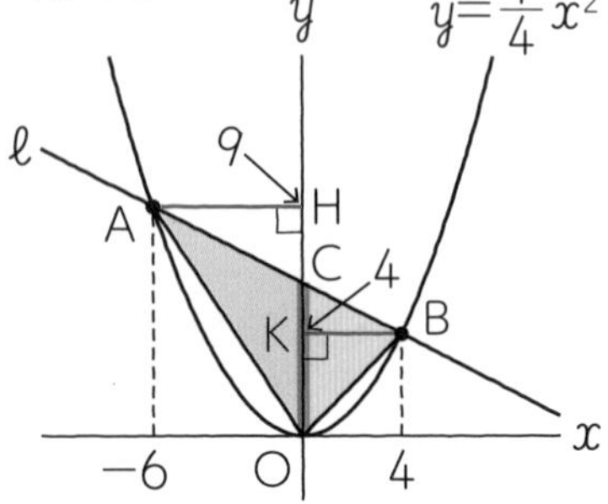

直線ℓの式は、$y=$ ❽

直線ℓとy軸との交点をCとすると、OC= ❾

△OABの面積を求める

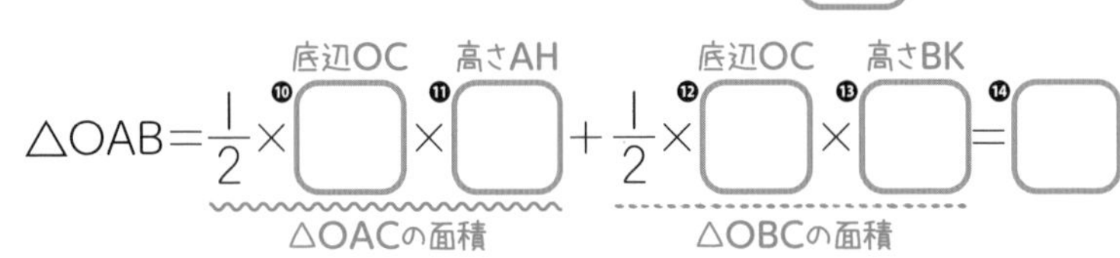

基本練習

1 右の図のように、関数$y=ax^2$(aは定数)…①のグラフ上に2点A、Bがあります。Aの座標は(−1、2)、Bのy座標は8で、Bのx座標は正です。また，点Cは直線ABとy軸との交点であり、点Oは原点です。このとき、次の問いに答えましょう。 [熊本県]

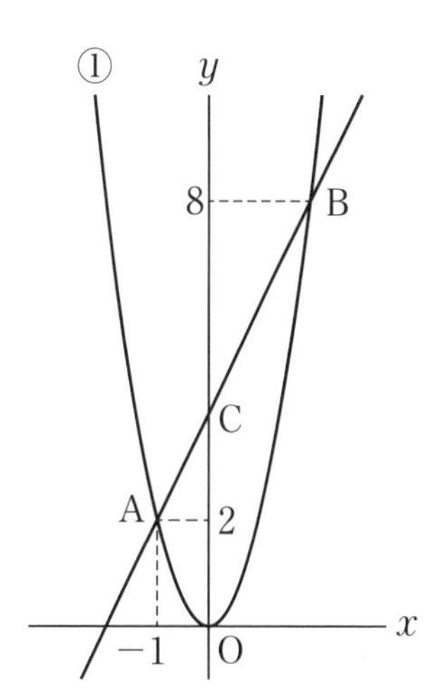

(1) aの値を求めましょう。

(2) 点Bのx座標を求めましょう。

(3) 直線ABの式を求めましょう。

(4) 線分BC上に2点B、Cとは異なる点Pをとります。△OPCの面積が、△AOBの面積の$\frac{1}{4}$となるときのPの座標を求めましょう。

(4)点Pのx座標をpとすると、△OPC$=\frac{1}{2}$×OC×p

学習した日 ／

実戦テスト 3

➜答えは別冊19ページ

得点　　　／100点

3章 関数

1 次の問いに答えましょう。

【各8点　計32点】

(1) yはxに反比例し、$x=-6$のとき$y=2$です。$y=3$のときのxの値を求めましょう。

[兵庫県]

[　　　　]

(2) 右の表は、ある1次関数について、xの値とyの値の関係を示したものです。表の□にあてはまる数を書きましょう。

x	…	-1	0	…	3	…
y	…	6	□	…	2	…

[北海道]

[　　　　]

(3) 右の図において、曲線は関数$y=\dfrac{6}{x}$のグラフで、曲線上の2点A、Bのx座標はそれぞれ-6、2です。2点A、Bを通る直線の式を求めましょう。

[23 埼玉県]

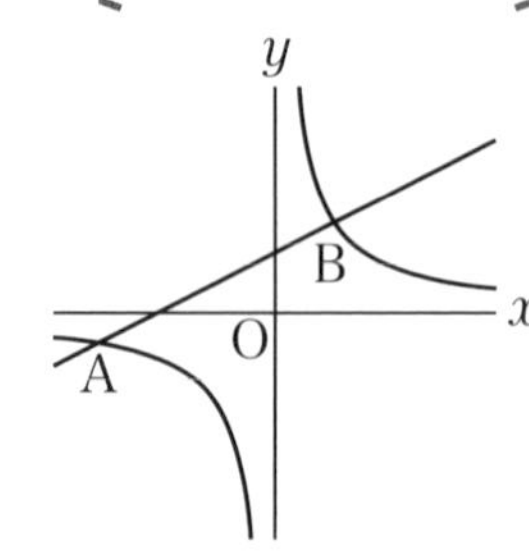

[　　　　]

(4) 2つの方程式$3x+2y+16=0$、$2x-y+6=0$のグラフの交点が、方程式$ax+y+10=0$のグラフ上にあります。このとき、aの値を求めましょう。

[高知県]

[　　　　]

2 右の図のように、y軸上に点A(0, 8)があり、関数$y=\dfrac{2}{3}x+2$のグラフ上に、$x>0$の範囲で動く2点B、Cがあります。点Cのx座標は点Bのx座標の4倍です。また、このグラフとx軸との交点をDとします。次の問いに答えましょう。

[広島県]　【各7点　計14点】

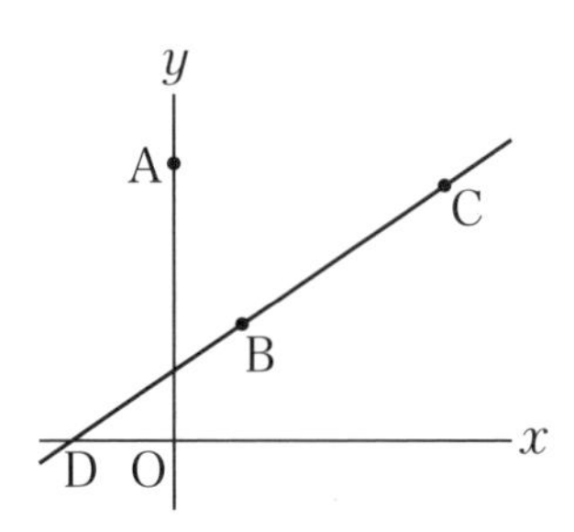

(1) 線分ACがx軸に平行となるとき、線分ACの長さを求めましょう。

[　　　　]

(2) DB=BCとなるとき、直線ACの傾きを求めましょう。

[　　　　]

3

関数$y=-\frac{3}{4}x^2$について、次のア～エの説明のうち、正しいものを2つ選び、記号で答えましょう。

［山口県］【10点】

ア　変化の割合は一定でない。
イ　xの値がどのように変化しても、yの値が増加することはない。
ウ　xがどのような値でも、yの値は負の数である。
エ　グラフの開き方は、関数$y=-x^2$のグラフより大きい。

［　　　　　　］

4

xの値が1から3まで増加するときの変化の割合が、関数$y=2x^2$と同じ関数を、次のアからエまでの中から1つ選びましょう。

［23 愛知県］【10点】

ア　$y=2x+1$　　イ　$y=3x-1$　　ウ　$y=5x-4$　　エ　$y=8x+6$

［　　　　　　］

5

右の図において、mは関数$y=ax^2$(aは正の定数)のグラフを表します。A、Bはm上の点であって、Aのx座標は3であり、Bのx座標は-2です。Aのy座標は、Bのy座標より2大きいです。aの値を求めましょう。

［大阪府］【10点】

［　　　　　　］

6

右の図のように、関数$y=\frac{1}{2}x^2$のグラフ上に2点A、Bがあり、x座標はそれぞれ-4、2です。このとき、次の問いに答えましょう。

［富山県］【各8点　計24点】

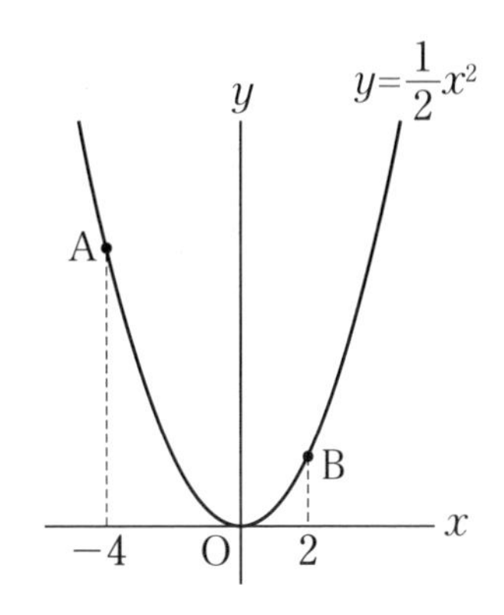

(1)　関数$y=\frac{1}{2}x^2$について、xの変域が$-1 \leqq x \leqq 2$のときのyの変域を求めましょう。

［　　　　　　］

(2)　△OABの面積を求めましょう。

［　　　　　　］

(3)　点Oを通り、△OABの面積を2等分する直線の式を求めましょう。

［　　　　　　］

学習した日　／　もう一度　バッチリ！

合格につながるコラム④

図形の辺上を動く点と面積の関係を考えよう

右の図のような、AB＝4 cm、BC＝6 cmの長方形ABCDがあります。点PはBを出発して、辺上をA、Dを通ってCまで動きます。点PがBからx cm動いたときの△PBCの面積をy cm^{2}とするとき、△PBCの面積はどのように変化するかを考えてみましょう。

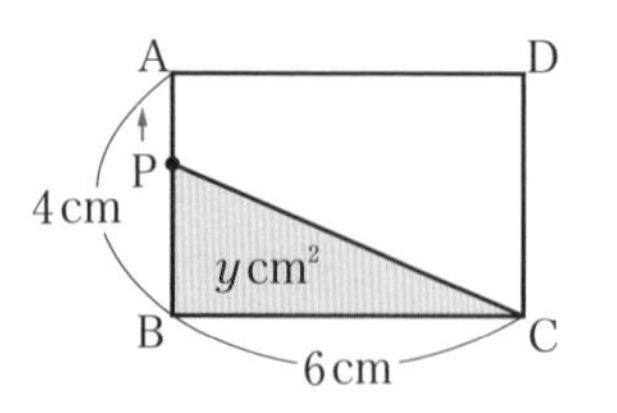

面積の変化のようすを、式で表してみよう！

点Pが辺AB、AD、DCの上を動く3つの場合に分けて、xとyの関係について考えます。

① 辺AB上を動くとき

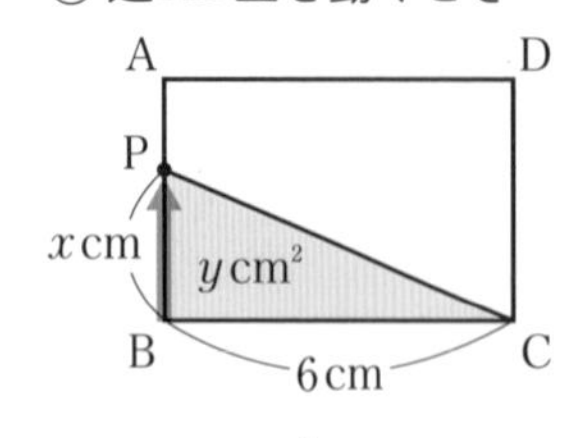

$\triangle PBC=\frac{1}{2}\times BC\times PB$

$y=\frac{1}{2}\times 6\times x$

$\boldsymbol{y=3x}$

xの変域は、$\boldsymbol{0\leqq x\leqq 4}$

② 辺AD上を動くとき

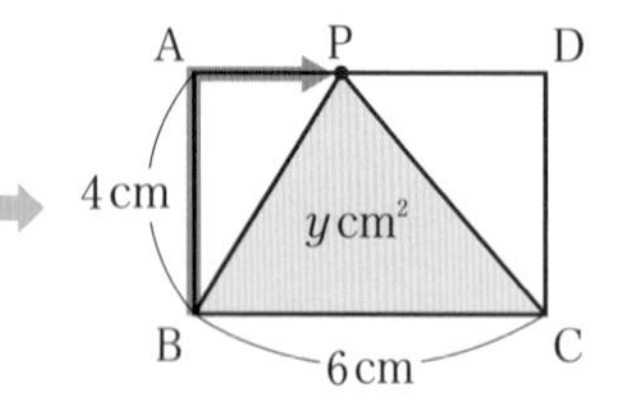

$\triangle PBC=\frac{1}{2}\times BC\times AB$

一定

$y=\frac{1}{2}\times 6\times 4$

$\boldsymbol{y=12}$

xの変域は、$\boldsymbol{4\leqq x\leqq 10}$

③ 辺DC上を動くとき

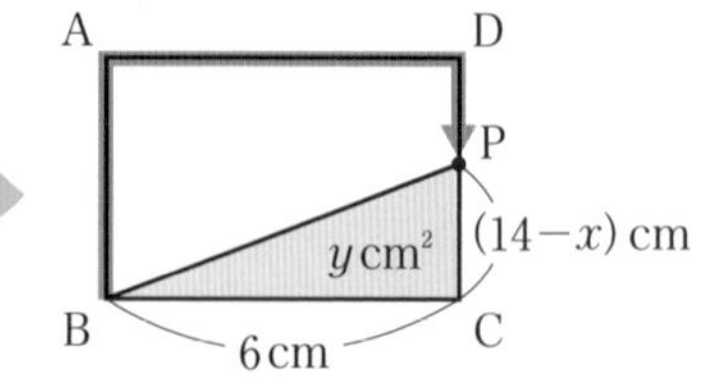

$\triangle PBC=\frac{1}{2}\times BC\times PC$

$AB+AD+DC-x$
$=4+6+4-x$

$y=\frac{1}{2}\times 6\times (14-x)$

$\boldsymbol{y=-3x+42}$

xの変域は、$\boldsymbol{10\leqq x\leqq 14}$

面積の変化のようすを、グラフで表してみよう！

xの変域に気をつけて、上の①、②、③の場合についてグラフをかきます。

① $0\leqq x\leqq 4$のとき、$y=3x$

② $4\leqq x\leqq 10$のとき、$y=12$

③ $10\leqq x\leqq 14$のとき、$y=-3x+42$

したがって、△PBCの面積の変化を表すグラフは右の図のようになります。

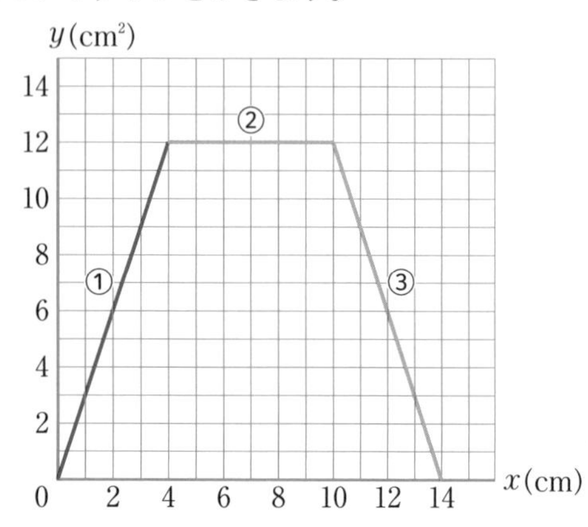

②のとき、yの値は一定だから、グラフはx軸に平行な直線になるよ。

4章

図形

34 垂直二等分線、角の二等分線を作図しよう

垂直二等分線、角の二等分線の作図　#中1

→ 答えは別冊10ページ

線分のまん中の点を**中点**(ちゅうてん)といい、中点を通り、その線分に垂直な直線を**垂直二等分線**(すいちょくにとうぶんせん)といいます。また、1つの角を2等分する半直線を**角の二等分線**(にとうぶんせん)といいます。

定規とコンパスだけを使って、図をかくことを作図(さくず)という。

● 垂直二等分線の作図

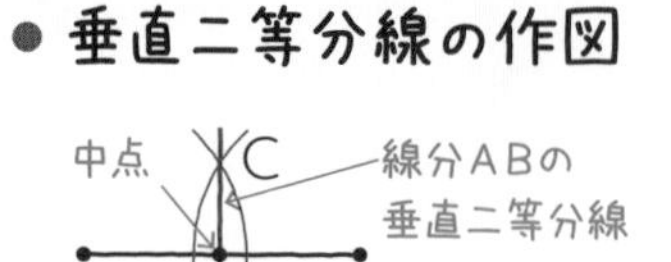

● 角の二等分線の作図

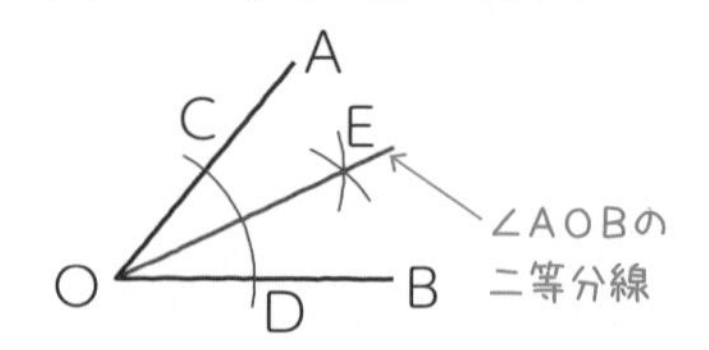

問題① 下の図の△ABCにおいて、辺BC上にあって、点A、Bからの距離(きょり)が等しい点Pを作図しましょう。

2点A、Bからの距離が等しい点は、線分ABの垂直二等分線上にあります。

① 点Aを中心として円をかきます。

② 点[❶　　]を中心として、①と等しい半径の円をかき、①の円との交点をD、Eとします。

③ 直線[❷　　]をひき、辺BCとの交点をPとします。

❸
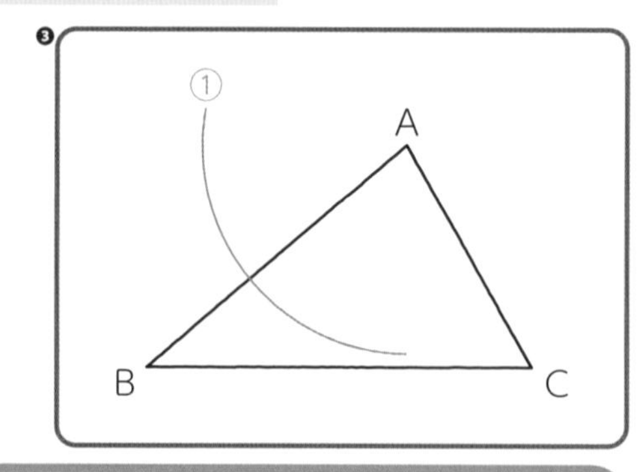

問題② 下の図の△ABCにおいて、辺AC上にあって、辺AB、BCからの距離が等しい点Pを作図しましょう。

2辺AB、BCからの距離が等しい点は、∠ABCの二等分線上にあります。

① 頂点[❹　　]を中心とする円をかき、辺AB、BCとの交点をそれぞれ点D、Eとします。

② 点D、Eを中心として等しい半径の円をかき、その交点をFとします。

③ 半直線[❺　　]をひき、辺ACとの交点をPとします。

❻
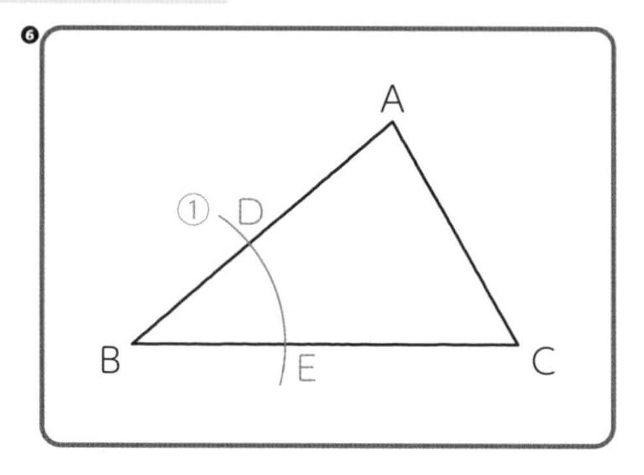

基本練習

※作図には、定規とコンパスを用い、作図に使った線は消さないで残しておくこと。

1 右の図において、△ABCの頂点Cを通り、△ABCの面積を2等分する線分と辺ABとの交点Dを作図しましょう。 ［鳥取県］

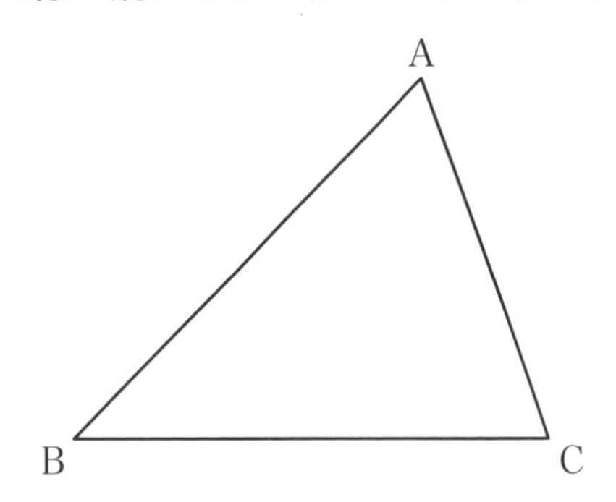

2 右の図の△ABCにおいて、辺AC上にあり、∠ABP＝30°となる点Pを作図によって求めましょう。 ［栃木県］

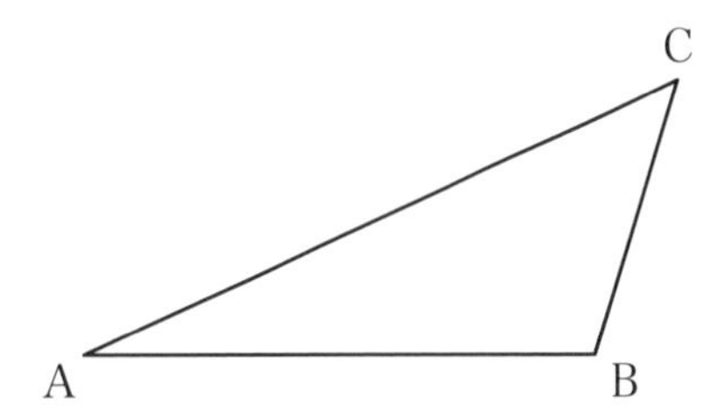

3 右の図のような線分ABを直径とする半円があります。この半円の$\overset{\frown}{AB}$上に、$\overset{\frown}{AP}$：$\overset{\frown}{PB}$＝1：3となるような点Pを作図して求め、その位置を点●で示しましょう。 ［長崎県］

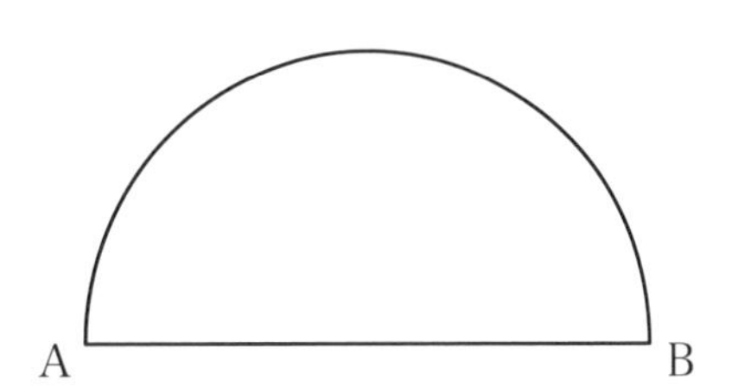

3 線分ABの中点をOとすると、∠AOP：∠BOP＝1：3より、∠AOP＝45°となる。

学習した日 ／   もう一度  バッチリ!

35 垂線を作図しよう

垂線の作図 #中1

→ 答えは 別冊10ページ

2直線が垂直であるとき、一方の直線を他方の直線の**垂線**といいます。垂線の作図は、点と直線の距離、三角形の高さ、円の接線などの作図に利用されます。

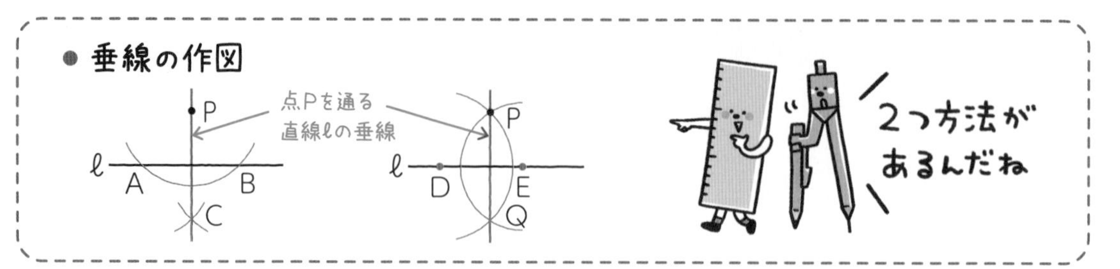

問題❶ 下の図の△ABCで、辺ABを底辺とするときの高さを表す線分CHを作図しましょう。

辺ABを底辺とするときの高さは、点Cから辺ABにひいた垂線の長さになります。

① 点[❶　]を中心として適当な半径の円をかき、辺ABとの交点をD、Eとします。

② 点D、Eを中心として等しい半径の円をかき、その交点の1つをFとします。

③ 直線[❷　]をひき、辺ABとの交点をHとします。

❸
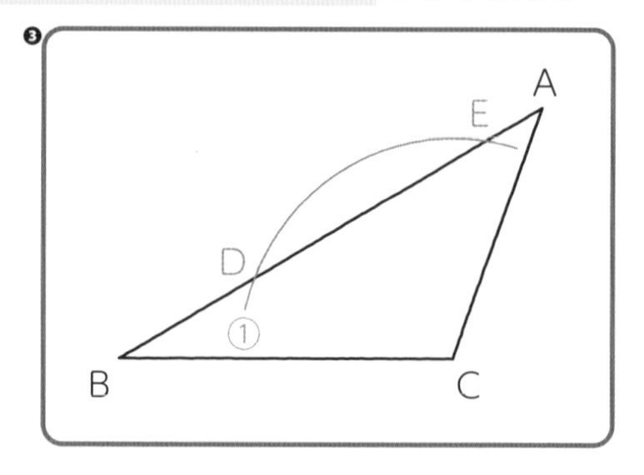

問題❷ 下の図で、円Oの周上の点Aを接点とする接線ℓを作図しましょう。

円の接線は、接点を通る半径に垂直だから、ℓ[❹　]OAになります。

① 直線OAをかきます。

② 点Aを中心として適当な半径の円をかき、直線OAとの交点をB、Cとします。

③ 点B、Cを中心として等しい半径の円をかき、その交点の1つをDとし、直線[❺　]をひきます。

❻
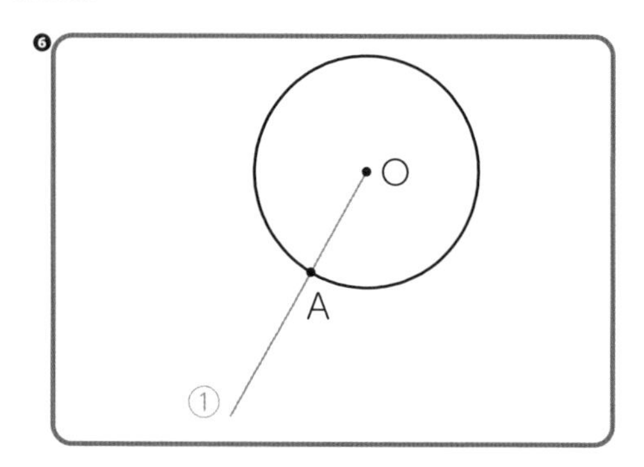

基本練習

※作図には、定規とコンパスを用い、作図に使った線は消さないで残しておくこと。

1 右の図の点Aを、点Oを中心として、時計回りに90°回転移動させた点Bを作図しましょう。　［青森県］

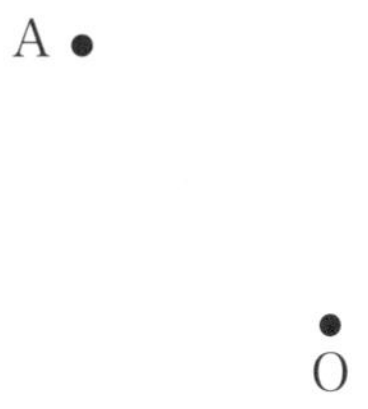

A •

• O

2 右の図のように、直線ℓと2点A、Bがあります。ℓ上に点Pをとり、PとA、Bをそれぞれ結ぶとき、AP＋BPが最短になるような点Pを作図しましょう。

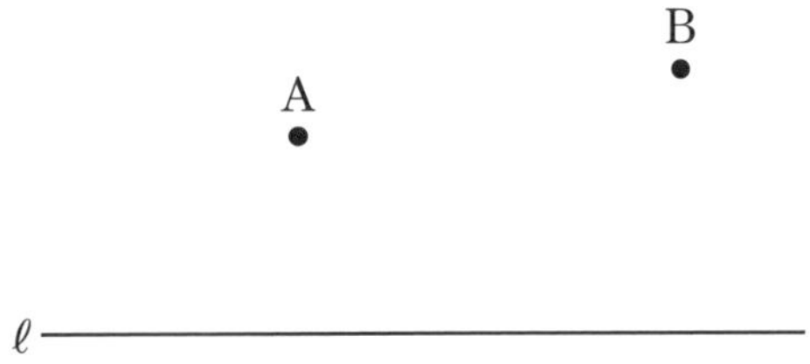

B •

A •

ℓ ―――――――――――

入試対策 **2** 直線ℓについて、点Aと対称な点をA'とすると、AP＝A'Pになることを利用しよう。

もっとくわしく　直線上の点を通る垂線の作図

右の図で、線分AB上の点Oを通る線分ABの垂線は、どのようにしてかけばよいでしょう？

線分ABを∠AOB＝180°の角とみると、∠AOBの二等分線を作図すれば、線分ABの垂線になりますね。

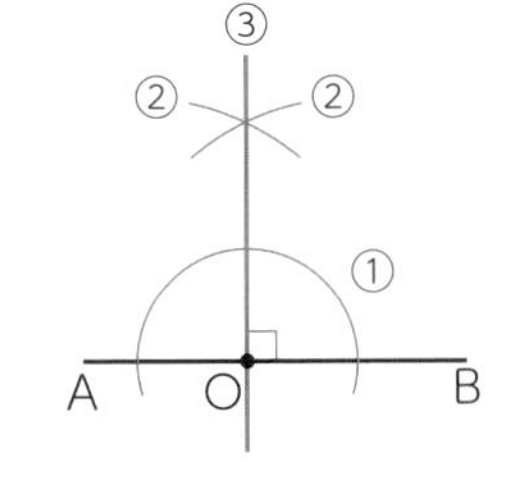

学習した日　／　もう一度　バッチリ！

36 おうぎ形の弧の長さと面積を求めよう

円とおうぎ形の計量　#中1

→ 答えは別冊10ページ

円の２つの半径と弧（こ）で囲まれた図形を**おうぎ形（がた）**といいます。
また、円周率はギリシャ文字**π（パイ）**を使って表します。

半径r、中心角a°のおうぎ形の弧の長さをℓ、
面積をSとすると、

$$\ell=2\pi r\times\frac{a}{360}\qquad S=\pi r^2\times\frac{a}{360}$$

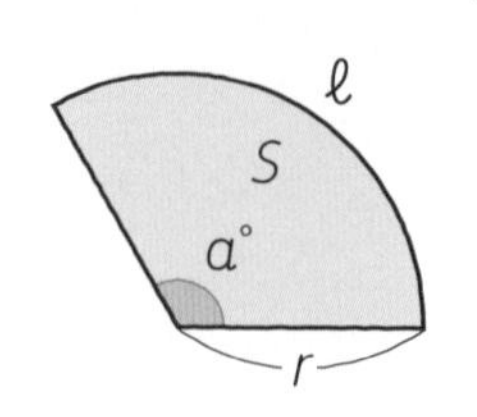

問題❶　右の図のおうぎ形の弧の長さを求めましょう。

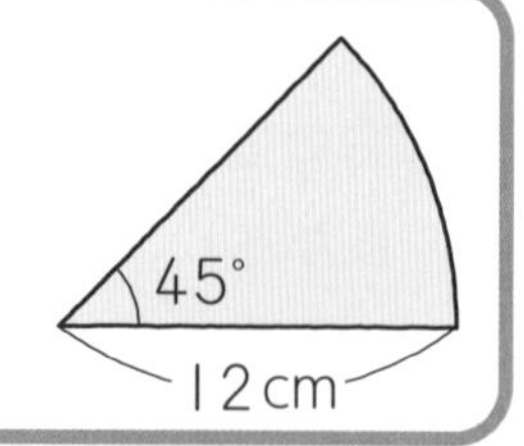

中心角がa°のおうぎ形の弧の長さは、同じ半径の円の周の長さの$\frac{a}{360}$倍です。

したがって、求めるおうぎ形の弧の長さは、

$2\pi\times$ ❶□ $\times\frac{❷□}{360}=$ ❸□ (cm)

【半径rの円の周の長さℓと面積S】

$$\ell=2\pi r\quad S=\pi r^2$$

問題❷　右の図のおうぎ形の面積を求めましょう。

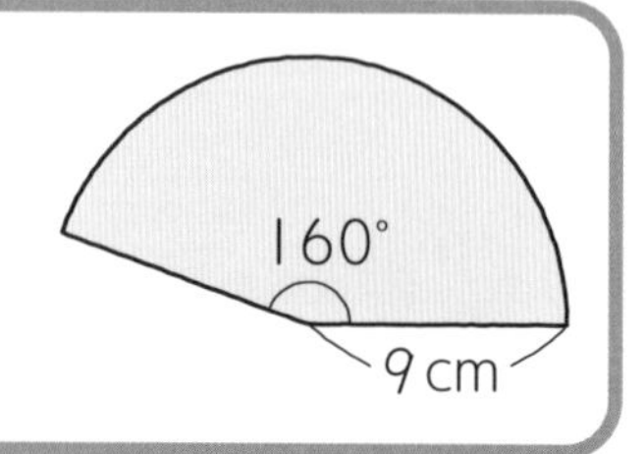

中心角がa°のおうぎ形の面積は、同じ半径の円の面積の$\frac{a}{360}$倍です。

したがって、求めるおうぎ形の面積は、

$\pi\times$ ❹$□^2$ $\times\frac{❺□}{360}=$ ❻□ (cm^2)

基本練習

1 右の図のように、半径が5cm、中心角が144°のおうぎ形があります。このおうぎ形の面積を求めましょう。　［大分県］

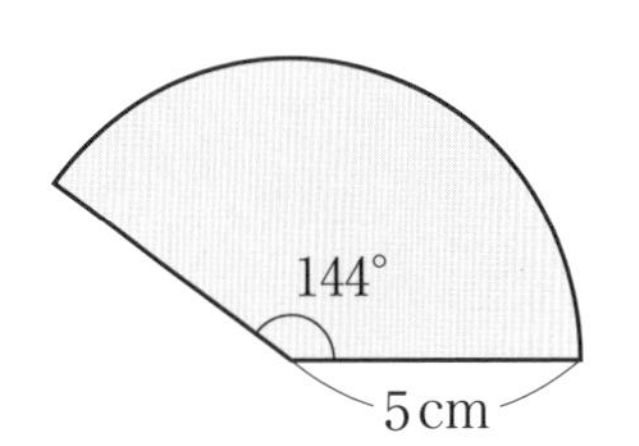

2 右の図は、線分AB、AC、CBをそれぞれ直径として3つの円をかいたものです。3つの円の弧で囲まれた色のついた部分の周の長さと面積を求めましょう。ただし、円周率はπとします。　［岩手県・改］

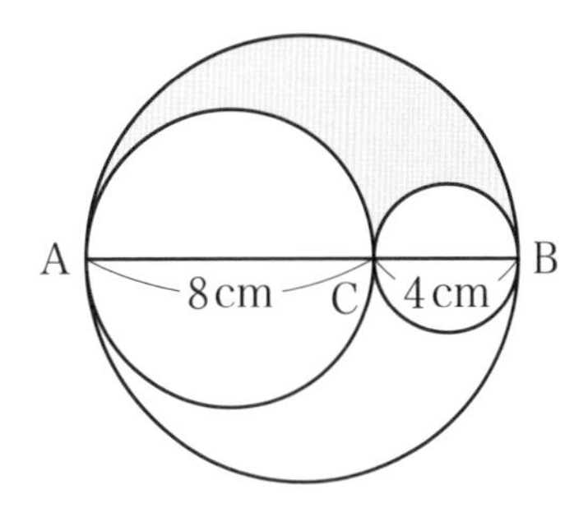

3 右の図は、母線の長さが8cm、底面の円の半径が3cmの円錐（えんすい）の展開図です。図のおうぎ形OABの中心角の大きさを求めましょう。　［22 埼玉県］

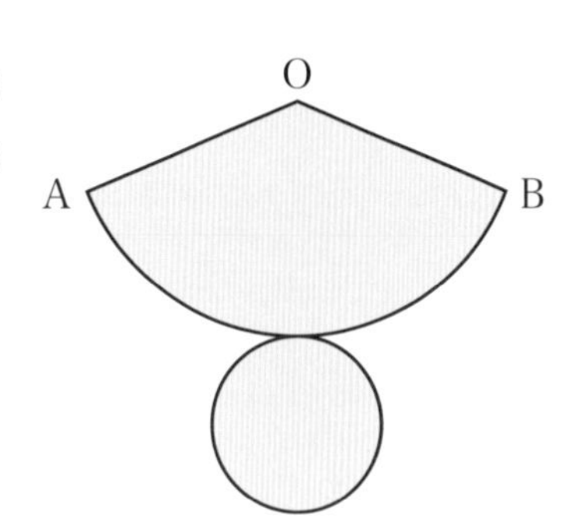

入試対策 **3** おうぎ形の弧の長さは中心角に比例するから、∠AOB＝x°とすると、$\frac{\overset{\frown}{AB}}{円Oの円周}=\frac{x}{360}$

もっとくわしく　おうぎ形の面積のもう1つの公式

おうぎ形の面積は、中心角がわからなくても、弧の長さと半径がわかれば、次の公式で求めることができます。
半径r、弧の長さℓのおうぎ形の面積Sは、

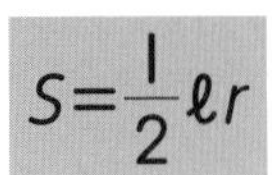

$$S=\frac{1}{2}\ell r$$

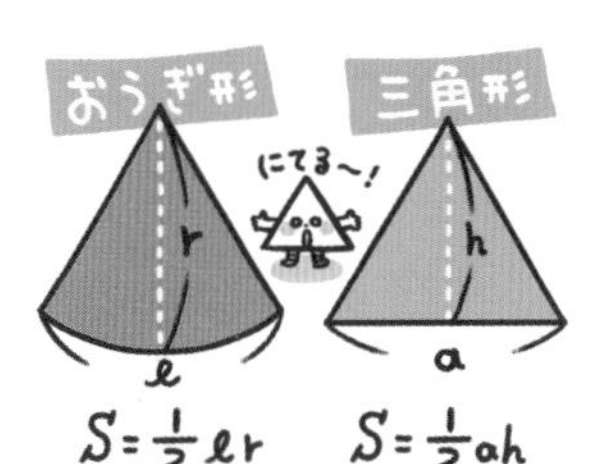

学習した日　／　もう一度　バッチリ！

37 直線や平面の関係を考えよう

直線や平面の位置関係　#中1

答えは別冊11ページ

空間内での直線や平面の位置関係について考えます。直線はかぎりなくのびているもの、平面はかぎりなく広がっているものとします。

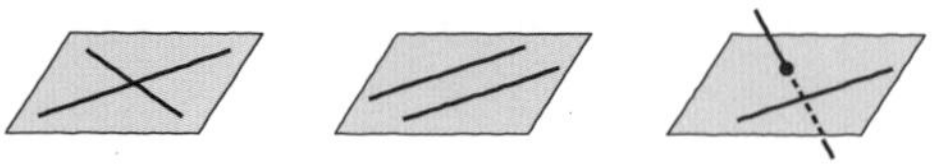

問題1 右の図の三角柱で、辺を直線、面を平面と見て、□にあてはまる記号を書きましょう。

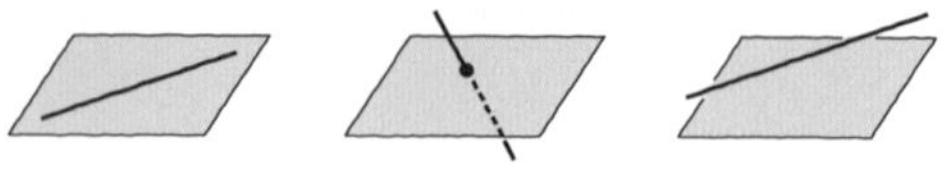

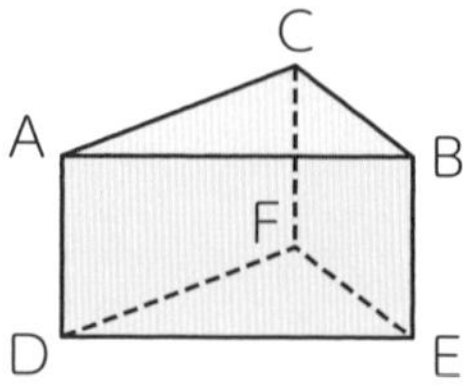

(1) 直線ADと平行な直線は、直線BE、❶□

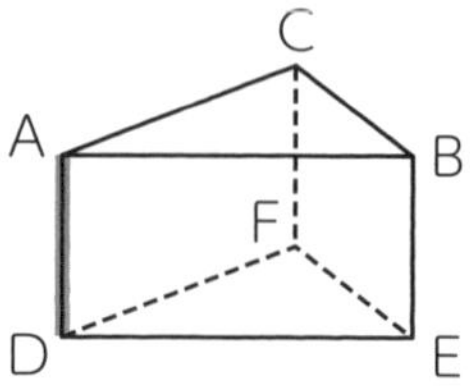

(2) 直線ADと交わる直線は、直線AB、AC、❷□、❸□

(3) 直線ADとねじれの位置にある直線は、直線❹□、❺□

直線ADと平行でなく、交わらない直線

(4) 平面ABCと平行な直線は、直線DE、❻□、❼□

(5) 平面ADFCと交わる直線は、

直線AB、❽□、❾□、❿□

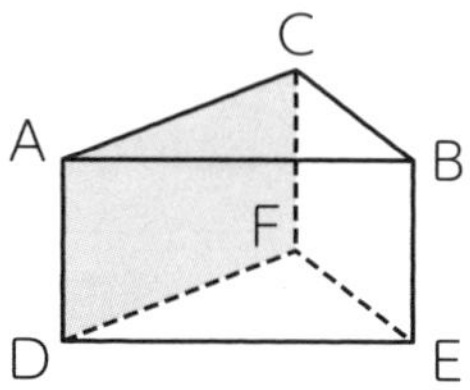

(6) 平面ABCと平行な平面は、

平面ABCと交わらない平面

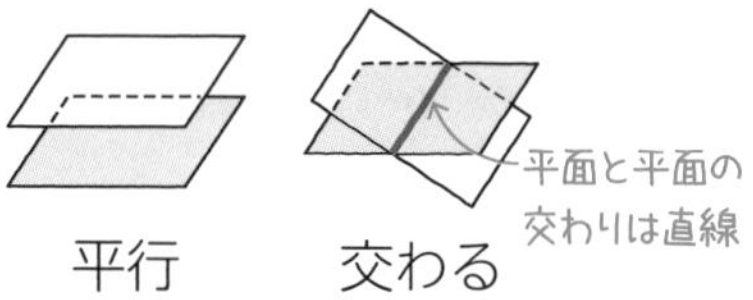

平面⓫□

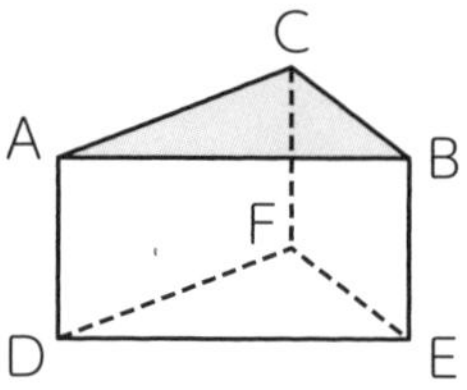

基本練習

1 **右の図の直方体で、辺を直線、面を平面と見て、次の問いに答えましょう。**

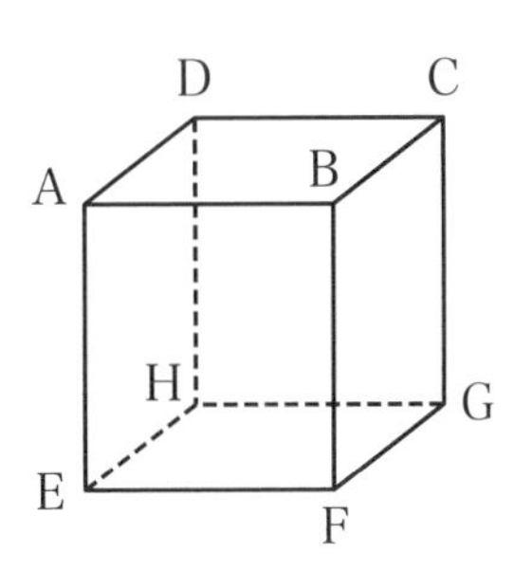

(1) 直線ABと平行な直線はどれですか。

(2) 直線ABとねじれの位置にある直線はどれですか。

(3) 直線BCと平行な平面はどれですか。

(4) 平面BFGCと交わる直線はどれですか。

(5) 平面BFGCと平行な平面はどれですか。

2 **右の図は、立方体の展開図です。この展開図を組み立てて立方体をつくるとき、面イの1辺である辺ABと垂直になる面を、面ア～カからすべて選び、記号で答えましょう。** ［群馬県］

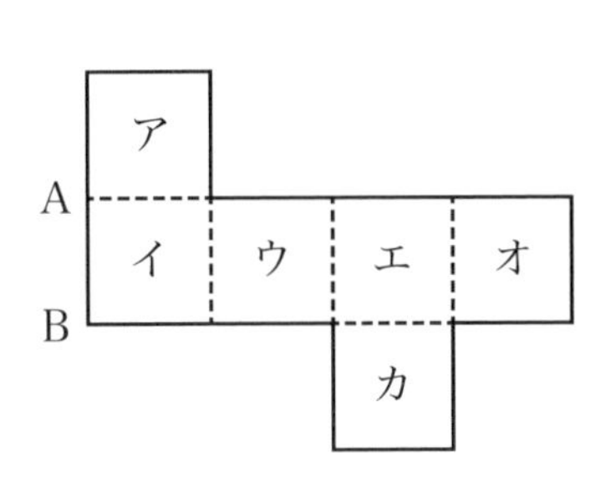

2 展開図を組み立ててできる立方体の見取図をかいて考えよう。

学習した日 ／

38 立体の表面積を求めよう

立体の表面積 #中1

答えは 別冊11ページ

立体の表面全体の面積を**表面積**（ひょうめんせき）といい、これは立体の展開図の面積と等しくなります。
また、1つの底面の面積を**底面積**（ていめんせき）、側面全体の面積を**側面積**（そくめんせき）といいます。

問題❶　次の立体の表面積を求めましょう。ただし、円周率はπとします。

(1) **円柱**

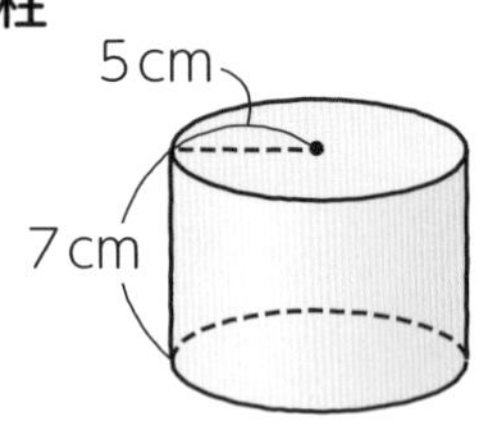

(2) **正四角錐**

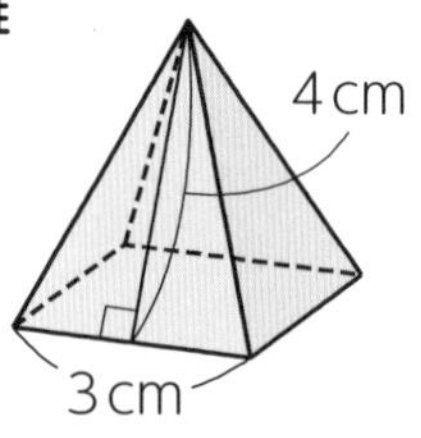

(1) 底面積は、π×❶□^{2}＝❷□(cm^2)　←2つの底面の面積の和を底面積としないように！

側面の長方形の

縦の長さは7cm、横の長さは❸□cm
（縦の長さ：円柱の高さ　横の長さ：底面の円周の長さ）

底面
5cm
等しい
7cm
側面
底面

側面積は、7×❹□＝❺□(cm^2)

(円柱の表面積)＝(底面積)×2＋(側面積)より、

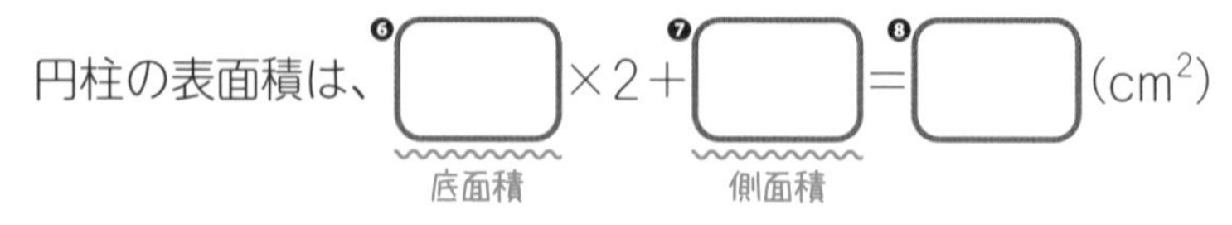

円柱の表面積は、❻□×2＋❼□＝❽□(cm^2)
（❻：底面積　❼：側面積）

(2) 底面積は、3×3＝❾□(cm^2)

側面積は、$\frac{1}{2}$×3×4×❿□＝⓫□(cm^2)
（$\frac{1}{2}$×3×4：1つの三角形の面積　❿：三角形の数）

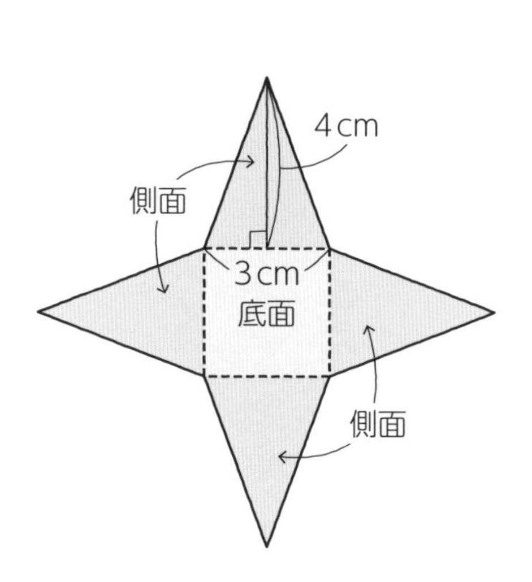

(角錐の表面積)＝(底面積)＋(側面積)より、

正四角錐の表面積は、

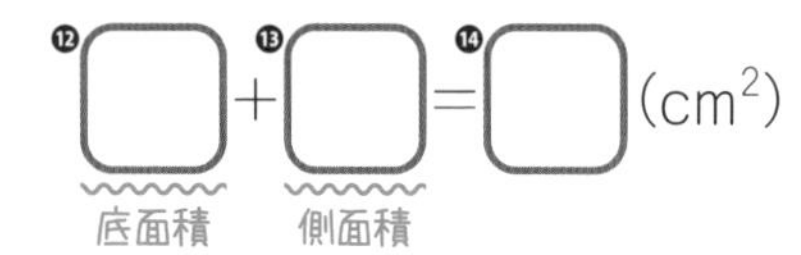

⓬□＋⓭□＝⓮□(cm^2)
（⓬：底面積　⓭：側面積）

基本練習

1 次の立体の表面積を求めましょう。ただし、円周率はπとします。

(1) 正四角錐

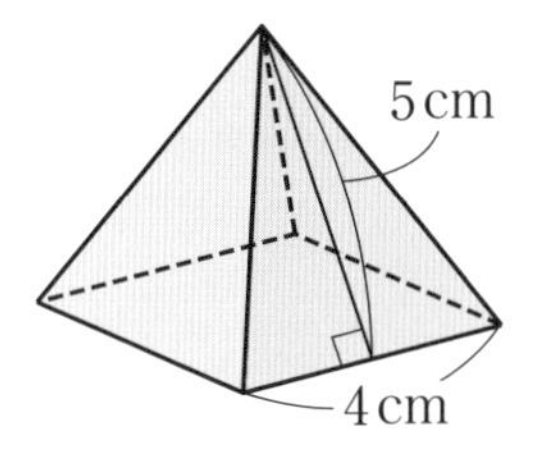

(2) 球

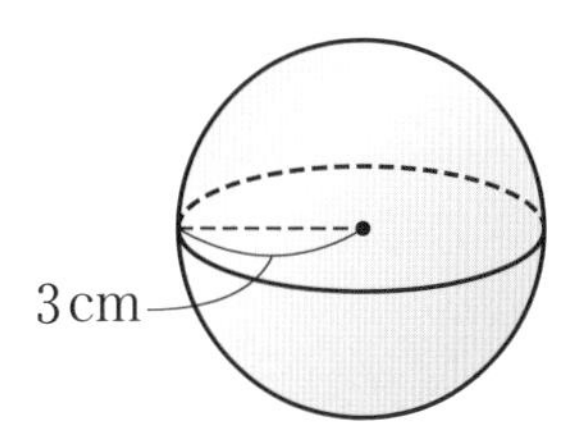

2 右の図の立体は、底面の半径が4cm、高さが$a$cmの円柱です。右の図の円柱の表面積は120π cm^{2}です。aの値を求めましょう。

［大阪府］

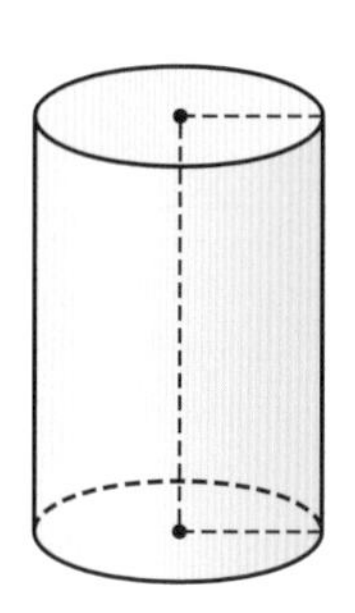

3 右の図のように、底面の半径が3cm、母線の長さが6cmの円錐があります。この円錐の側面積は何cm^{2}か、求めましょう。ただし、円周率はπとします。

［兵庫県］

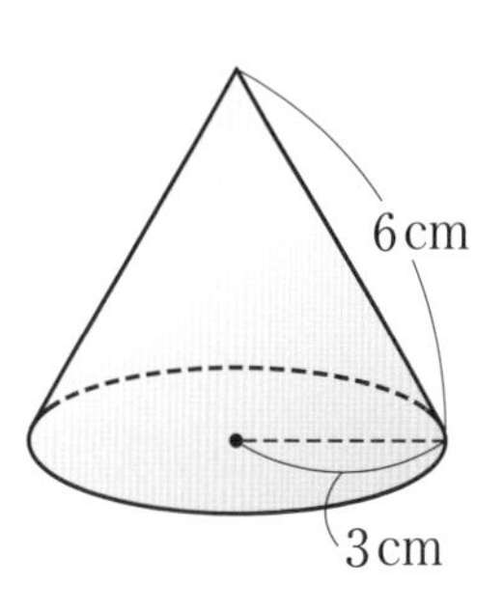

入試対策 **1** (2)半径rの球の表面積をSとすると、$S=4\pi r^2$

学習した日 ／ もう一度  バッチリ！ 

39 立体の体積を求めよう

立体の体積　#中1

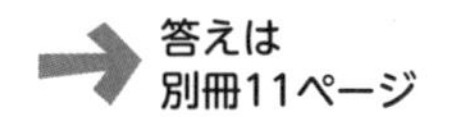
答えは
別冊11ページ

角錐・円錐の体積は、底面が合同で、高さが等しい角柱・円柱の体積の$\frac{1}{3}$になります。角錐や円錐の体積を求めるときには、この$\frac{1}{3}$のかけ忘れに注意しましょう。

問題1　次の立体の体積を求めましょう。ただし、円周率はπとします。

(1)　**三角柱**

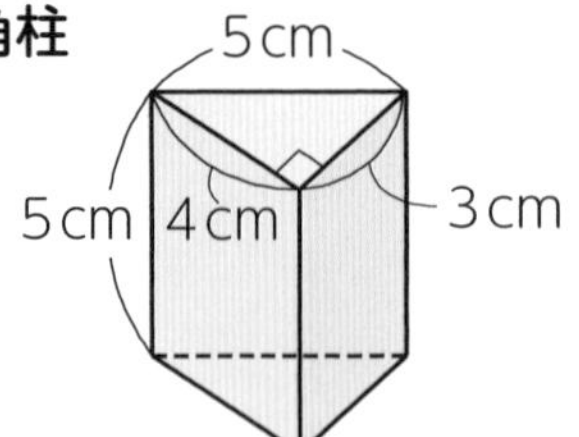

(2)　**円錐**

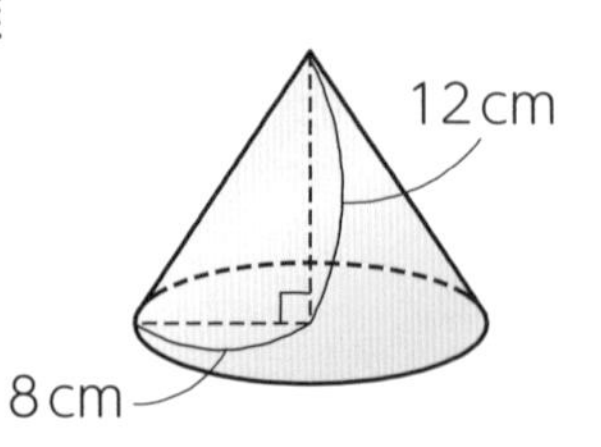

(1)　底面積は、$\frac{1}{2}\times4\times3=$ ❶□ (cm^2)

三角柱の体積は、

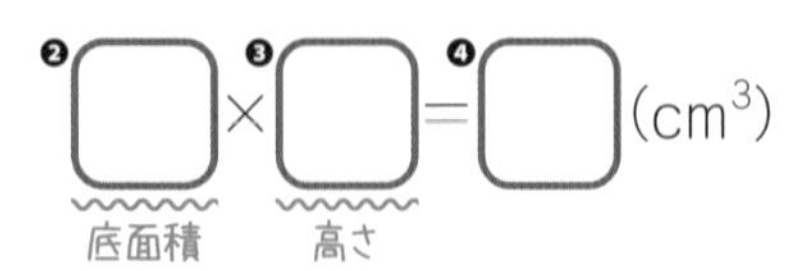

【角柱・円柱の体積】

$V=Sh$（底面積S、高さh、体積V）

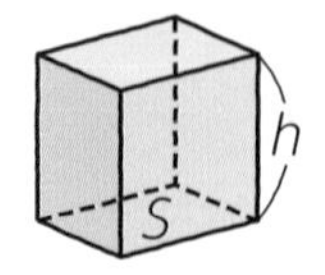

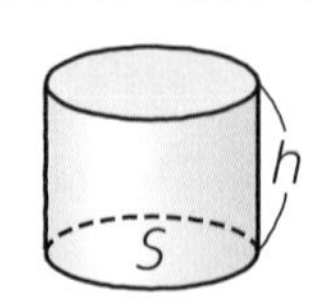

(2)　底面積は、$\pi\times8^2=$ ❺□ (cm^2)

円錐の体積は、

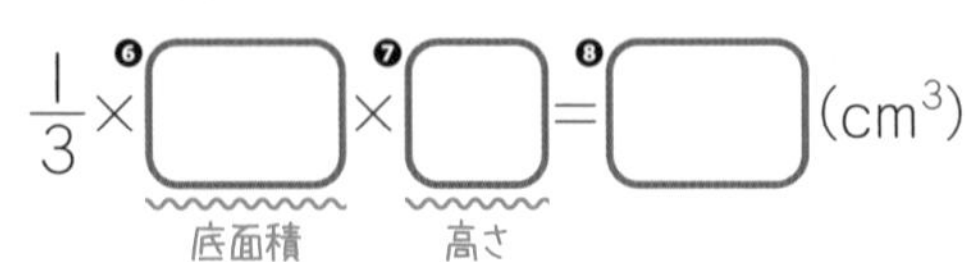

【角錐・円錐の体積】

$V=\frac{1}{3}Sh$（底面積S、高さh、体積V）

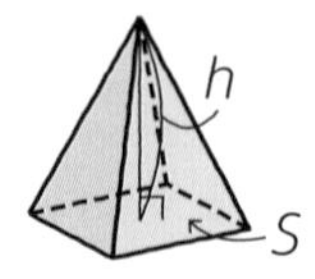

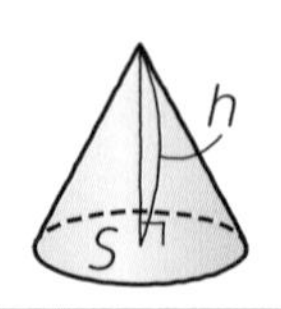

問題2　右の球の体積を求めましょう。
ただし、円周率はπとします。

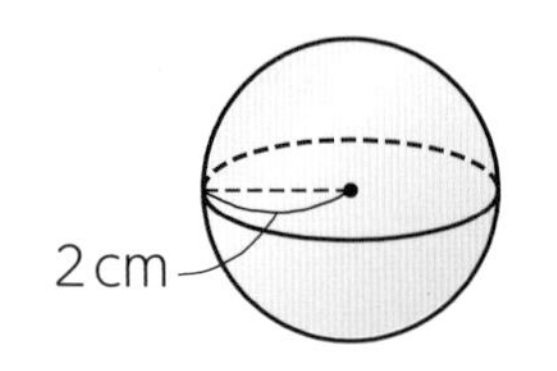

（球の体積）$=\frac{4}{3}\pi\times$（半径）^{3}より、$\frac{4}{3}\pi\times$ ❾□$^3=$ ❿□ (cm^3)

基本練習

1 次のアからエまでの立体のうち、体積が最も大きいものはどれですか。記号で答えましょう。 ［22 愛知県］

ア　１辺が１cmの立方体

イ　底面の正方形の１辺が２cm、高さが１cmの正四角錐

ウ　底面の円の直径が２cm、高さが１cmの円錐

エ　底面の円の直径が１cm、高さが１cmの円柱

2 右の図のように、底面の対角線の長さが４cmで、高さが６cmの正四角錐があります。この正四角錐の体積は何cm^3ですか。 ［広島県］

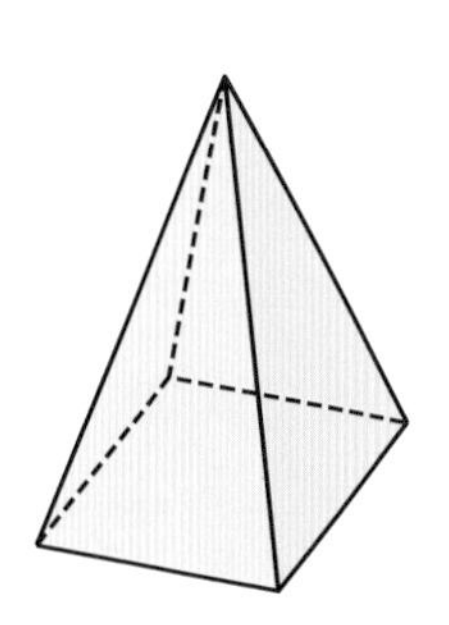

3 右の図は、半径が３cmの球Aと底面の半径が２cmの円柱Bです。AとBの体積が等しいとき、Bの高さを求めましょう。 ［長野県］

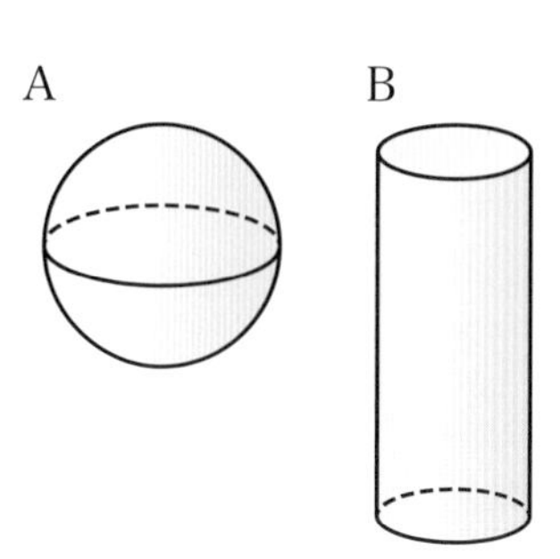

2 底面の正方形の面積は、（対角線）×（対角線）÷２で求められる。

学習した日　／

40 面の動きと投影図を考えよう

回転体と投影図　#中1

➔ 答えは別冊11ページ

平面図形を、1つの直線を軸として1回転させてできる立体を**回転体**といい、軸とした直線を**回転の軸**といいます。

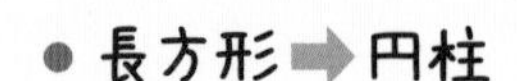

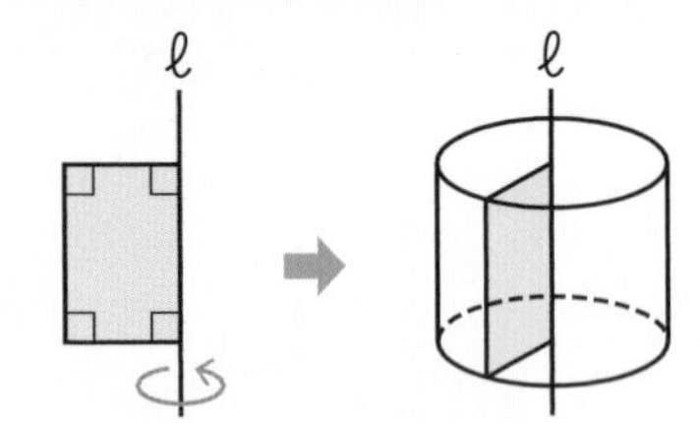

直角三角形 ➡ 円錐

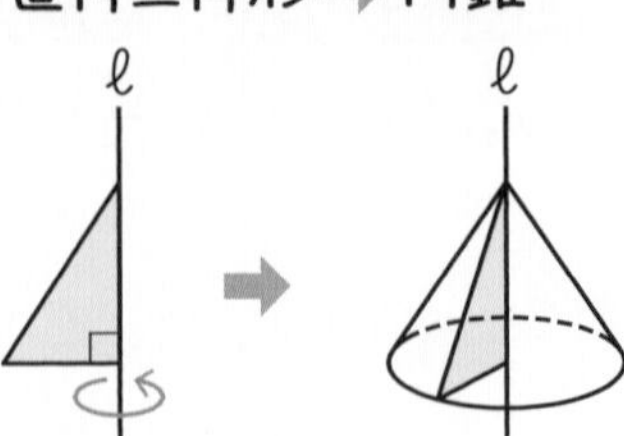

問題❶ 右の図のような長方形ABCDを、辺CDを軸として1回転させたときにできる立体の体積を求めましょう。ただし、円周率はπとします。

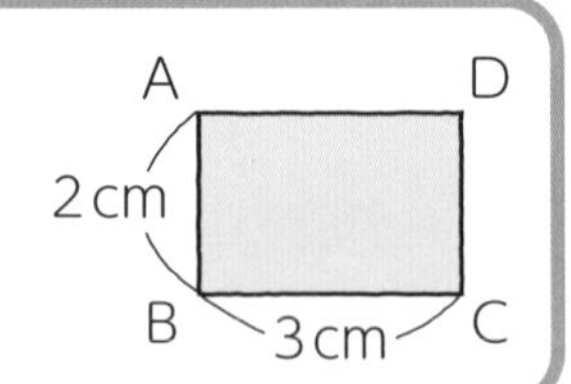

できる立体は、右の図のような❶［　　］になります。

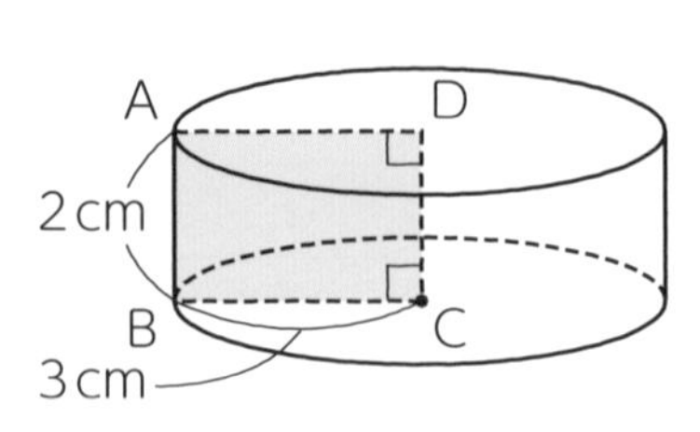

したがって、この円柱の体積は、

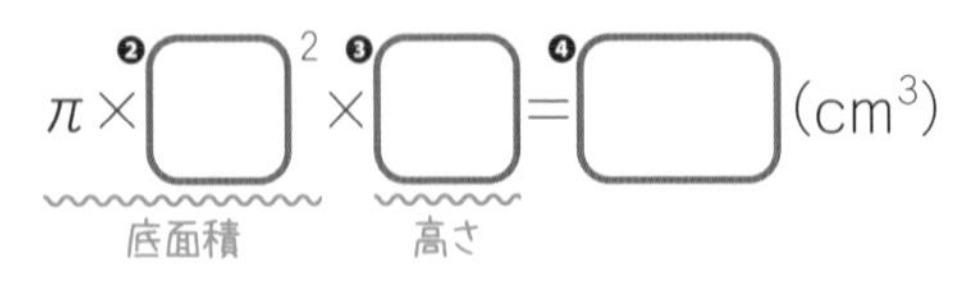

$\pi\times$❷［　　］$^2\times$❸［　　］$=$❹［　　］(cm^3)

底面積　高さ

立体を、正面から見た図を**立面図**、真上から見た図を**平面図**といいます。
立面図と平面図を組み合わせて表した図を**投影図**といいます。

問題❷ 右の図は円錐の投影図です。この円錐の体積を求めましょう。ただし、円周率はπとします。

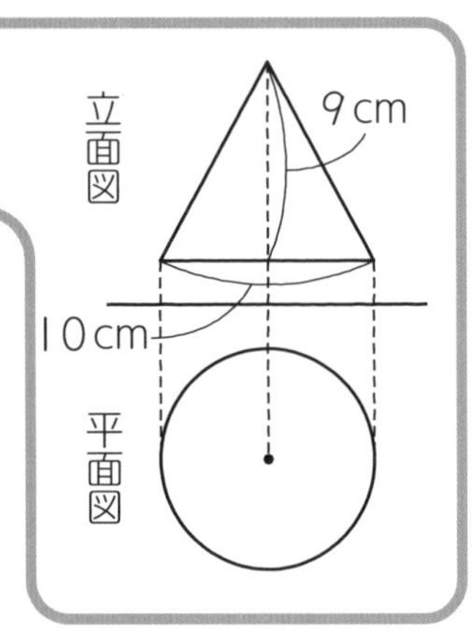

この投影図の円錐は、右の図のようになります。

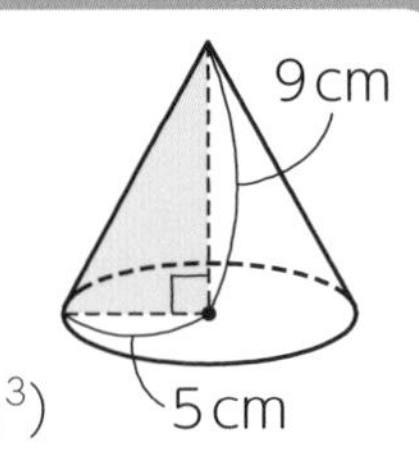

したがって、この円錐の体積は、

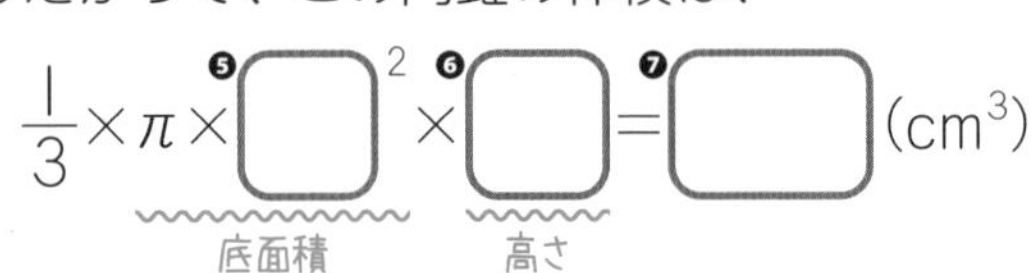

$\frac{1}{3}\times\pi\times$❺［　　］$^2\times$❻［　　］$=$❼［　　］$(\text{cm}^3)$

底面積　高さ

基本練習

1 右の図は、AB＝2cm、BC＝3cm、CD＝3cm、∠ABC＝∠BCD＝90°の台形ABCDです。台形ABCDを、辺CDを軸として1回転させてできる立体の体積を求めましょう。ただし、円周率はπとします。 ［栃木県・改］

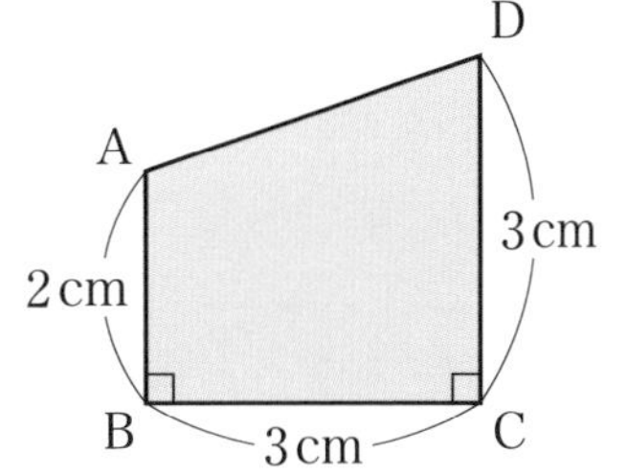

2 右の図は2つの立体の投影図です。立体アと立体イは、立方体、円柱、三角柱、円錐、三角錐、球のいずれかであり、2つの立体の体積は等しいです。平面図の円の半径が、立体アが4cm、立体イが3cmのとき、立体アの高さhの値を求めましょう。 ［鳥取県］

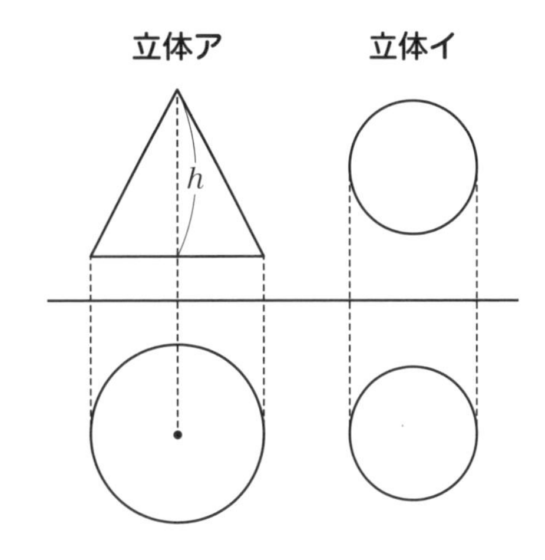

1 まず、どんな回転体ができるか、その回転体の見取図をかいてみよう。

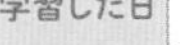

41 角の性質を考えよう

平行線と角・三角形の角　#中2

→ 答えは 別冊12ページ

角の大きさを求める問題では、平行線の性質「平行な２直線に１つの直線が交わるとき、同位角、錯角は等しい」と、三角形の内角と外角の性質がよく利用されます。

- 三角形の３つの内角の和は180°
- 三角形の外角は、それととなり合わない２つの内角の和に等しい。

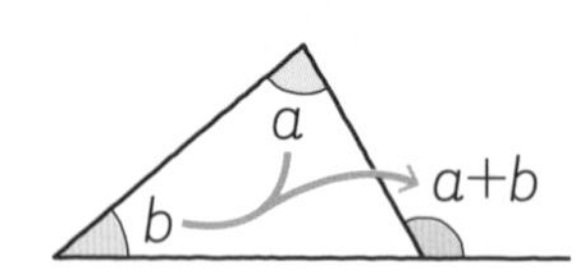

問題1 下の図で、∠x、∠yの大きさを求めましょう。

(1) $\ell // m$

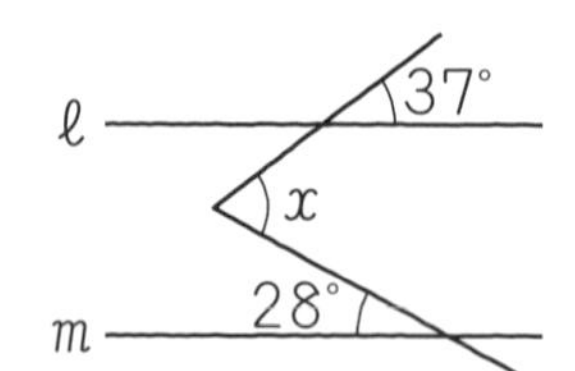

(2)

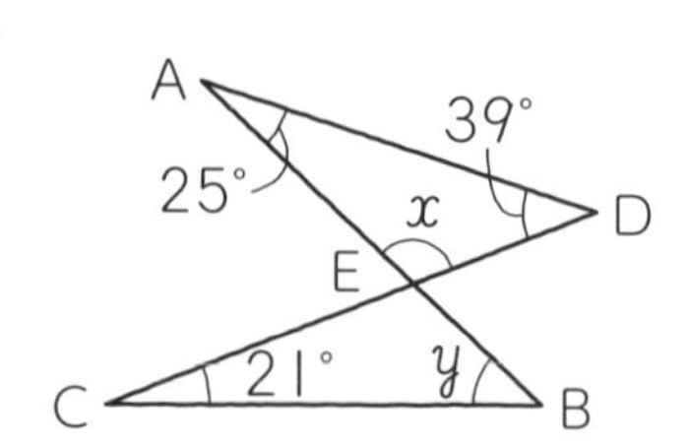

(1) 右下の図のように、∠xの頂点を通り、直線ℓ、mに平行な直線nをひきます。

$\ell // n$より、平行線の❶□は等しいから、∠a=❷□°

$m // n$より、平行線の❸□は等しいから、∠b=❹□°

したがって、

∠x=❺□°+❻□°=❼□°

同位角…∠aと∠cの位置関係にある角。
錯角…∠bと∠cの位置関係にある角。

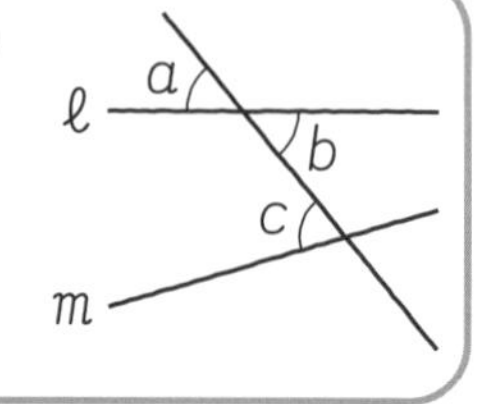

(2) 三角形の内角の和は180°だから、

∠x=180°−(❽□°+❾□°)=❿□°

三角形の外角は、それととなり合わない２つの内角の和に等しいから、

∠AEC=25°+⓫□°=⓬□°

したがって、∠y=⓭□°−21°=⓮□°

△ECBで、
∠CEB+∠C+∠y=180°
から、∠yの大きさを求めることもできるよ。

基本練習

1 右の図で、$\ell /\!/ m$のとき、$\angle x$の大きさを求めましょう。 ［群馬県］

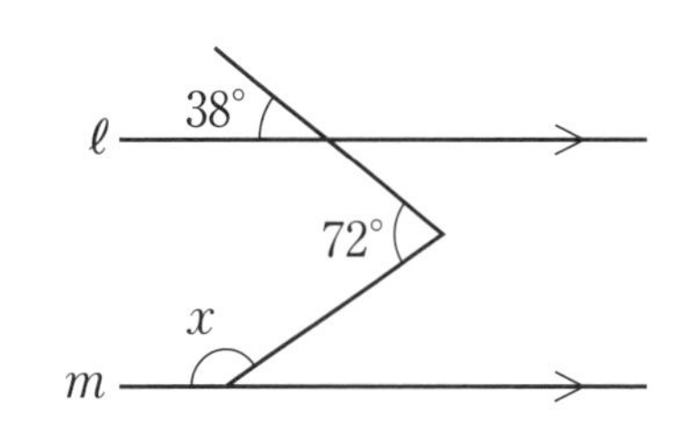

2 右の図で、$\angle x$の大きさを求めましょう。 ［21　埼玉県］

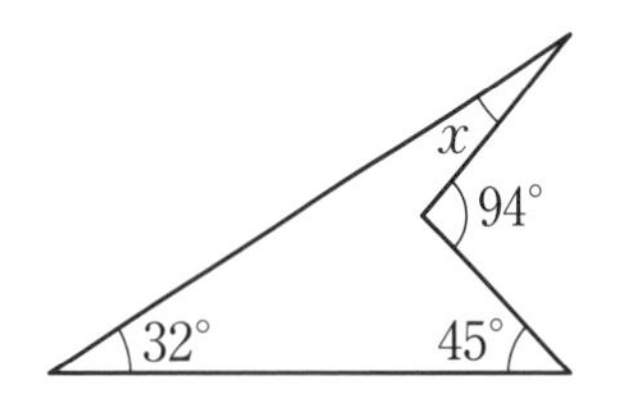

3 右の図で、$\ell /\!/ m$のとき、$\angle x$の大きさを求めましょう。 ［青森県］

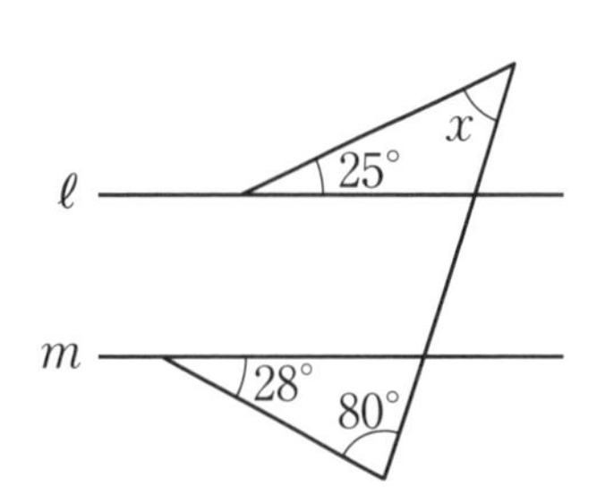

入試対策 補助線をひいて、**1**は平行線の性質、**2**は三角形の内角と外角の性質を利用しよう。

もっとくわしく 平行線になるための条件

2つの直線に1つの直線が交わるとき、

①**同位角が等しければ、**この2つの直線は平行である。

②**錯角が等しければ、**この2つの直線は平行である。

右の図で、

$\angle a=\angle c$ または $\angle b=\angle c$

ならば、$\ell /\!/ m$

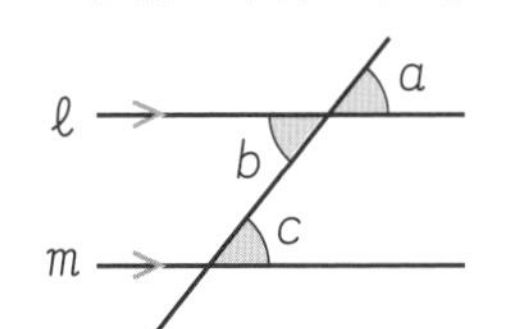

学習した日　／

もう一度

バッチリ!

42 多角形の内角と外角を考えよう

多角形の角の和　#中2

→ 答えは別冊12ページ

多角形の内角の和は、頂点の数が増えていくにしたがって大きくなっていきますが、多角形の外角の和は、頂点の数がいくつであっても一定になります。

- **多角形の内角の和**
  …n角形の内角の和は、$180° \times (n-2)$
- **多角形の外角の和**…何角形でも $360°$

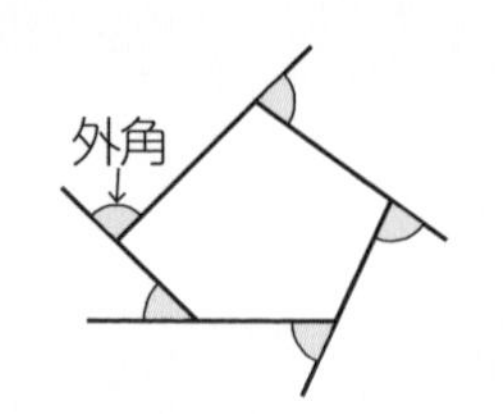

問題 1　下の図で、$\angle x$の大きさを求めましょう。

(1)

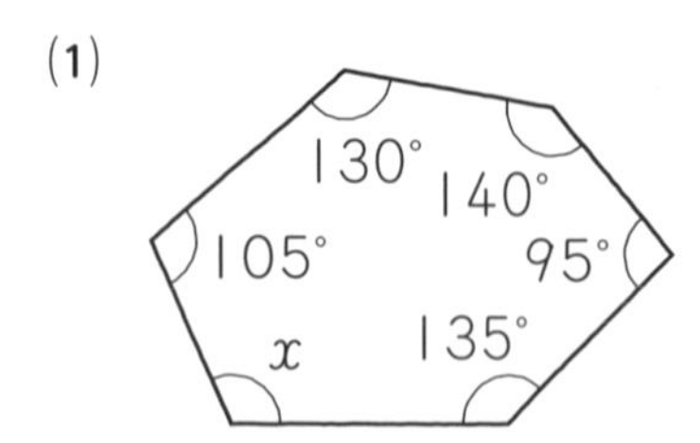

(2)

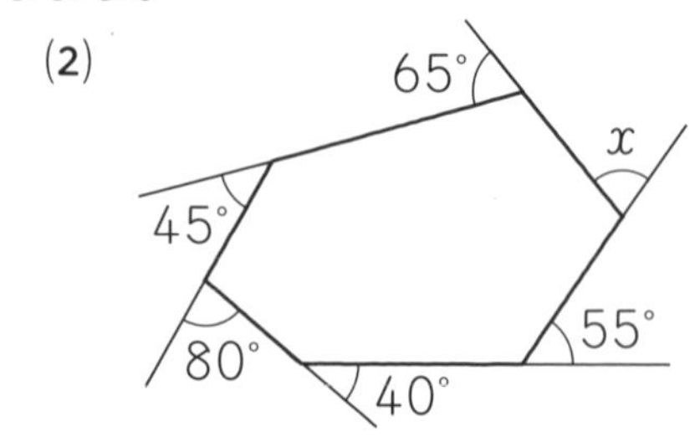

(1)　六角形の内角の和から、$\angle x$以外の5つの内角の大きさをひきます。

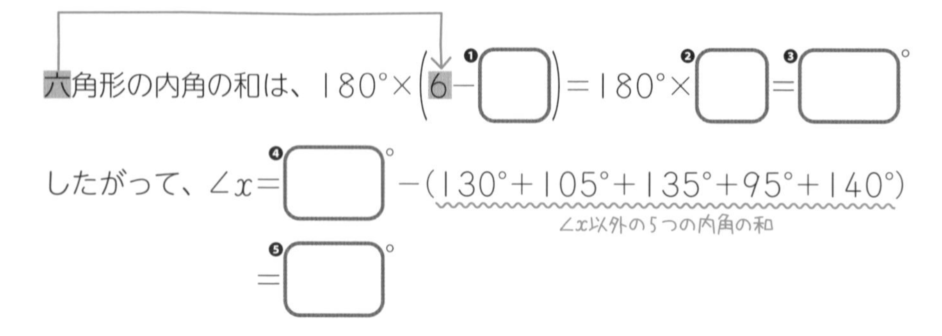

六角形の内角の和は、$180° \times (6 - $❶$\square$$) = 180° \times$❷$\square$$=$❸$\square$$°$

したがって、$\angle x =$❹$\square$$° - (130° + 105° + 135° + 95° + 140°)$

$\angle x$以外の5つの内角の和

$=$❺$\square$$°$

(2)　六角形の外角の和から、$\angle x$以外の5つの外角の大きさをひきます。

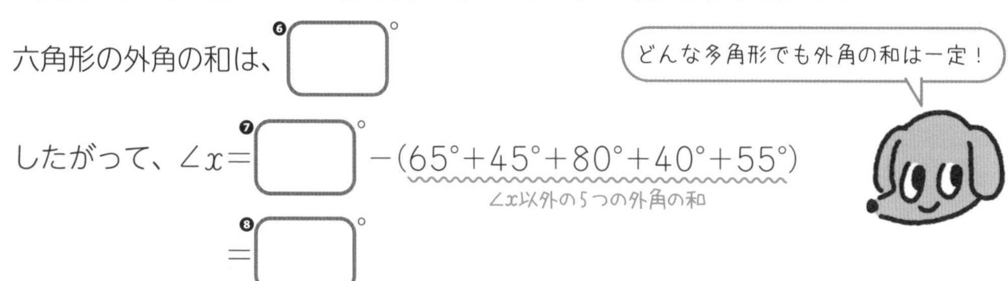

六角形の外角の和は、❻$\square$$°$

したがって、$\angle x =$❼$\square$$° - (65° + 45° + 80° + 40° + 55°)$

$\angle x$以外の5つの外角の和

$=$❽$\square$$°$

基本練習

図形

1 **右の図において、∠xの大きさを求めましょう。**

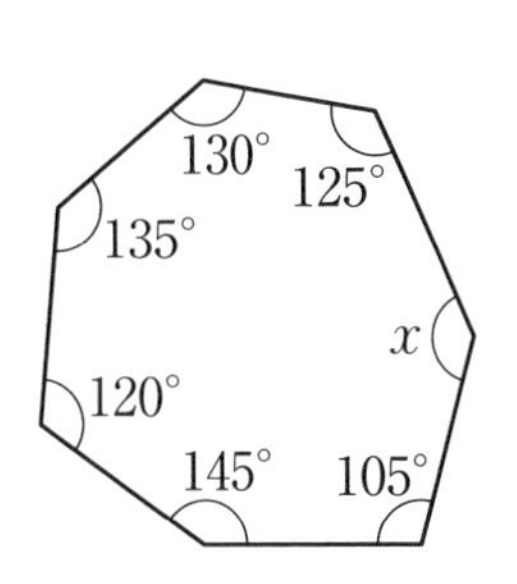

2 **右の図において、∠xの大きさを求めましょう。**

［長野県］

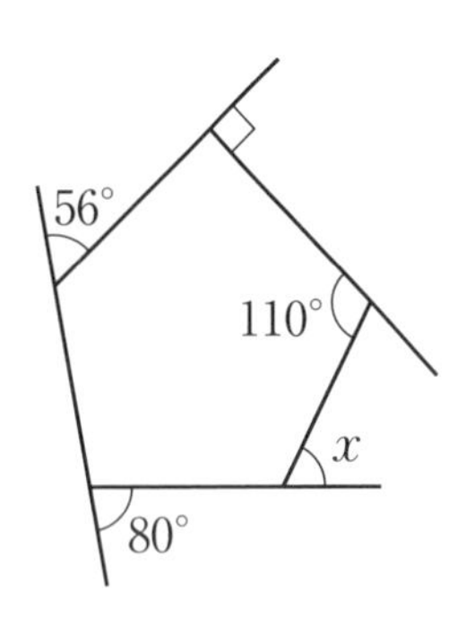

3 **次の問いに答えましょう。**

(1) 正十二角形の1つの内角の大きさを求めましょう。

(2) 正n角形の1つの内角が140°であるとき、nの値を求めましょう。［青森県］

入試対策 **3** 正n角形の1つの内角の大きさは、$180° \times (n-2) \div n$

学習した日 ／

43 三角形が合同になるには

三角形の合同　#中2

答えは別冊12ページ

形も大きさも同じ図形を**合同**（ごうどう）といいます。また、△ABCと△DEFが合同であることを表すには、**記号≡**を使って、△ABC≡△DEFと書きます。

● 三角形の合同条件

① 3組の辺がそれぞれ等しい。

② 2組の辺とその間の角がそれぞれ等しい。

③ 1組の辺とその両端の角がそれぞれ等しい。

①

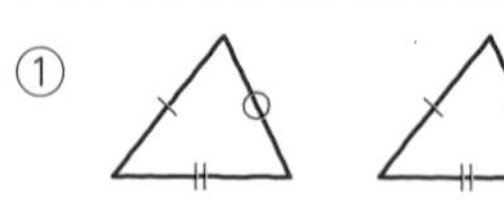

②

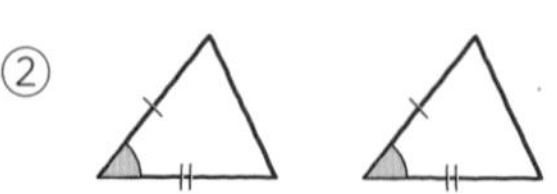

③

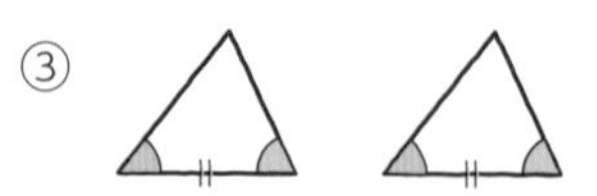

問題1 右の図で、点Eは線分BCの中点、AB//CDです。このとき、△ABE≡△DCEであることを証明しましょう。

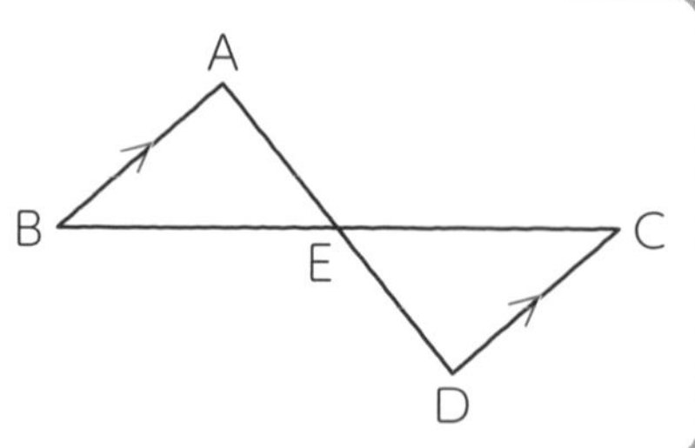

仮定は、BE ❶□ CE、AB ❷□ CD

結論は、❸□

【証明】

△ABEと△DCEにおいて、（対応する頂点を周にそって同じ順に書く。）

仮定から、BE ❹□ CE　……①

対頂角は等しいから、∠AEB＝∠ ❺□　……②

AB//CDで、平行線の ❻□ は等しいから、∠ABE＝∠ ❼□　……③

①、②、③より、❽□ がそれぞれ等しいから、（三角形の合同条件）

△ABE≡△DCE

基本練習

1 △ABCと△DEFにおいて、BC＝EFであるとき、条件として加えても△ABC≡△DEFが常に成り立つとは限らないものを、ア、イ、ウ、エのうちから１つ選んで記号で答えましょう。 ［栃木県］

ア　AB＝DE、AC＝DF　　イ　AB＝DE、∠B＝∠E

ウ　AB＝DE、∠C＝∠F　　エ　∠B＝∠E、∠C＝∠F

2 右の図のように、正三角形ABCがあります。点Dは辺BCをCの方向に延長した直線上にあります。点Eは線分AD上にあり、AB//ECです。点Fは辺AC上にあり、CE＝CFです。このとき、△ACE≡△BCFとなることを証明しましょう。 ［秋田県］

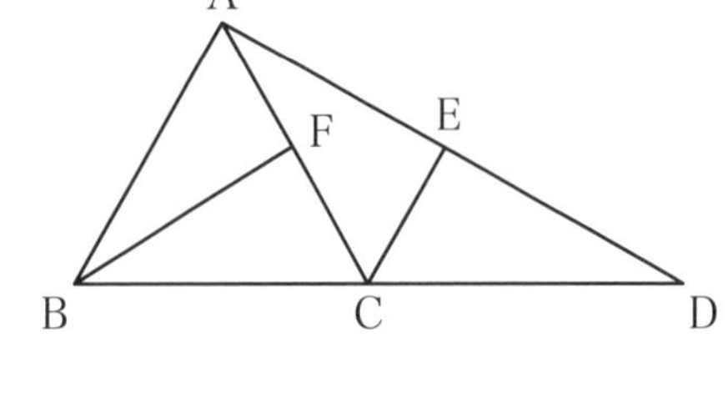

（証明）

2 正三角形は、すべての辺が等しく、すべての角の大きさが等しいことを利用しよう。

学習した日　／　もう一度　バッチリ！

44 二等辺三角形を考えよう

二等辺三角形の性質　#中2

答えは別冊12ページ

2つの辺が等しい三角形を**二等辺三角形**といいます。二等辺三角形で、等しい2つの辺の間の角を**頂角**（ちょうかく）、頂角に対する辺を**底辺**（ていへん）、底辺の両端の角を**底角**（ていかく）といいます。

問題1　右の図の△ABCで、AB＝AC、∠ACD＝137°です。∠xの大きさを求めましょう。

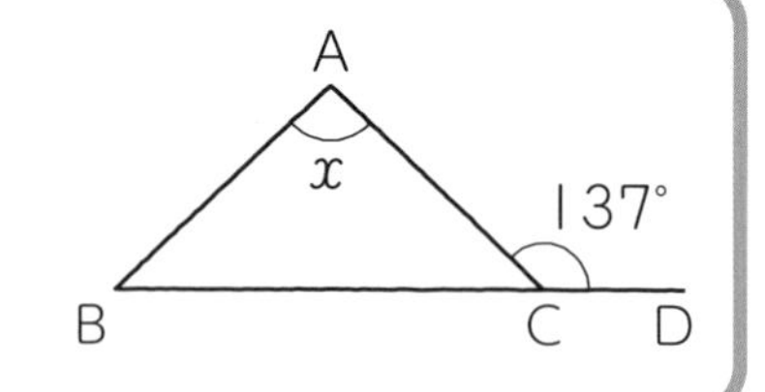

∠ACB＝❶□°－137°＝❷□°

AB＝ACより、二等辺三角形の底角は等しいから、∠ABC＝∠ACB＝❸□°

三角形の内角の和は180°だから、∠x＝180°－❹□°×2＝❺□°

問題2　右の図の△ABCはAB＝ACである二等辺三角形です。辺AB、AC上にDB＝ECとなるような点D、Eをとり、BEとCDの交点をPとします。このとき、△PBCは二等辺三角形であることを証明しましょう。

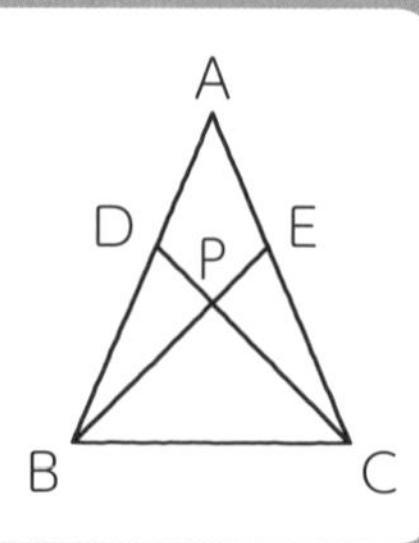

【証明】

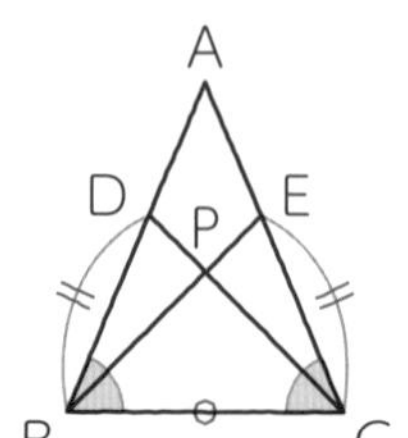

【二等辺三角形になるための条件】
2つの角が等しい三角形は、等しい2つの角を底角とする二等辺三角形である。

△DBCと△ECBにおいて、

仮定から、DB＝❻□　……①

共通な辺だから、BC＝CB　……②

二等辺三角形の❼□は等しいから、∠DBC＝∠❽□　……③

①、②、③より、❾□がそれぞれ等しいから、△DBC≡△ECB

合同な図形の対応する角は等しいから、∠DCB＝∠❿□

したがって、△PBCは、2つの角が等しいから、PB＝PCの二等辺三角形である。

基本練習

1 右の図のように、$\angle B=90°$ である直角三角形ABCがあります。DA＝DB＝BCとなるような点Dが辺AC上にあるとき、$\angle x$ の大きさを求めましょう。　［富山県］

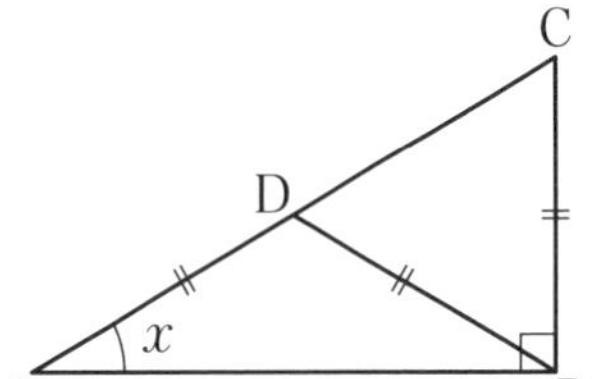
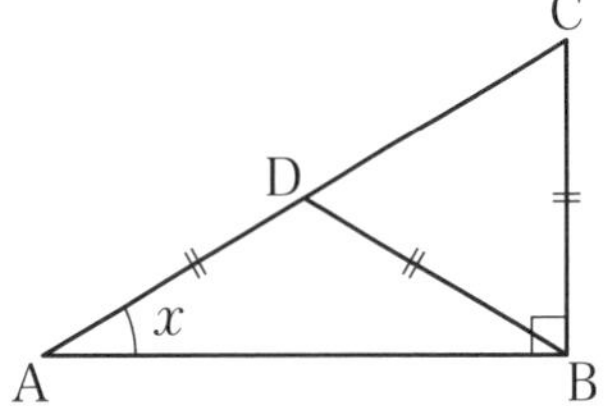

2 右の図の△ABCはAB＝ACである二等辺三角形です。辺BCの延長上に点Dをとり、∠ACDの二等分線と、頂点Aを通りBCに平行な直線との交点をEとします。このとき、AB＝AEであることを証明しましょう。
（証明）

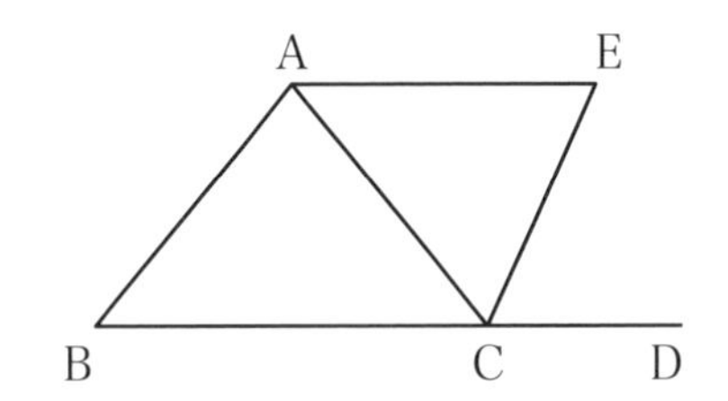

1 △DAB、△BCDはどちらも二等辺三角形であることから、∠BCDをxを使って表す。

学習した日　／

45 直角三角形が合同になるには

直角三角形の合同　#中2

答えは別冊13ページ

１つの内角が直角の三角形を**直角三角形**といいます。直角三角形で、直角の角に対する辺を**斜辺**(しゃへん)といいます。直角三角形の合同条件について考えてみましょう。

● 直角三角形の合同条件

①斜辺と１つの鋭角(えいかく)がそれぞれ等しい。　②斜辺と他の１辺がそれぞれ等しい。

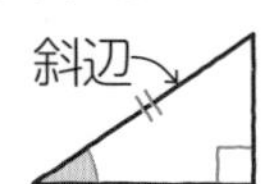

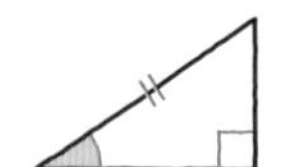
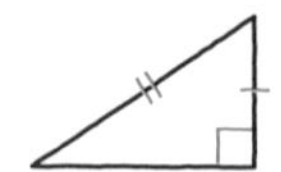
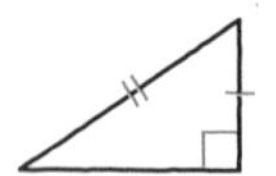

問題 1 右の図で、線分ABは円Oの弦(げん)です。中心Oから弦ABに垂線をひき、ABとの交点をHとします。このとき、AH＝BHであることを証明しましょう。

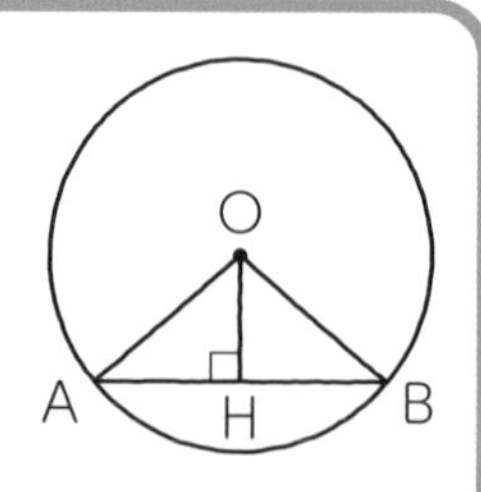

【証明】

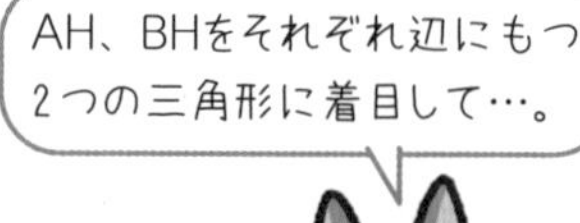

△OAHと△❶[　　]において、

仮定から、∠OHA＝∠❷[　　]＝❸[　　]°　……①

△OAHと△OBHは直角三角形

OA、OBは円Oの❹[　　]だから、OA＝❺[　　]　……②

斜辺が等しい。

共通な辺だから、OH＝OH　……③

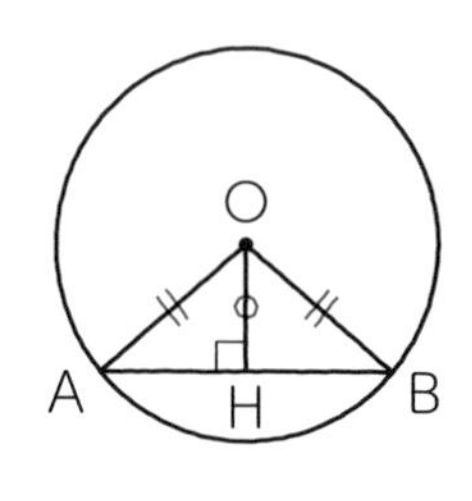

①、②、③より、直角三角形の❻[　　　　]が

直角三角形の合同条件

それぞれ等しいから、△OAH≡△❼[　　]

合同な図形の対応する辺は等しいから、AH＝❽[　　]

基本練習

1 右の図の△ABCはAB＝ACである二等辺三角形です。辺BCの中点Mから辺AB、ACにそれぞれ垂線をひき、AB、ACとの交点をD、Eとします。このとき、DM＝EMであることを証明しましょう。

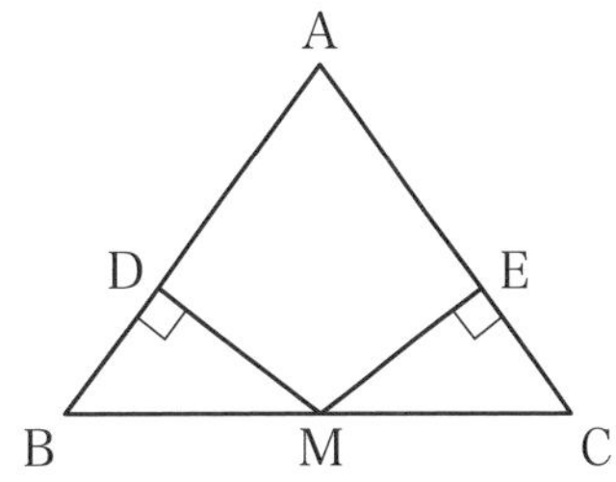

(証明)

2 右の図のように、2つの合同な正方形ABCDとAEFGがあり、それぞれの頂点のうち頂点Aだけを共有しています。辺BCと辺FGは1点で交わっていて、その点をHとします。このとき、BH＝GHであることを証明しましょう。

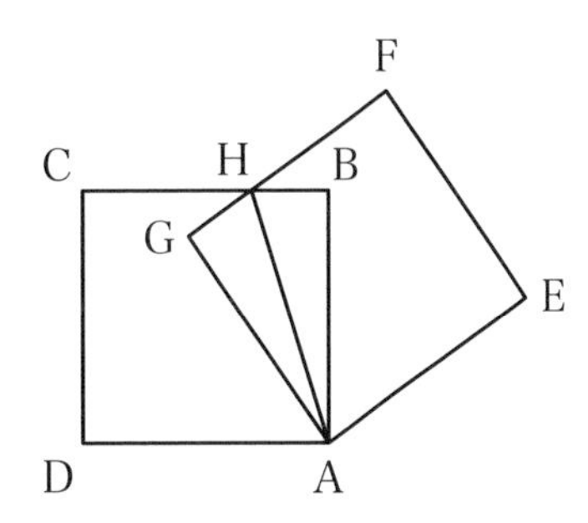

(証明)　［岩手県］

垂線や正方形など直角をふくむ図形があるときは、直角三角形の合同条件を考えよう。

学習した日　／　もう一度　バッチリ!

46 平行四辺形を考えよう

平行四辺形の性質　#中2

→ 答えは別冊13ページ

四角形の向かい合う辺を**対辺**（たいへん）、向かい合う角を**対角**（たいかく）といいます。２組の対辺がそれぞれ平行な四角形を**平行四辺形**といいます。

問題❶ **右の図で、四角形ABCDは平行四辺形です。対角線ACとBDの交点をOとし、Oを通る直線と辺AB、CDとの交点をそれぞれE、Fとします。このとき、△AEO≡△CFOであることを証明しましょう。**

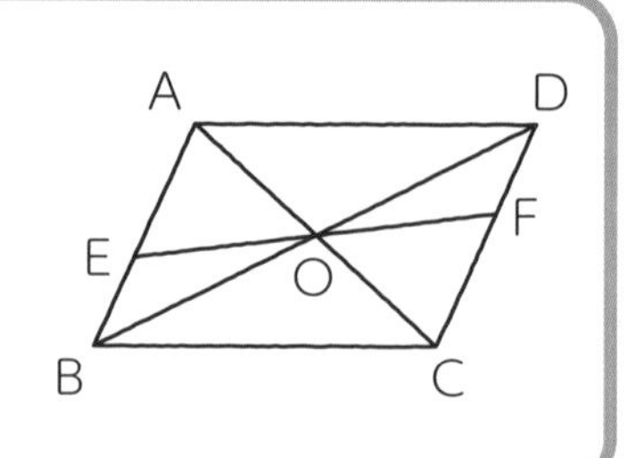

【証明】　△AEOと△CFOにおいて、

平行四辺形の対角線はそれぞれの中点で交わるから、OA＝❶［　　］　……①

対頂角は等しいから、

∠AOE＝∠❷［　　］　……②

AB❸［　］DCで、平行線の❹［　　］は等しいから、

∠❺［　　］＝∠OCF　……③

①、②、③より、❻［　　　　　　］がそれぞれ等しいから、

△AEO≡△CFO

【平行四辺形の性質】

① ２組の対辺はそれぞれ等しい。
② ２組の対角はそれぞれ等しい。
③ 対角線はそれぞれの中点で交わる。

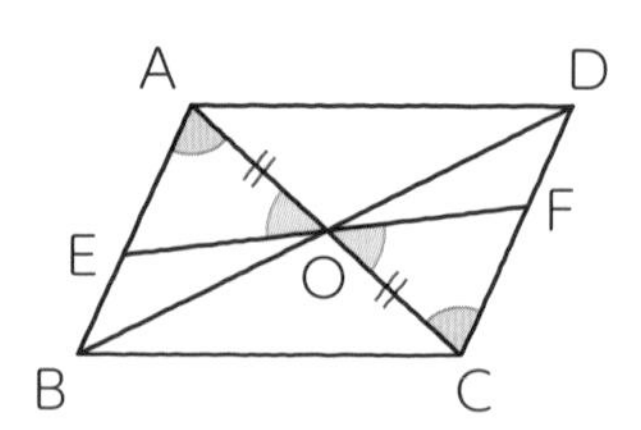

また、平行四辺形になるための条件は、次のようになります。

【平行四辺形になるための条件】

① ２組の対辺がそれぞれ平行である。（定義）
② ２組の対辺がそれぞれ等しい。
③ ２組の対角がそれぞれ等しい。
④ 対角線がそれぞれの中点で交わる。
⑤ １組の対辺が平行でその長さが等しい。

①　②　③

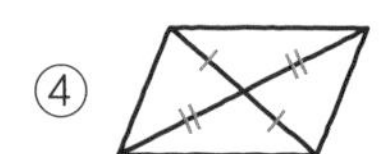

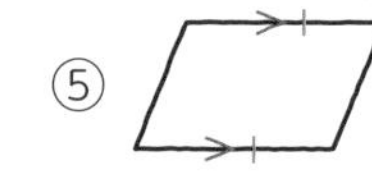

基本練習

1 右の図のような平行四辺形ABCDがあり、BEは∠ABCの二等分線です。∠xの大きさを求めましょう。 ［富山県］

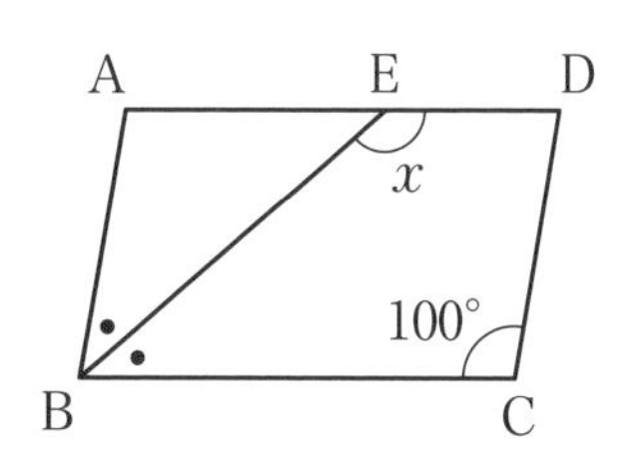

2 右の図で、四角形ABCDは平行四辺形です。DC＝DEのとき、∠xの大きさを求めましょう。 ［岩手県］

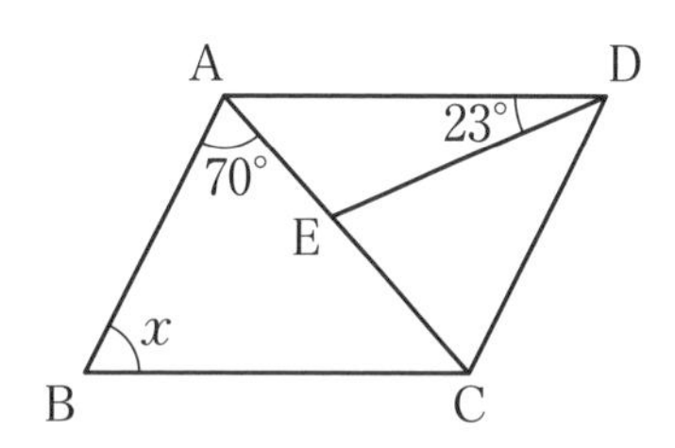

3 次の四角形ABCDで必ず平行四辺形になるものを、下のア～オの中から2つ選び、記号で答えましょう。 ［鹿児島県］

ア　AD//BC、AB＝DC

イ　AD//BC、AD＝BC

ウ　AD//BC、∠A＝∠B

エ　AD//BC、∠A＝∠C

オ　AD//BC、∠A＝∠D

3 平行四辺形にならない場合が1つでもあれば、必ず平行四辺形になるとはいえない。

学習した日　／

47 三角形が相似になるには

三角形の相似 #中3

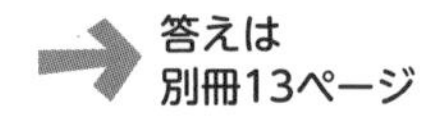
答えは別冊13ページ

形は同じで大きさのちがう図形を**相似**(そうじ)といいます。また、△ABCと△DEFが相似であることを表すには、**記号∽**を使って、△ABC∽△DEFと書きます。

● 三角形の相似条件
① 3組の辺の比がすべて等しい。
② 2組の辺の比とその間の角がそれぞれ等しい。
③ 2組の角がそれぞれ等しい。

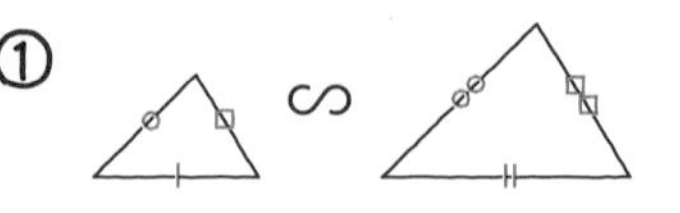

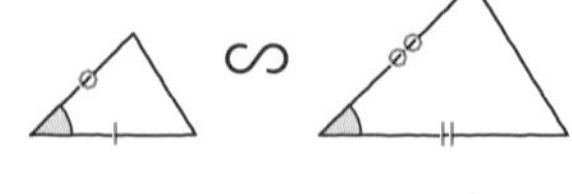

③ ∽

問題1 右の図のように、長方形ABCDの辺BC上に点Eをとり、辺CD上に∠AEF＝90°となるように点Fをとります。
このとき、△ABE∽△ECFであることを証明しましょう。

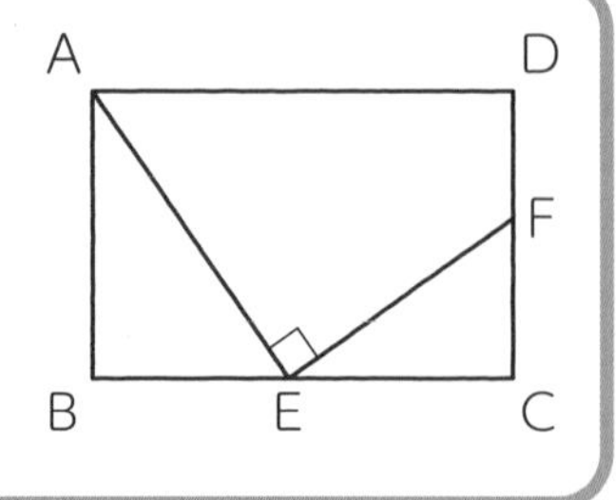

【証明】

△ABEと△ECFにおいて、 ← 合同の場合と同じように、対応する頂点を周にそって同じ順に書く。

長方形の内角はすべて等しいから、∠ABE＝∠❶［　　］ ……①

∠AEB＝180°－∠❷［　　］－∠FEC＝❸［　　］°－∠FEC ……②

三角形の内角の和は180°だから、△ECFで、

∠EFC＝180°－∠❹［　　］－∠FEC＝❺［　　］°－∠❻［　　］ ……③

②、③より、∠AEB＝∠❼［　　］ ……④

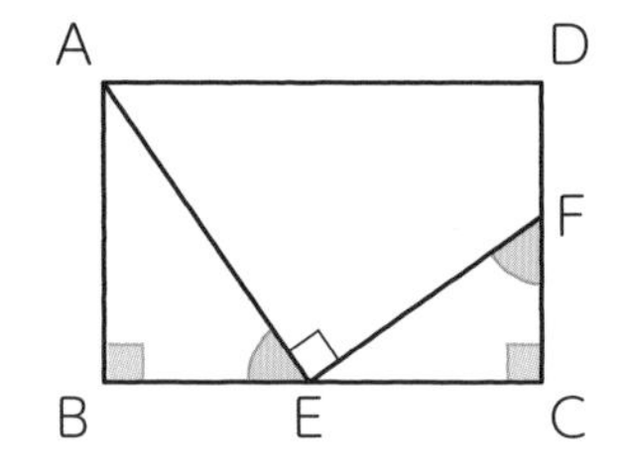

①、④より、❽［　　　　　　］がそれぞれ等しい

から、△ABE❾［　　］△ECF

基本練習

1 右の図のような、AB＝ACの二等辺三角形ABCがあり、辺BAの延長に∠ACB＝∠ACDとなるように点Dをとります。ただし、AB＜BCとします。このとき、△DBC∽△DCAであることを証明しましょう。 ［栃木県］

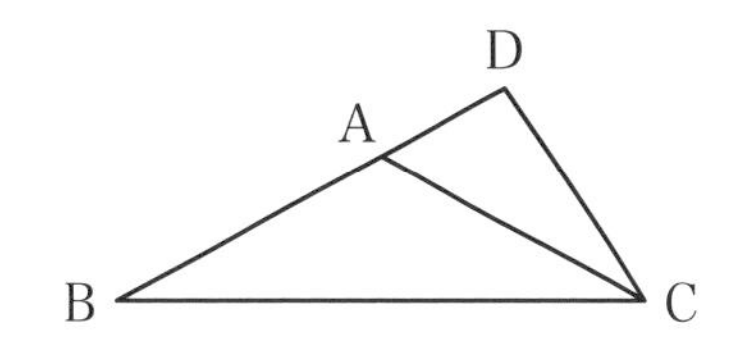

（証明）

2 右の図の△ABCにおいて、点D、Eはそれぞれ辺AB、AC上の点です。辺BCの長さを求めましょう。

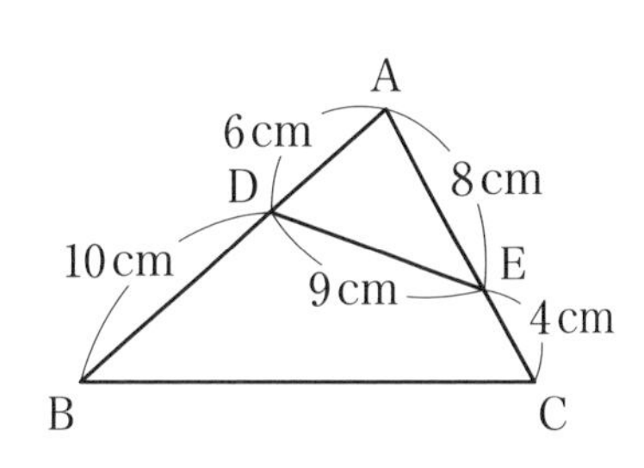

2 相似な図形では、対応する辺の長さの比はすべて等しい。この辺の比を相似比という。

学習した日   

48 平行線と比について考えよう

三角形と比・平行線と比　#中3

→ 答えは別冊13ページ

平行線に交わる直線が出てきたら、平行線と比の定理や三角形と比の定理が利用できます。これらの定理を使って、線分の長さを求めてみましょう。

問題❶　**右の図で、3直線ℓ、m、nが平行であるとき、xの値を求めましょう。**

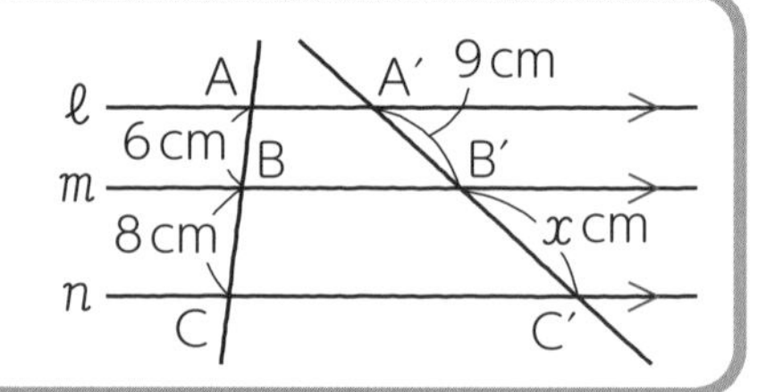

平行線と比の定理より、

AB：BC＝A′B′：B′C′

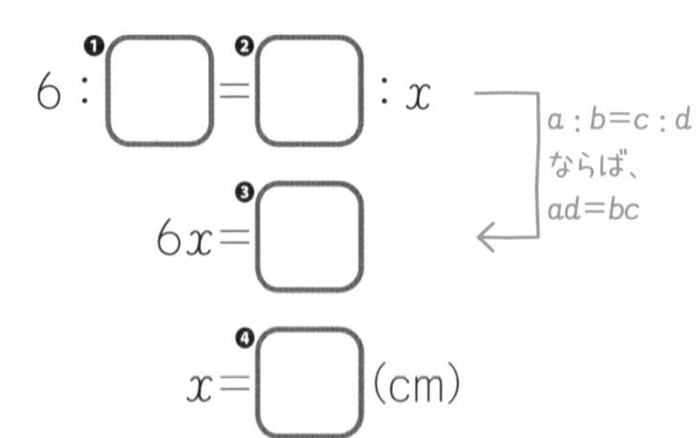

【平行線と比の定理】

3つの直線ℓ、m、nが平行ならば、AB：BC＝A′B′：B′C′

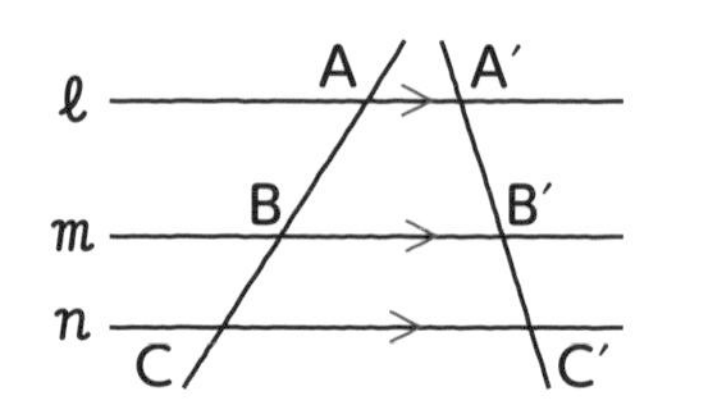

問題❷　**右の図で、点D、Eはそれぞれ辺AB、AC上の点で、DE//BCです。線分EC、BCの長さをそれぞれ求めましょう。**

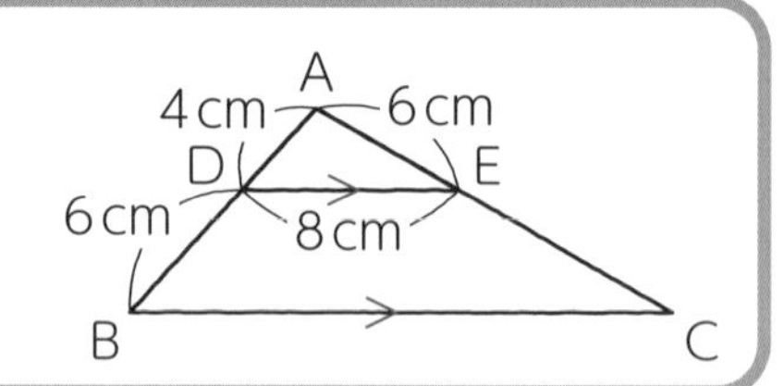

DE//BCだから、三角形と比の定理より、

AD：DB＝AE：EC

4：6＝❺□：EC

4EC＝❻□、EC＝❼□(cm)

AD：AB＝DE：BC

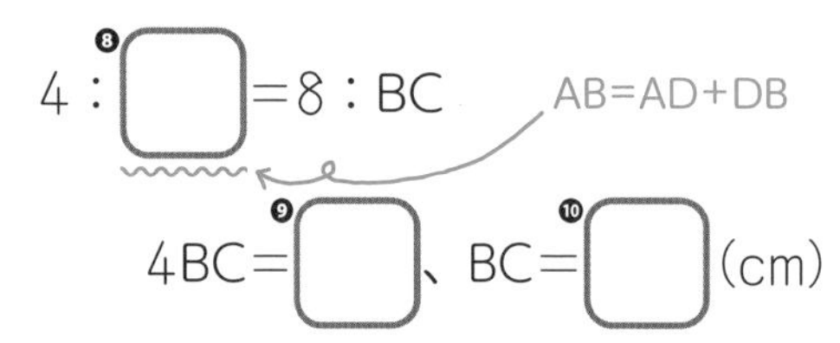

【三角形と比の定理】

DE//BCならば、

AD：AB＝AE：AC＝DE：BC

AD：DB＝AE：EC

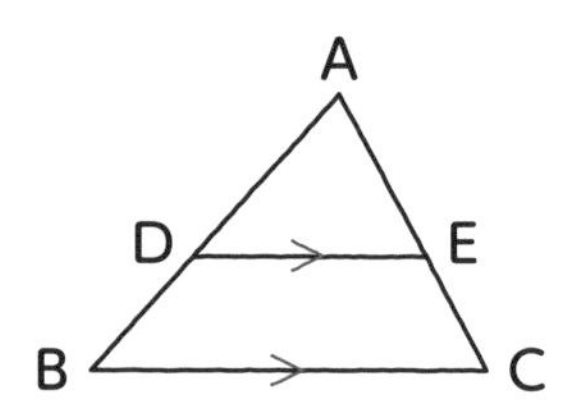

基本練習

1 右の図のように、平行な３つの直線 ℓ、m、n があります。x の値を求めましょう。 ［徳島県］

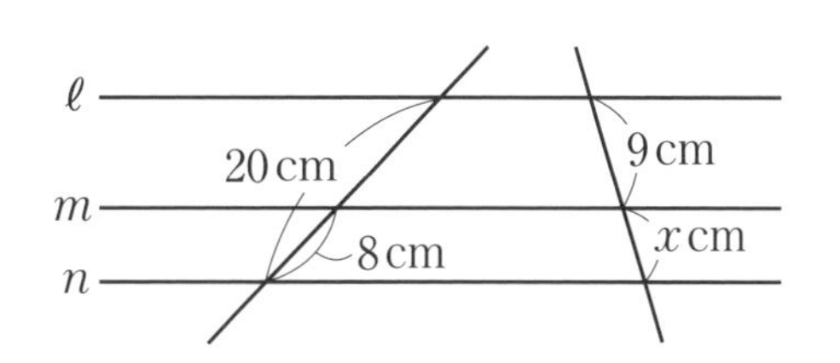

2 右の図は、AD//BCで、AD＝4 cm、BC＝8 cm、BD＝12 cmの台形ABCDです。対角線の交点をEとしたとき、BEの長さを求めましょう。 ［長野県］

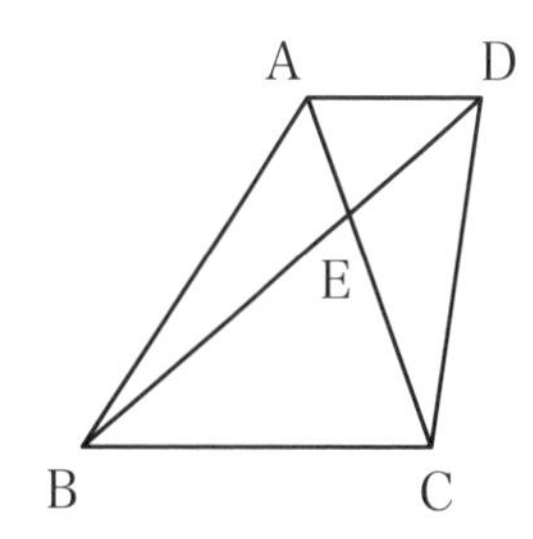

3 右の図において、AB//EC、AC//DB、DE//BCです。また、線分DEと線分AB、ACとの交点をそれぞれF、Gとすると、AF：FB＝2：3でした。BC＝10 cmのとき、線分DEの長さを求めましょう。 ［京都府］

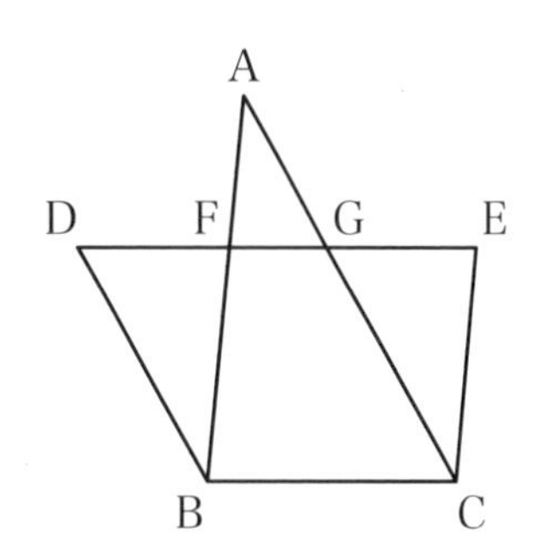

ミス注意 **3** AF：FB＝FG：BCとしないように注意しよう。正しくは、AF：AB＝FG：BC

学習した日 ／  もう一度  バッチリ！

49 中点連結定理とは？

中点連結定理　#中3

答えは 別冊14ページ

三角形と比の定理で、三角形の２つの辺の中点を結ぶと、**中点連結定理**が成り立ちます。中点連結定理を利用して、線分の長さを求めたり証明問題を解いたりしましょう。

● 中点連結定理

△ABCの2辺AB、ACの中点をそれぞれM、Nとするとき、

$$MN /\!/ BC、MN = \frac{1}{2}BC$$

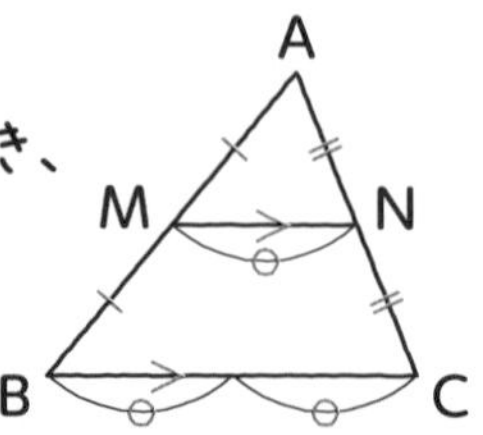

問題❶ 右の図の△ABCで、点Dは辺ABの中点、点E、Fは辺ACを３等分する点です。また、線分BFとDCの交点をGとします。このとき、線分BGの長さを求めましょう。

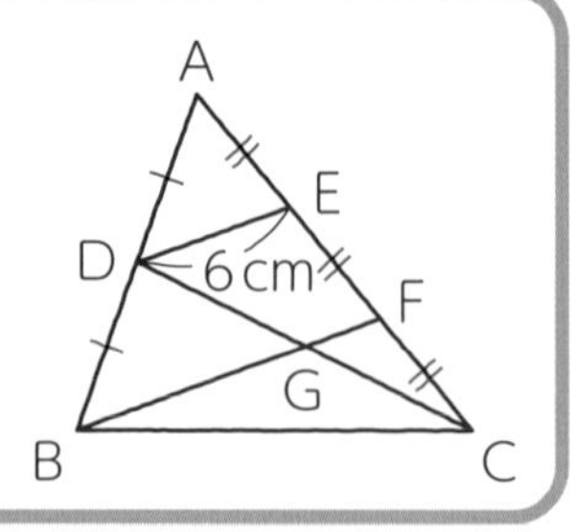

△ABFで、点Dは辺AB の中点、点Eは辺 ❶  の中点です。

よって、中点連結定理より、

DE // BF

BF＝❷□DE＝❸□×6＝❹□(cm)

（$DE=\frac{1}{2}BF$）

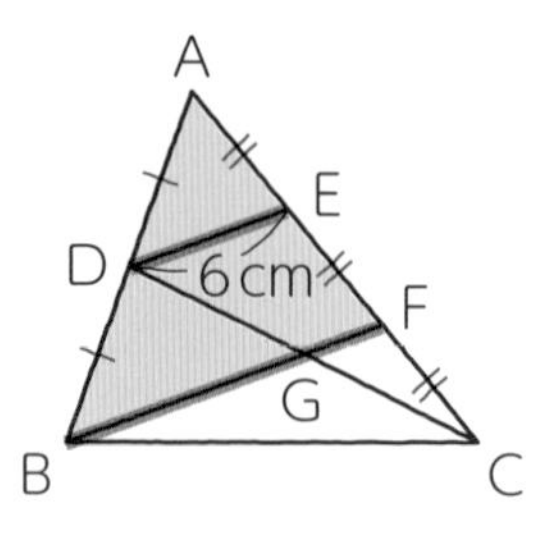

△CEDで、点Fは辺CEの中点です。

また、DE // GFだから、点Gは辺 ❺  の中点です。

よって、中点連結定理より、

GF＝❻□DE＝❼□×6＝❽□(cm)

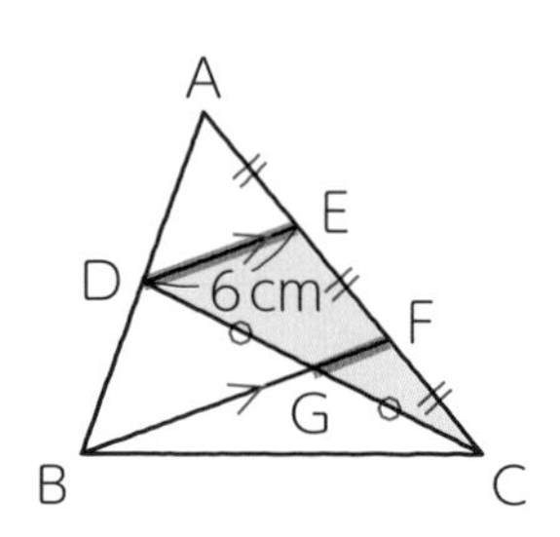

したがって、BG＝BF－GF＝❾□－❿□＝⓫□(cm)

基本練習

1 右の図のような、AD＝5cm、BC＝8cm、AD//BCである台形ABCDがあります。辺ABの中点をEとし、Eから辺BCに平行な直線をひき、辺CDとの交点をFとするとき、線分EFの長さを求めましょう。　［23 埼玉県］

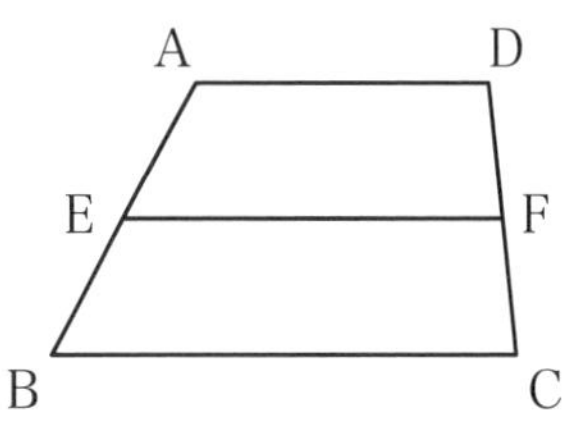
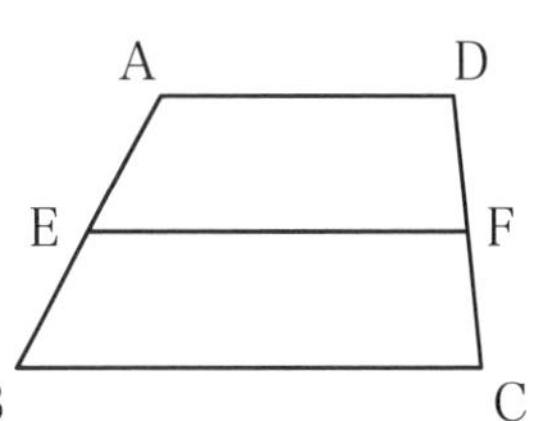

2 右の図のように、△ABCの辺AB、ACの中点をそれぞれD、Eとします。また、辺BCの延長にBC：CF＝2：1となるように点Fをとり、ACとDFの交点をGとします。このとき、△DGE≡△FGCであることを証明しましょう。

（証明）　［栃木県］

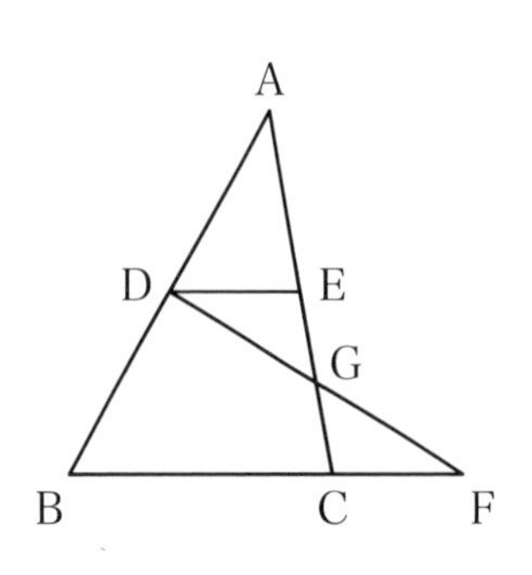

1 対角線ACをひいて、△ABCと△CDAでそれぞれ中点連結定理を利用しよう。

学習した日　／

50 相似な図形の面積や体積を求めよう

相似な図形の計量　#中3

答えは別冊14ページ

相似な図形では、対応する辺の長さの比はすべて等しくなり、この比を相似比といいましたね。相似な図形の相似比と面積の比、体積の比の関係について考えてみましょう。

問題❶ **右の図で、△ABCと△DEFは相似です。△ABCの面積が45 cm^{2}のとき、△DEFの面積を求めましょう。**

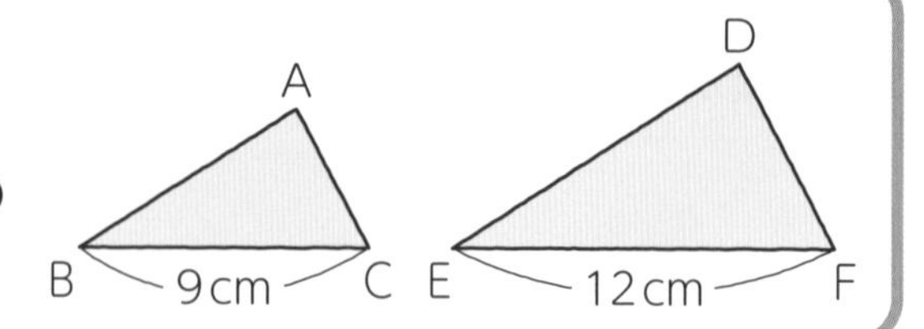

△ABC∽△DEFで、相似比は、9：12＝3：❶ 　← 相似比は、対応する辺の長さの比

面積の比は相似比の2乗に等しいから、

△ABC：△DEF＝3^2：❷$\square^2$＝9：❸$\square$

❹$\square$：△DEF＝9：❺$\square$
（△ABCの面積）

△DEF＝$\dfrac{45\times16}{9}$＝❻$\square$(cm^2)

相似な2つの図形で、
相似比が$m：n$ならば、
● 周の長さの比は$m：n$
● 面積の比は$m^2：n^2$

問題❷ **右の図で、円柱Pと円柱Qは相似です。円柱Pの体積が80π cm^{3}のとき、円柱Qの体積を求めましょう。**

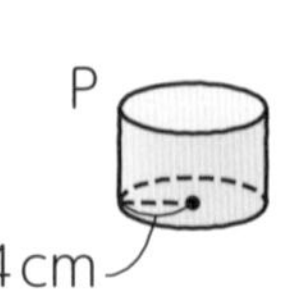

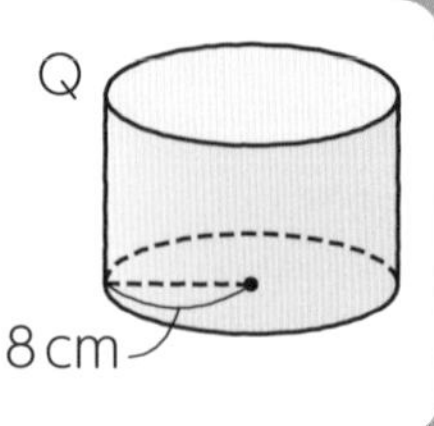

円柱Pと円柱Qは相似で、相似比は、4：8＝1：❼ 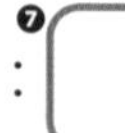　← 立体の相似比も、対応する線分の長さの比

体積の比は相似比の3乗に等しいから、

(Pの体積)：(Qの体積)＝1^3：❽$\square^3$＝1：❾$\square$

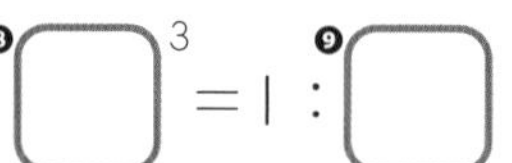

❿$\square$：(Qの体積)＝1：⓫$\square$
（円柱Pの体積）

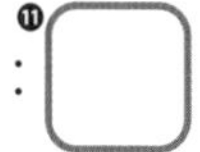

(Qの体積)＝⓬$\square$(cm^3)

相似な2つの立体で、
相似比が$m：n$ならば、
● 表面積の比は$m^2：n^2$
● 体積の比は$m^3：n^3$

基本練習

1 △ABCと△DEFは相似であり、その相似比は3：5です。このとき、△DEFの面積は△ABCの面積の何倍か求めましょう。 ［栃木県］

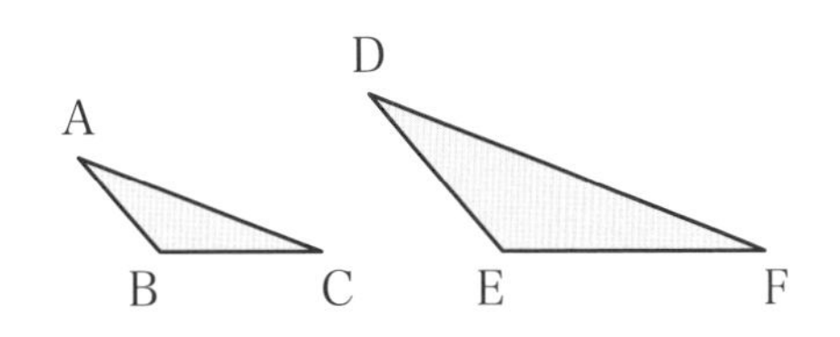

2 右の図の2つの三角錐A、Bは相似であり、その相似比は2：3です。三角錐Aの体積が24 cm^3であるとき、三角錐Bの体積を求めましょう。 ［奈良県］

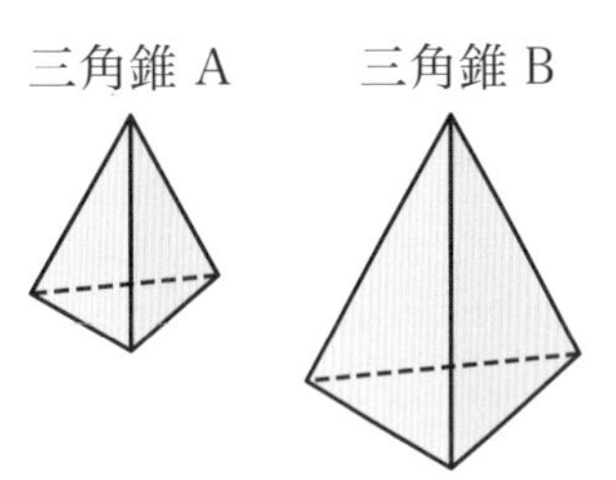

3 右の図のように、円錐を底面に平行な平面で切って2つの立体に分けます。もとの円錐から、上の小さい円錐を取り除いた立体の体積を求めましょう。

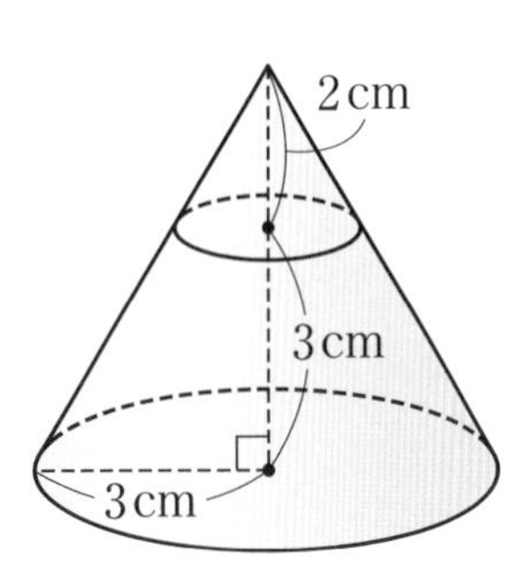

入試対策 **3** もとの円錐と取り除く小さい円錐は相似であることから、小さい円錐の体積を求めよう。

学習した日 ／   

51 円周角の定理とは？

円周角の定理　#中3

➜ 答えは別冊14ページ

下の図の円Oで、∠AOBを$\overset{\frown}{AB}$に対する**中心角**（ちゅうしんかく）といい、$\overset{\frown}{AB}$を除いた円周上に点Pや点Qをとるとき、∠APBや∠AQBを$\overset{\frown}{AB}$に対する**円周角**（えんしゅうかく）といいます。

● 円周角の定理

1つの弧に対する円周角の大きさは一定で、その弧に対する中心角の半分である。

$$\angle APB=\angle AQB=\frac{1}{2}\angle AOB$$

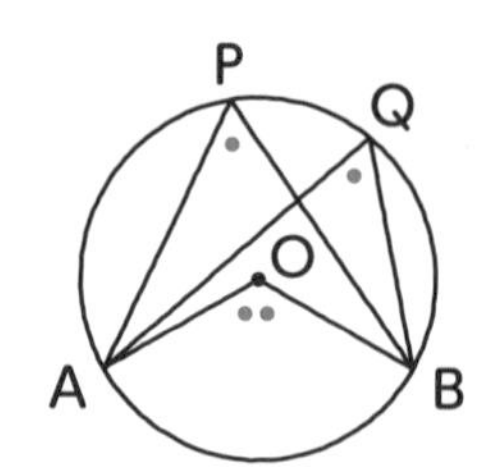

問題1　次の図で、∠xの大きさを求めましょう。

(1)

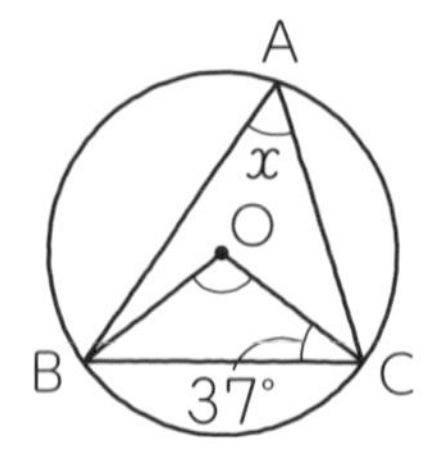

(2)

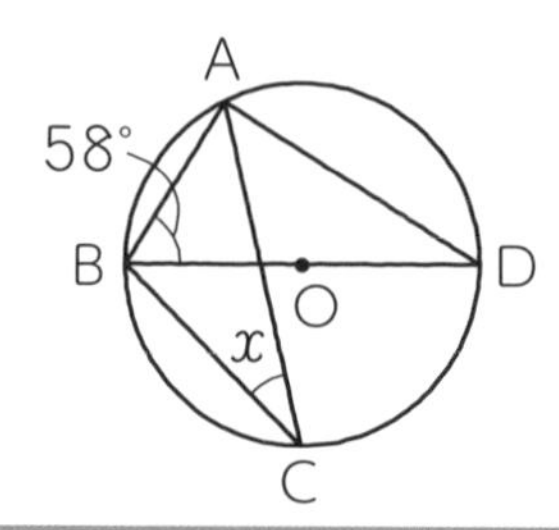

(1)　OB＝OCだから、∠OBC＝❶□°　← 二等辺三角形の底角は等しい。

よって、∠BOC＝180°－❷□°×2＝❸□°
（180°：三角形の内角の和）

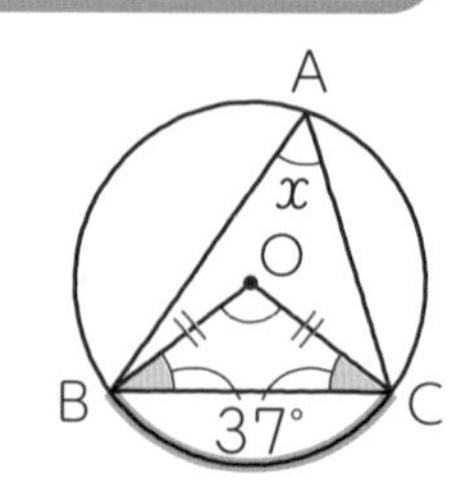

∠BACと∠BOCは$\overset{\frown}{BC}$に対する円周角と中心角だから、

∠x＝$\frac{1}{2}$∠BOC＝$\frac{1}{2}$×❹□°＝❺□°

半円の弧に対する円周角は**90°**（直角）

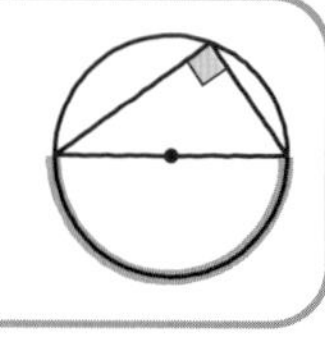

(2)　BDは円Oの直径だから、∠BAD＝❻□°

∠ADB＝❼□°－(58°＋❽□°)＝❾□°

∠ADBと∠ACBは$\overset{\frown}{AB}$に対する円周角だから、

∠x＝∠ADB＝❿□°

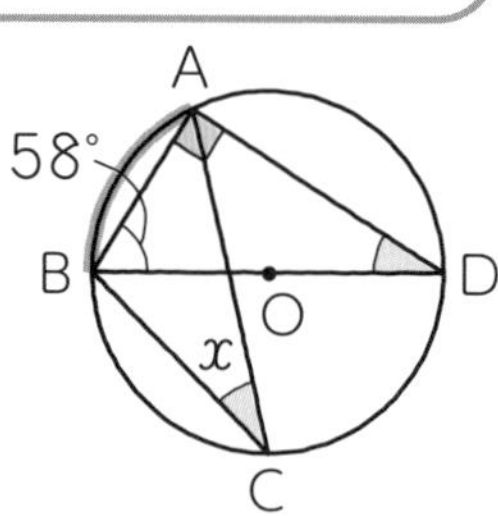

基本練習

1 右の図で、点Cは、点Oを中心とし、線分ABを直径とする円の周上にあります。このとき、$\angle x$の大きさを求めましょう。　［岩手県］

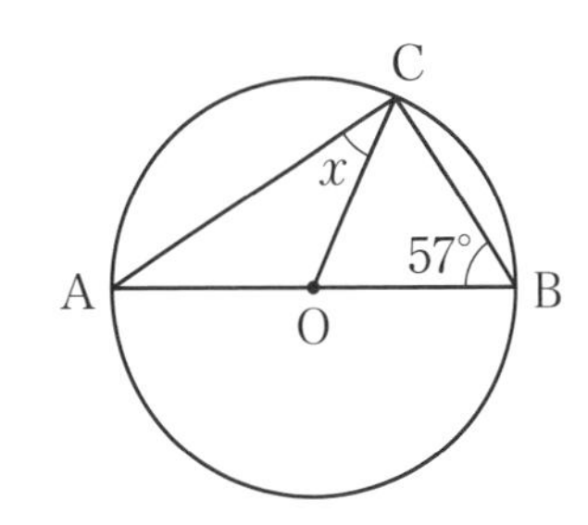

2 右の図で、6点A、B、C、D、E、Fは、円Oの周上の点であり、線分AEと線分BFは円Oの直径です。点C、点Dは$\overset{\frown}{BE}$を3等分する点です。$\angle AOB=42°$のとき、$\angle x$の大きさを求めましょう。　［秋田県］

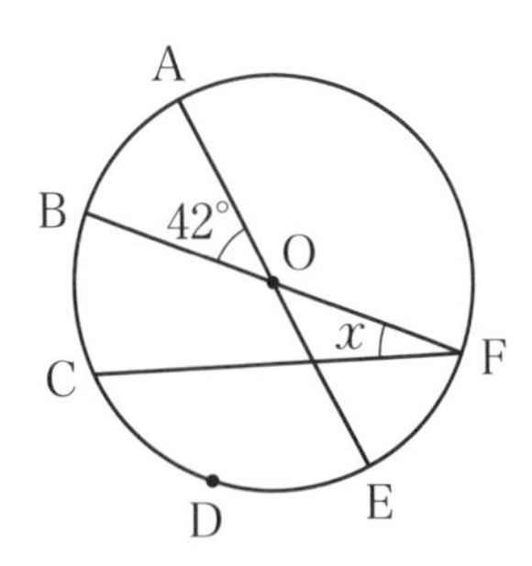

3 右の図で、A、B、C、Dは円Oの周上の点で、AO//BCです。$\angle AOB=48°$のとき、$\angle ADC$の大きさを求めましょう。　［23 愛知県・改］

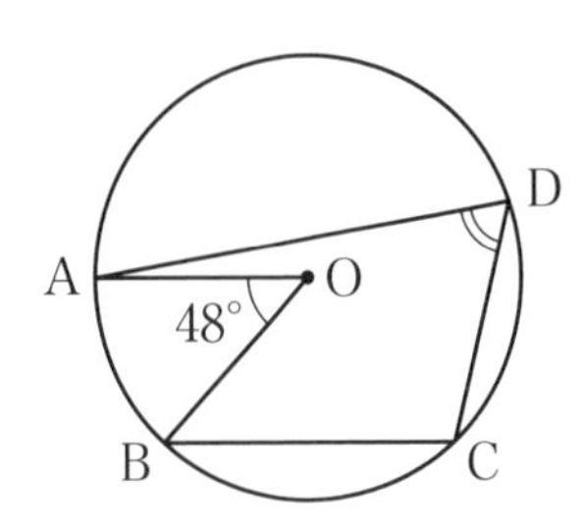

入試対策 **2** は補助線として、線分OCを、**3** は補助線として、線分BD、OCをひいてみよう。

もっとくわしく　円周角の定理の逆

2点P、Qが直線ABについて同じ側にあって、

$\angle APB=\angle AQB$

ならば、4点A、B、P、Qは1つの円周上にある。

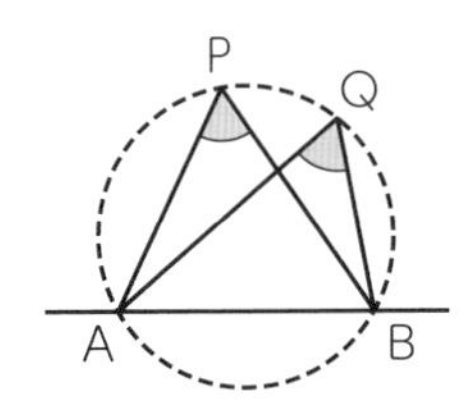

「○○○ならば□□□」で、「□□□ならば○○○」を、もとのことがらの逆というよ。

学習した日　／

52 円周角の定理を利用しよう

円周角の定理の利用　#中3

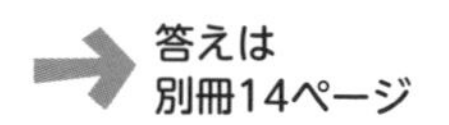
答えは
別冊14ページ

入試では、円周角の定理や円の性質を利用して、三角形の相似を証明する問題がよく出題されます。2組の等しい角を見つけることがポイントになります。

問題❶　右の図で、3点A、B、Cは円Oの周上にあり、AB＝ACです。線分BC上に点Dをとり、ADと円Oとの交点をEとします。また、∠BAEの二等分線をひき、線分BC、BEとの交点をそれぞれF、Gとします。このとき、△ABG∽△ADFであることを証明しましょう。

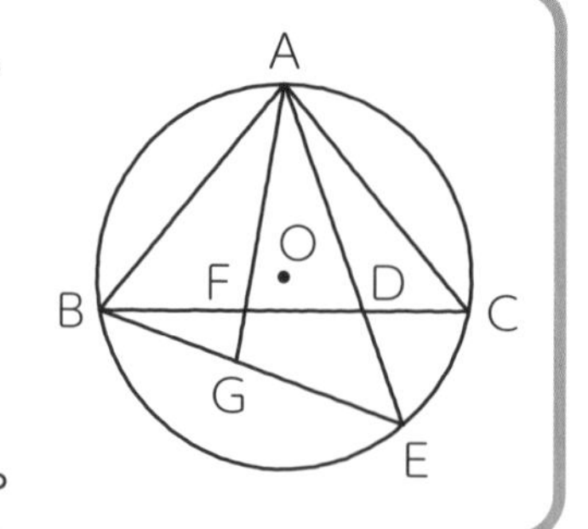

【証明】

△ABGと△ADFにおいて、

AGは∠BAEの二等分線だから、

∠BAG＝∠❶［　　］　……①

AB＝ACだから、

∠ABC＝∠❷［　　］　……②　← 二等辺三角形の底角は等しい。

$\overset{\frown}{CE}$に対する円周角だから、

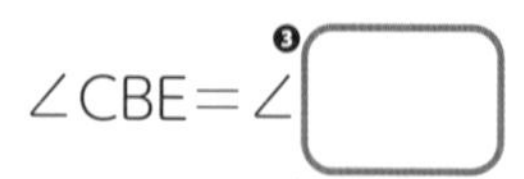

∠CBE＝∠❸［　　］　……③

また、∠❹［　　］＝∠ABC＋∠CBE　……④

三角形の外角は、それととなり合わない2つの内角の和に等しいから、

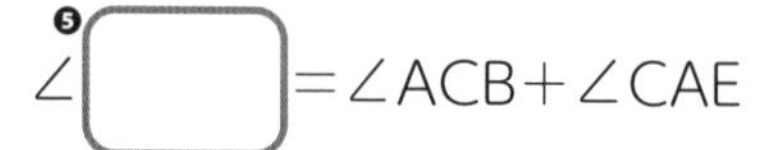

∠❺［　　］＝∠ACB＋∠CAE　……⑤

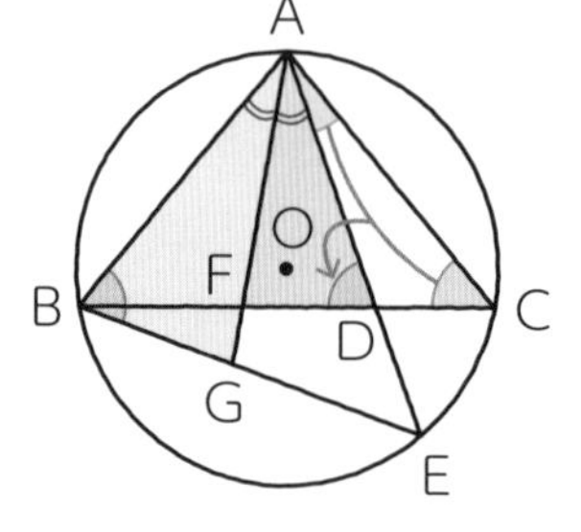

②、③、④、⑤より、∠ABG＝∠❻［　　］　……⑥

①、⑥より、❼［　　　　　　］がそれぞれ等しいから、△ABG❽［　　］△ADF

基本練習

1 右の図で、ABは円Oの直径です。$\overset{\frown}{AB}$上に点Cをとり△ABCをつくります。また、$\overset{\frown}{AB}$上にABについて点Cと反対側に点Dをとり、点Cから線分DBに垂線をひき、DBとの交点をEとします。このとき、△ABC∽△DCEであることを証明しましょう。

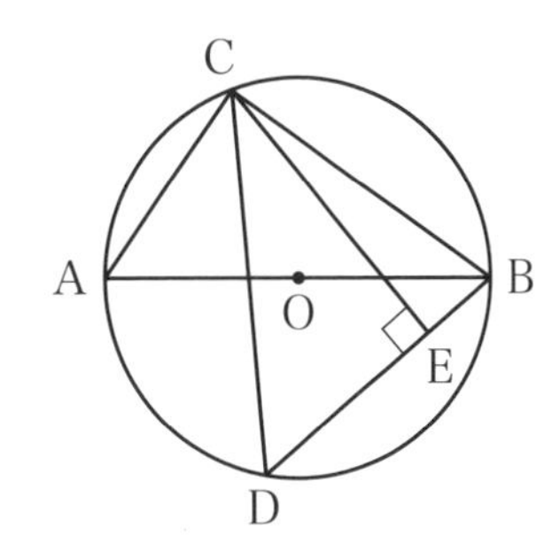

（証明）

2 右の図のように、円Oの円周上に3点A、B、Cをとり、△ABCをつくります。∠ABCの二等分線と線分AC、円Oとの交点をそれぞれD、Eとし、線分AEをひきます。点Dを通り線分ABと平行な直線と線分AE、BCとの交点をそれぞれF、Gとします。このとき、△ABD∽△DAFであることを証明しましょう。

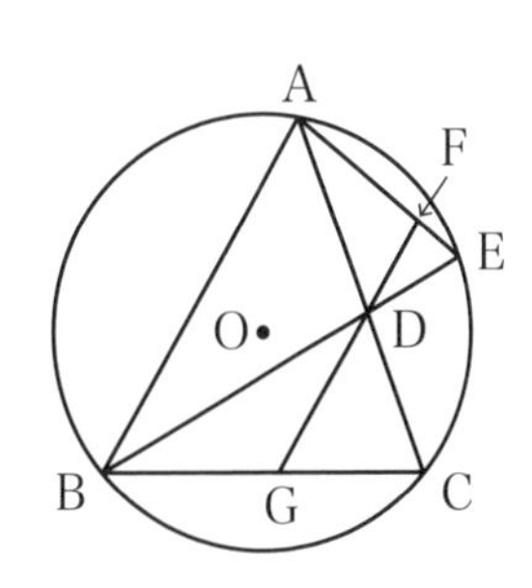

［三重県・改］

（証明）

2 平行線が出てきたら、「平行線の同位角・錯角は等しい」ことを考えよう。

学習した日　／　もう一度　バッチリ！

53 三平方の定理を平面図形で利用しよう

三平方の定理と平面図形　#中3

→ 答えは別冊15ページ

直角三角形の3つの辺の長さの間には、三平方の定理が成り立ちます。
図形の中に直角三角形を見つけ、三平方の定理を利用して線分の長さを求めましょう。

● 三平方の定理
直角三角形の直角をはさむ2辺の長さを a、b、
斜辺の長さを c とするとき、$a^2+b^2=c^2$

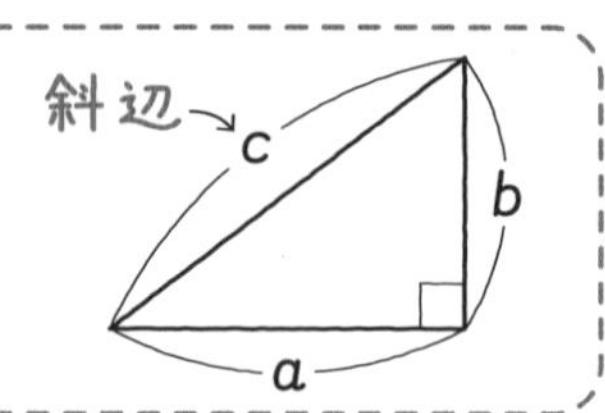

問題 1　下の図で、長方形の対角線の長さと正三角形の高さを求めましょう。

(1)

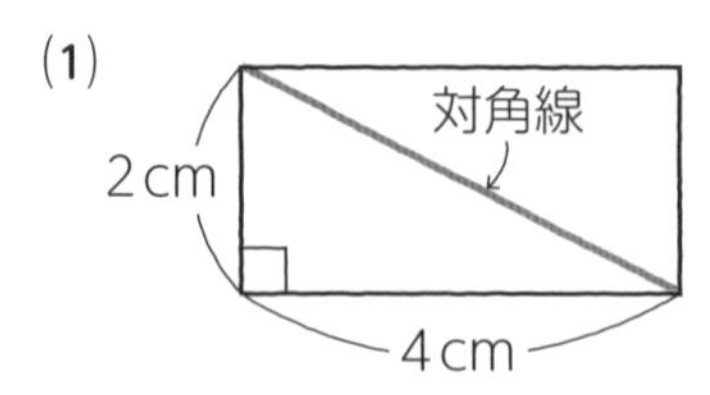

(2)

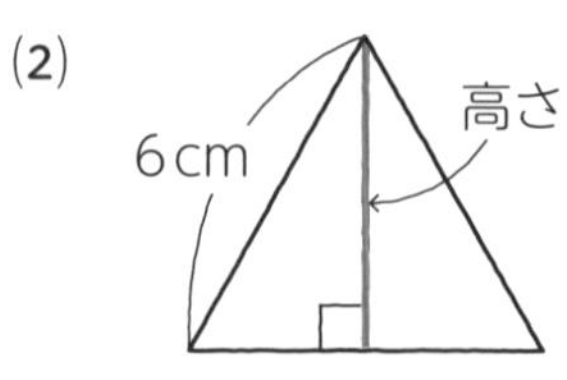

(1)　右の図で、△ABCは直角三角形だから、三平方の定理より、

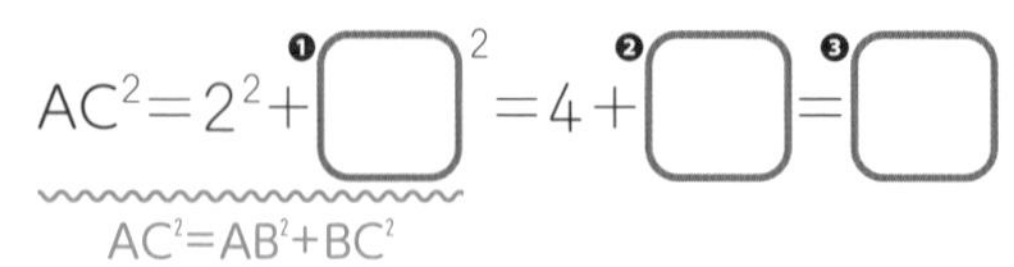

$AC^2=2^2+$ ❶□ $^2=4+$ ❷□ $=$ ❸□

($AC^2=AB^2+BC^2$)

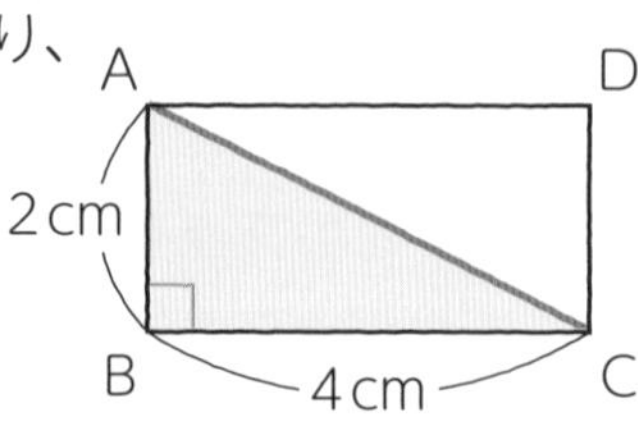

$AC>0$ だから、$AC=\sqrt{❹□}=$ ❺□ $\sqrt{❻□}$ (cm)

（線分の長さだから、正の数である。）

（$\sqrt{\ }$ の中が、できるだけ小さな自然数になるように変形する。）

(2)　右の図で、点Hは辺BCの中点だから、

$BH=\frac{1}{2}\times$ ❼□ $=$ ❽□ (cm)

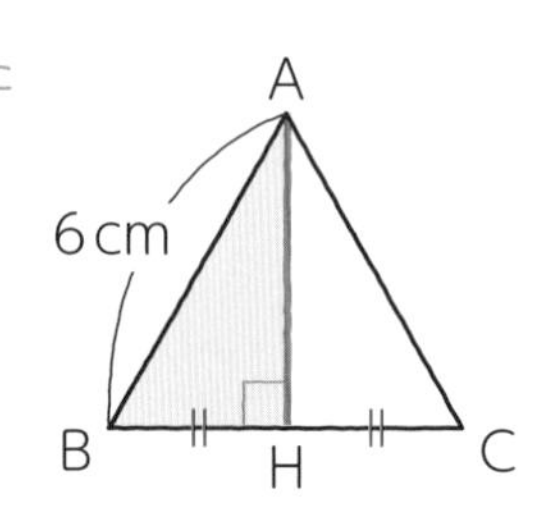

△ABHは直角三角形だから、三平方の定理より、

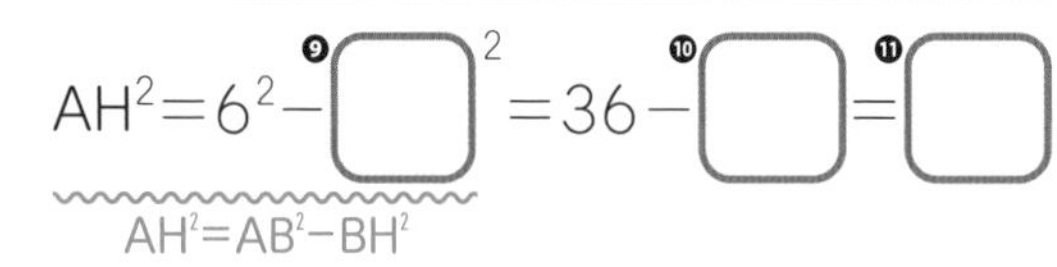

$AH^2=6^2-$ ❾□ $^2=36-$ ❿□ $=$ ⓫□

($AH^2=AB^2-BH^2$)

$AH>0$ だから、

$AH=\sqrt{⓬□}=$ ⓭□ $\sqrt{⓮□}$ (cm)

【特別な直角三角形の3辺の比】

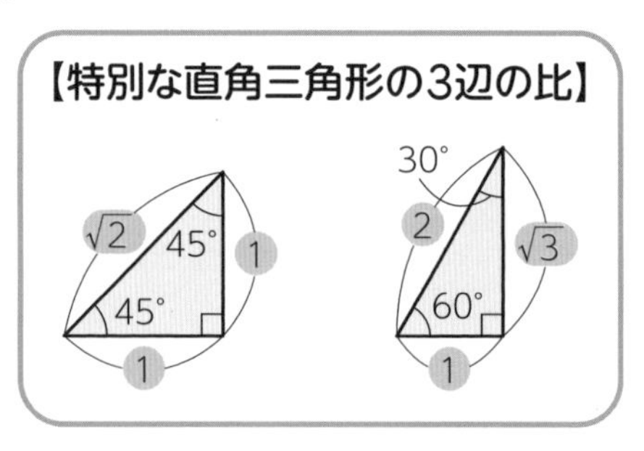

基本練習

1 右の図のようなAB＝$2\sqrt{6}$cm、BC＝5cmの長方形ABCDがあります。対角線ACの長さを求めましょう。

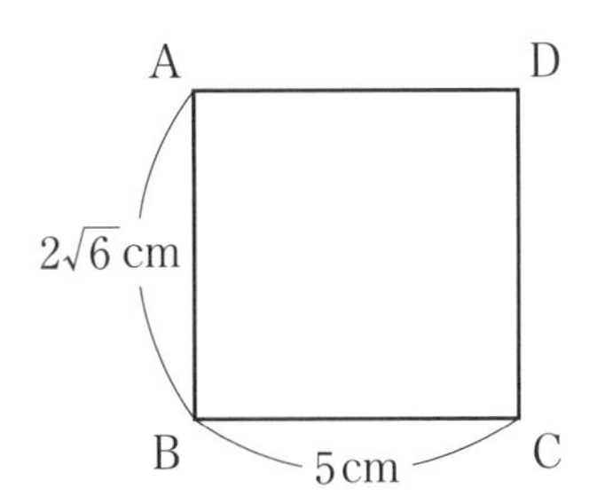

2 右の図のような半径8cmの円Oがあります。中心Oから17cmの距離にある点Aから円Oにひいた接線APの長さを求めましょう。

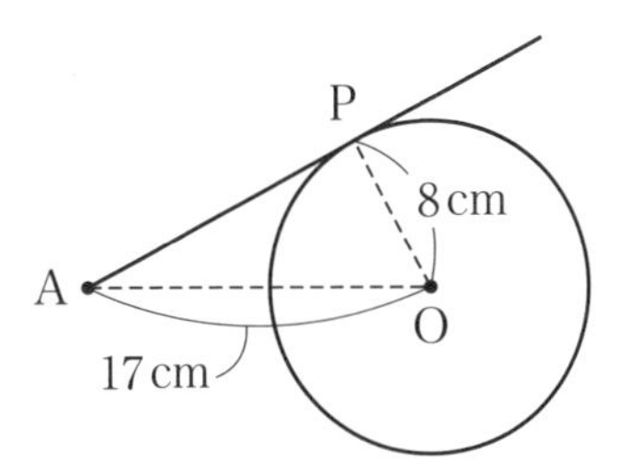

3 右の図で、辺BCの長さを求めましょう。［青森県］

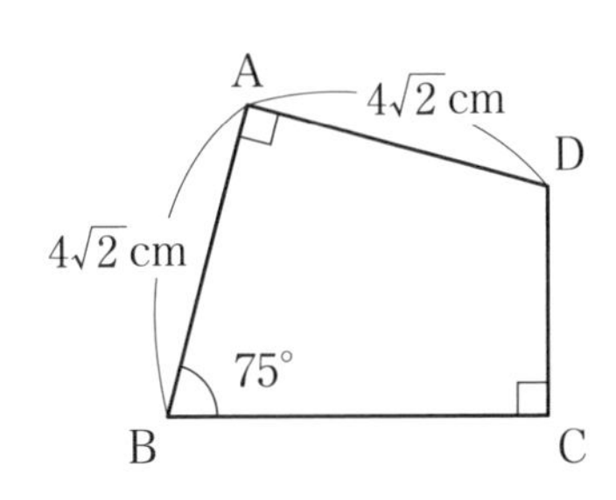

3 対角線BDをひき、△ABDと△BCDで特別な直角三角形の3辺の比を利用しよう。

学習した日

54 三平方の定理を空間図形で利用しよう

三平方の定理と空間図形　#中3

→答えは別冊15ページ

三平方の定理は、直方体や立方体の対角線の長さや、角錐、円錐の高さを求めるときにもよく利用されます。平面図形と同じように、図の中に直角三角形を見つけましょう。

問題❶　右の図の直方体の対角線AGの長さを求めましょう。

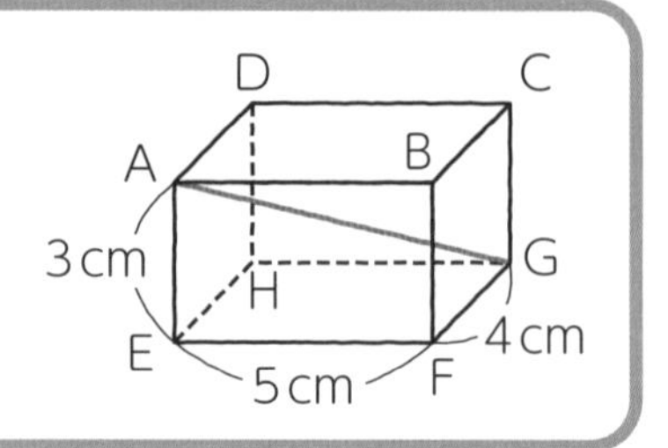

△EFGは直角三角形だから、三平方の定理より、

$EG^2=4^2+$ ❶$\square^2$ ……①

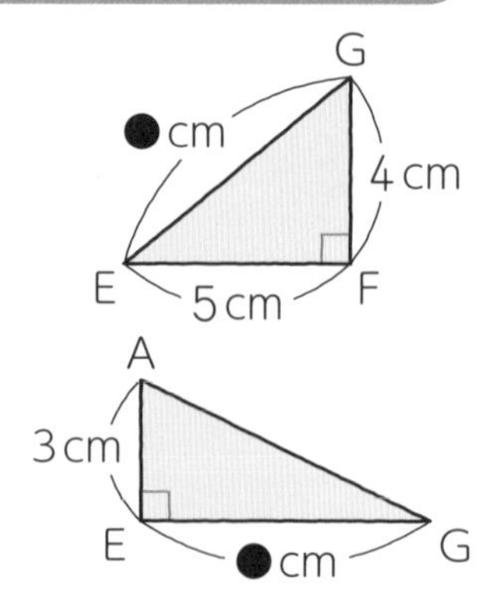

△AEGは直角三角形だから、三平方の定理より、

$AG^2=EG^2+AE^2$ ……②

①、②より、$AG^2=4^2+$ ❷$\square^2$ $+$ ❸$\square^2$ $=$ ❹$\square$

（❷がEG^2、❸がAE^2）

AG＞0だから、$AG=\sqrt{❺\square}=$ ❻$\square\sqrt{❼\square}$ (cm)

問題❷　右の図の円錐の高さAOを求めましょう。また、この円錐の体積を求めましょう。

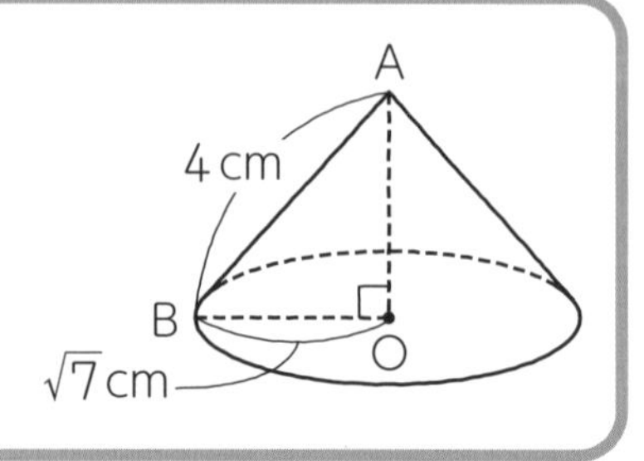

△ABOは直角三角形だから、三平方の定理より、

$AO^2=$ ❽$\square^2-($❾$\square)^2=$ ❿$\square$

AO＞0だから、$AO=\sqrt{⓫\square}=$ ⓬$\square$ (cm)

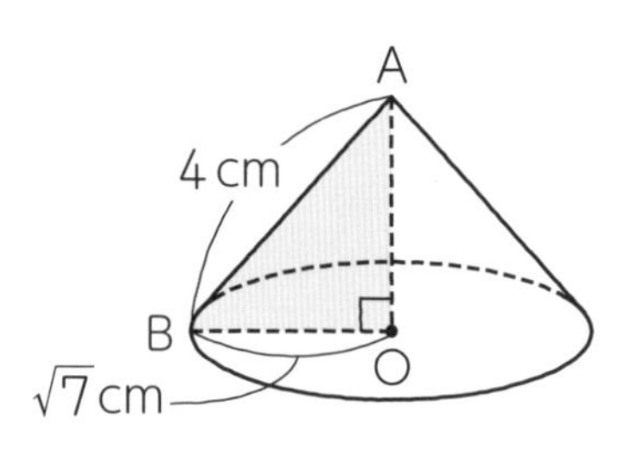

円錐の体積は、$\frac{1}{3}\times\pi\times(\sqrt{7})^2\times$ ⓭$\square=$ ⓮$\square$ (cm³)

基本練習

1 右の図のような、対角線AGの長さが6cmの立方体があります。この立方体の1辺の長さを求めましょう。

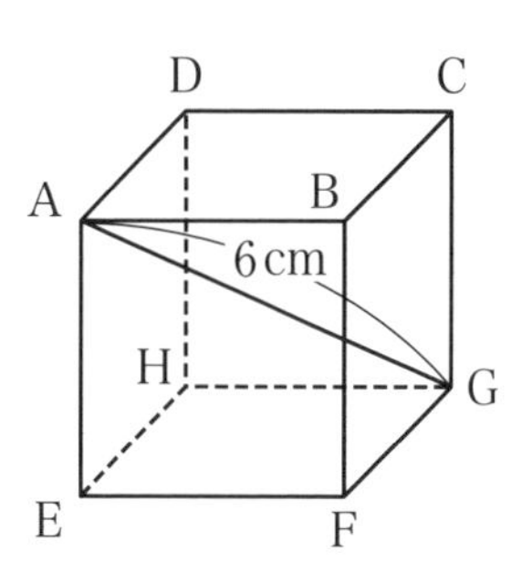

2 右の図の円錐の体積を求めましょう。

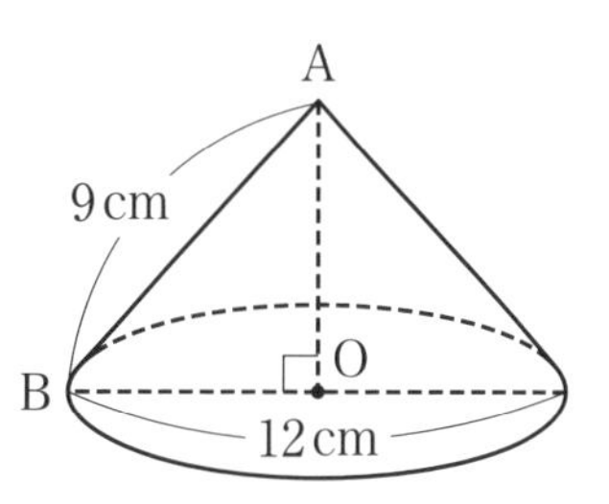

3 右の図のように、点A、B、C、D、E、Fを頂点とする1辺の長さが1cmの正八面体があります。このとき、次の問いに答えましょう。 ［千葉県］

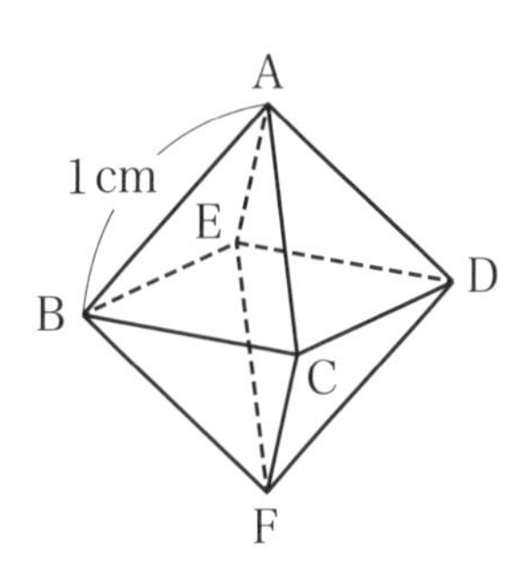

(1) 線分BDの長さを求めましょう。

(2) 正八面体の体積を求めましょう。

3(2)(正八面体の体積)＝(四角錐ABCDEの体積)×2

実戦テスト 4

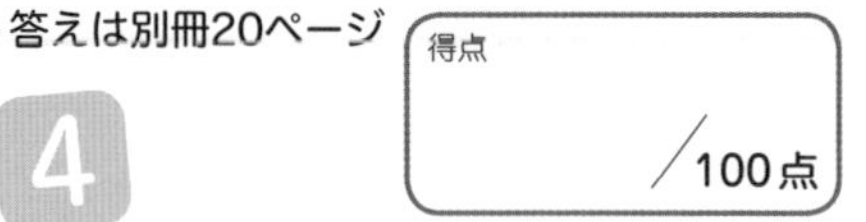

4章 図形

1 次の問いに答えましょう。

【各10点　計30点】

(1) 右の図のように、AB＝ACである二等辺三角形ABCがあります。また、頂点Aを通る直線ℓと、頂点Cを通る直線mがあり、ℓとmは平行です。このとき、$\angle x$の大きさを求めましょう。 [佐賀県]

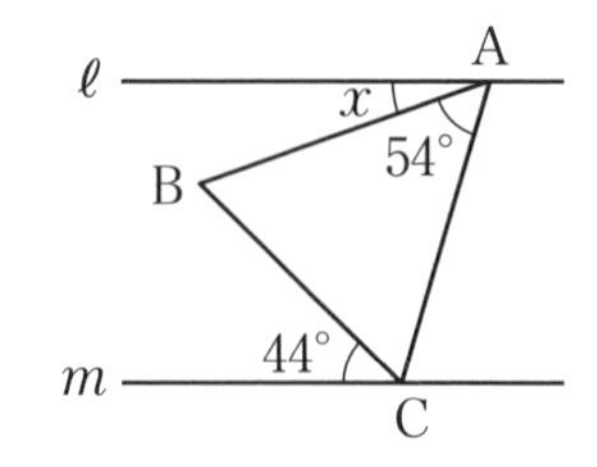

[　　　　]

(2) 右の図において、点C、D、Eは、ABを直径とする円Oの周上の点です。また、$\overset{\frown}{AC}=\overset{\frown}{AD}$です。$\angle$CAB＝57°のとき、$\angle x$の大きさを求めましょう。 [山梨県]

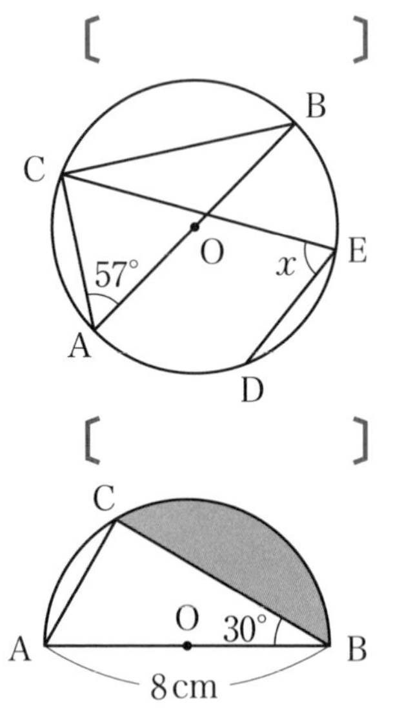

[　　　　]

(3) 右の図のように、線分ABを直径とする半円Oの弧AB上に点Cがあります。3点A、B、Cを結んでできる△ABCについて、AB＝8 cm、$\angle$ABC＝30°のとき、弧BCと線分BCで囲まれた色のついた部分の面積を求めましょう。ただし、円周率はπとします。 [岡山県]

2 右の図のように、円Oの円周上に点Aがあり、円Oの外部に点Bがあります。点Aを接点とする円Oの接線と、点Bから円Oにひいた2本の接線との交点P、Qを作図によって求めましょう。なお、AP＞AQであるとし、点Pと点Qの位置を示す文字PとQも書きましょう。

[千葉県]　【15点】

B•

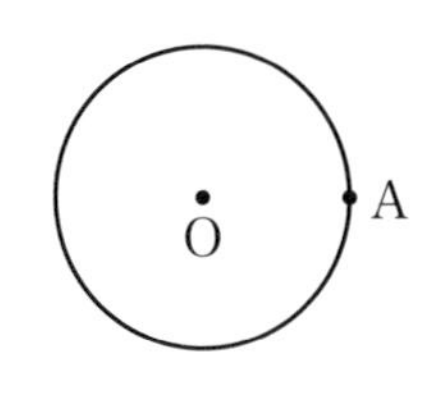

3

右の図のように、円柱と、その中にちょうど入る球があります。円柱の高さが4 cmであるとき、円柱の体積と球の体積の差を求めましょう。ただし、円周率はπとします。

［徳島県］【10点】

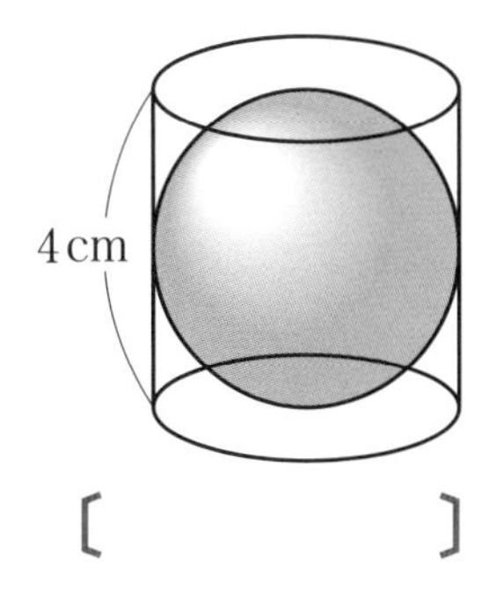

［　　　　］

4

右の図のように、AD∥BCの台形ABCDがあり、∠BCD＝∠BDCです。対角線BD上に、∠DBA＝∠BCEとなる点Eをとるとき、AB＝ECであることを証明しましょう。

［新潟県］【20点】

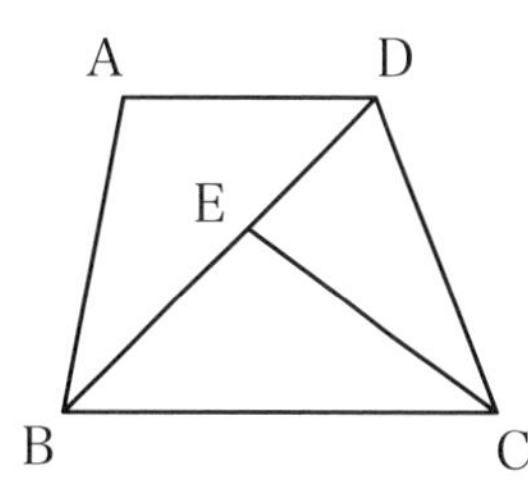

［　　　　］

5

右の図は、点Oを中心とする円で、線分ABは円の直径です。点Cは$\overset{\frown}{AB}$上にあり、点Dは線分BC上にあって、OD∥ACです。また、点EはODの延長とBにおける円の接線との交点です。このとき、次の問いに答えましょう。

［熊本県］【(1)15点　(2)各5点　計25点】

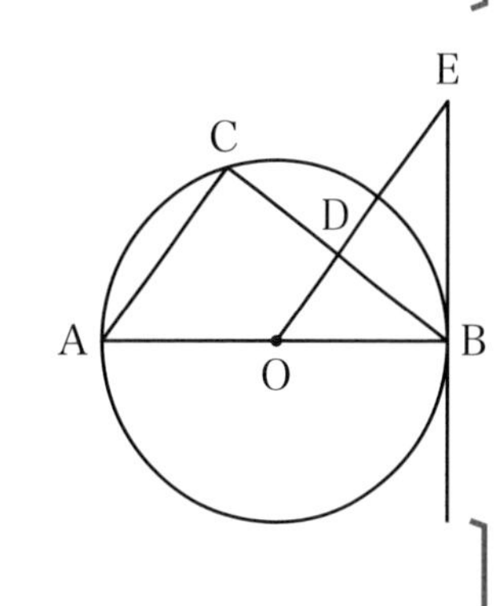

(1)　△ABC∽△OEBであることを証明しましょう。

［　　　　］

(2)　AB＝10 cm、BC＝8 cmのとき、

①　線分ACの長さを求めましょう。

［　　　　］

②　線分BEの長さを求めましょう。

［　　　　］

学習した日　／　もう一度　バッチリ！

合格につながるコラム⑤

覚えておこう！　役立つ平面図形の性質

平行四辺形の角の性質

平行四辺形のとなり合う内角の和は180°

右の図の平行四辺形ABCDにおいて、
AB∥DCより、∠ABC＝∠DCE（同位角）
一直線の角だから、∠BCD＋∠DCE＝180°
したがって、∠ABC＋∠BCD＝180°

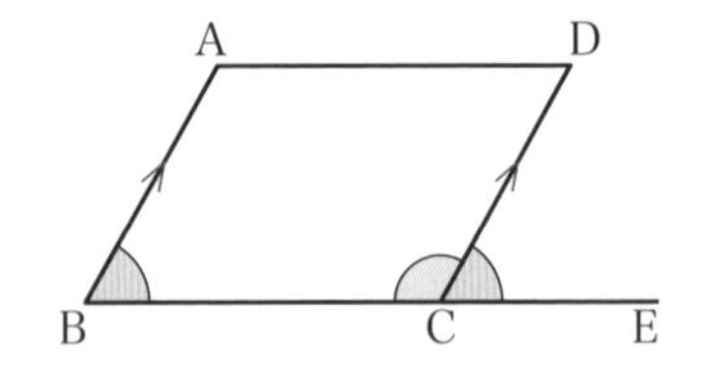

三角形の角の二等分線の性質

三角形の内角の二等分線は、その対辺を残りの2辺の比に分ける。

右の図の△ABCで、ADは∠BACの二等分線です。
点Cを通り、ADに平行な直線をひき、BAの延長との交点をEとします。

AD∥ECだから、$\begin{cases} \angle BAD = \angle AEC \text{（同位角）} \\ \angle DAC = \angle ACE \text{（錯角）} \end{cases}$

∠BAD＝∠DACより、∠AEC＝∠ACEだから、AE＝AC
三角形と比の定理より、BA：AE＝BD：DC
したがって、AB：AC＝BD：DC

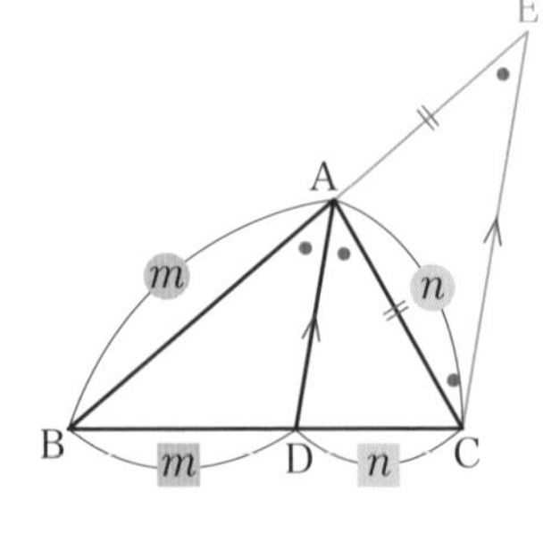

三角形の内接円の性質

右の図のように、△ABCの辺AB、BC、CAに接する円を△ABCの内接円（ないせつえん）といいます。

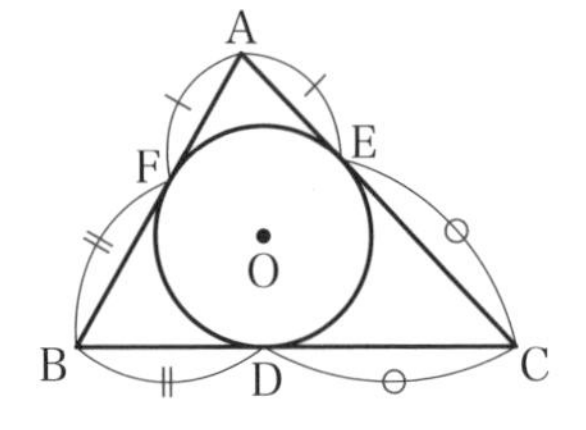

- 円の外部の1点から、その円にひいた2つの接線の長さは等しいから、
  AE＝AF、BD＝BF、CD＝CE

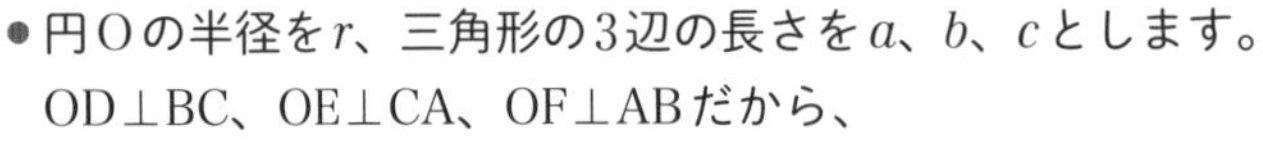

- 円Oの半径をr、三角形の3辺の長さをa、b、cとします。
  OD⊥BC、OE⊥CA、OF⊥ABだから、

$$\triangle ABC = \triangle OBC + \triangle OCA + \triangle OAB$$
$$= \frac{1}{2}ar + \frac{1}{2}br + \frac{1}{2}cr$$
$$= \frac{1}{2}r(a+b+c)$$

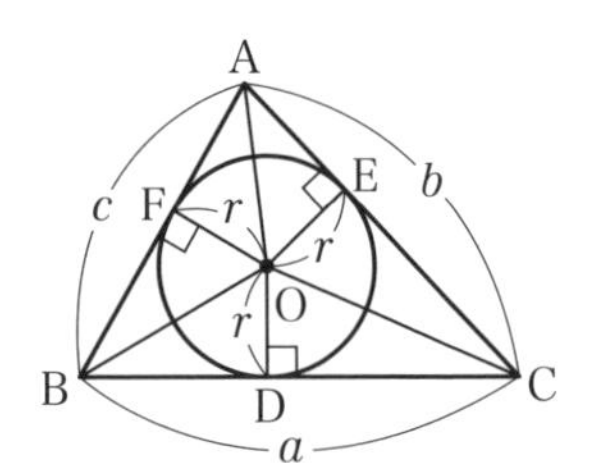

5章

データの活用・確率

55 分布のようすを読み取ろう

度数分布表とヒストグラム　#中1

➔ 答えは 別冊15ページ

データをいくつかの区間ごとに分けて整理した表を**度数分布表**といいます。この１つ１つの区間を**階級**、各階級に入るデータの個数をその階級の**度数**といいます。

問題1 右の表は、ある中学校の３年生の男子40人のハンドボール投げの記録を度数分布表に整理したものです。

(1) ㋐～㋒にあてはまる数を求めましょう。

(2) 記録が26ｍ未満の人数は全体の何％ですか。

(3) 度数分布表をヒストグラムに表しましょう。

ハンドボール投げの記録

階級(m)	度数(人)	累積度数(人)
以上　未満		
10 ～ 14	5	5
14 ～ 18	8	13
18 ～ 22	10	㋐
22 ～ 26	7	㋑
26 ～ 30	6	㋒
30 ～ 34	4	40
計	40	

(1) 最初の階級からある階級までの度数の合計を**累積度数**といいます。

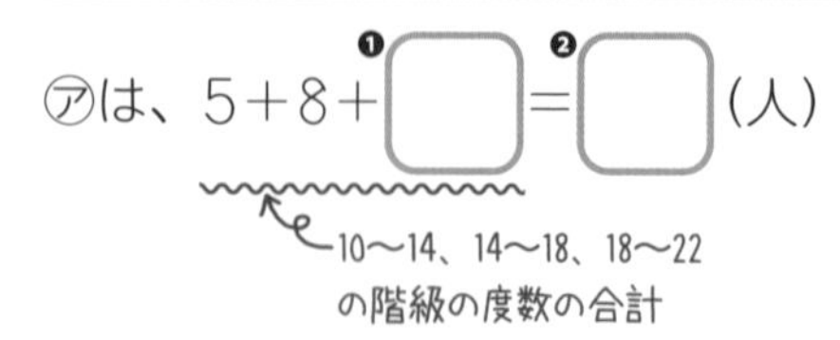

㋐は、
(14ｍ～18ｍの階級の累積度数)
＋(18ｍ～22ｍの階級の度数)
と考えて、13＋10と求めることもできるよ。

同じようにして、㋑、㋒にあてはまる累積度数を求めると、㋑は❸□人、㋒は❹□人。

(2) 26ｍ未満の人数は、22ｍ以上26ｍ未満の階級の累積度数だから❺□人。

したがって、

❻□÷40×100＝❼□(％)

(3) 階級の幅を横、度数を縦とする長方形を順に並べてかいていきます。

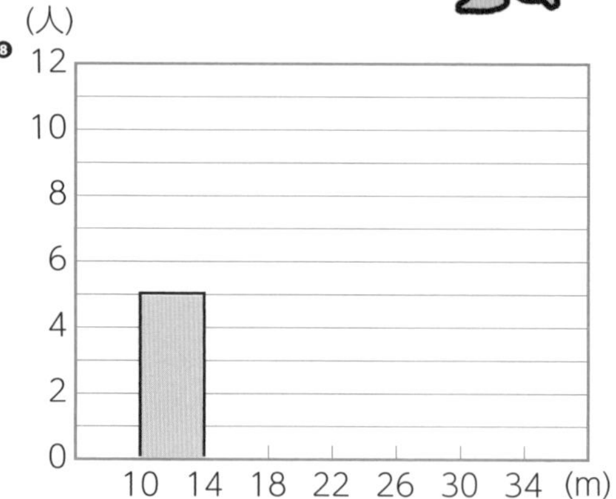

基本練習

1 **右の表は、ある中学校の３年生50人の通学時間を調べ、度数分布表に整理したものです。次の問いに答えましょう。**

通学時間

時間(分)	度数(人)	累積度数(人)
以上　未満 0 ～ 5	4	4
5 ～ 10	9	㋐
10 ～ 15	11	㋑
15 ～ 20	13	㋒
20 ～ 25	8	㋓
25 ～ 30	5	50
計	50	

(1)　㋐～㋓にあてはまる数を求めましょう。

(2)　度数分布表をヒストグラムに表しましょう。

(3)　ヒストグラムをもとにして、度数折れ線をかきましょう。

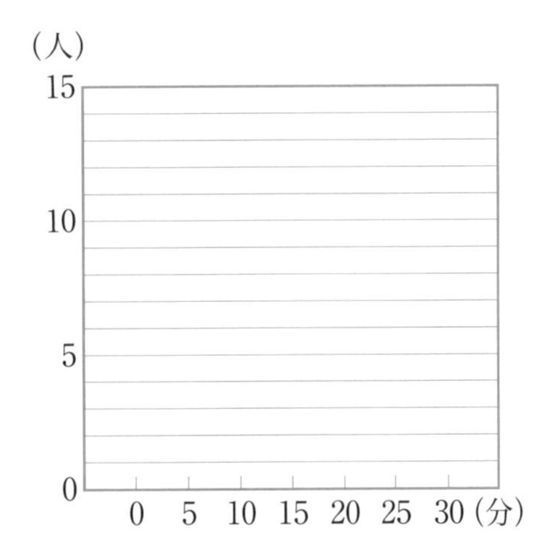

2 **右の表は、水泳部員20人の反復横とびの記録を度数分布表にまとめたものです。記録が55回以上の部員の人数が、水泳部員20人の30%であるとき、表中のx、yの値をそれぞれ求めましょう。**

［大阪府］

反復横とびの記録(回)	度数(人)
以上　未満 40 ～ 45	2
45 ～ 50	4
50 ～ 55	x
55 ～ 60	y
60 ～ 65	1
計	20

入試対策 **2** 記録が55回以上の部員の人数は、$y+1$(人)で、これが全体の30%にあたる。

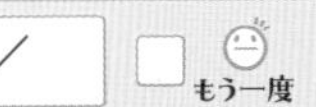

56 データを割合で比べよう

相対度数と累積相対度数　#中1

→ 答えは別冊15ページ

それぞれの階級の度数の、全体に対する割合を**相対度数**（そうたいどすう）といいます。
また、最初の階級からある階級までの相対度数の合計を**累積相対度数**（るいせきそうたいどすう）といいます。

問題 1　右の表は、ある中学校の３年生の女子25人の50m走の記録を度数分布表に整理したものです。㋐～㋕にあてはまる数を求めましょう。

50m走の記録

階級(秒) 以上　未満	度数(人)	相対度数	累積相対度数
7.0 ～ 7.5	3	0.12	0.12
7.5 ～ 8.0	6	0.24	0.36
8.0 ～ 8.5	7	㋐	㋑
8.5 ～ 9.0	㋒	0.20	㋓
9.0 ～ 9.5	㋔	㋕	1.00
計	25	1.00	

㋐　8.0秒以上8.5秒未満の階級の相対度数は、

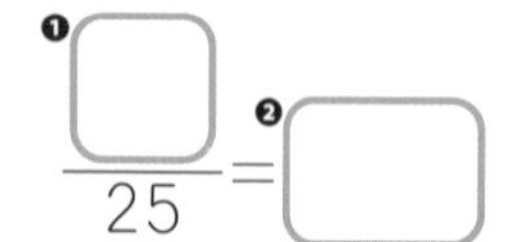

$\dfrac{❶\square}{25} = ❷\square$

相対度数＝$\dfrac{\text{その階級の度数}}{\text{度数の合計}}$

㋑　8.0秒以上8.5秒未満の階級の累積相対度数は、

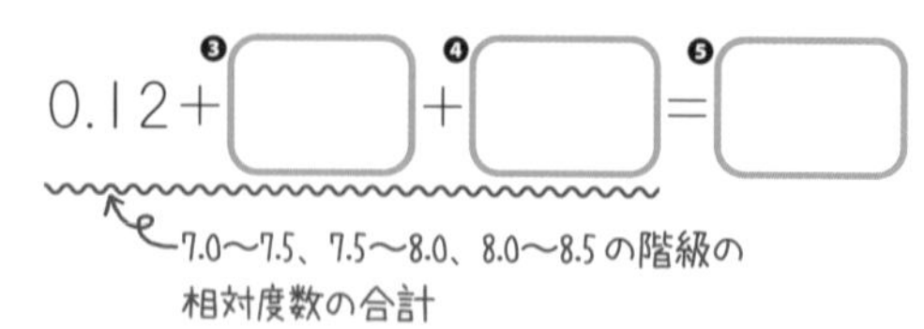

0.12＋❸□＋❹□＝❺□

（7.0～7.5、7.5～8.0、8.0～8.5の階級の相対度数の合計）

累積度数と同じように、㋑は、
(7.5秒～8.0秒の階級の累積相対度数)
＋(8.0秒～8.5秒の階級の相対度数)
と考えて求めることもできるよ。

㋒　8.5秒以上9.0秒未満の階級の度数は、

25×❻□＝❼□（人）

その階級の度数＝度数の合計×相対度数

㋓　8.5秒以上9.0秒未満の階級の累積相対度数は、

0.12＋0.24＋❽□＋❾□＝❿□

㋔　25－(3＋6＋7＋⓫□)＝⓬□（人）

（⓫：㋒の度数）

㋕　$\dfrac{⓭\square}{25} = ⓮\square$

基本練習

4章

5章 データの活用・確率

模試

1 右の表は、あるクラスの生徒20人のハンドボール投げの記録を度数分布表に整理したものです。記録が20m以上24m未満の階級の相対度数を求めましょう。また、24m以上28m未満の階級の累積相対度数を求めましょう。 ［青森県・改］

階級(m) 以上　未満	度数(人)
16 ～ 20	4
20 ～ 24	6
24 ～ 28	1
28 ～ 32	7
32 ～ 36	2
合計	20

2 右の2つの表は、A中学校の生徒20人とB中学校の生徒25人の立ち幅跳(と)びの記録を、相対度数で表したものです。このA中学校の生徒20人とB中学校の生徒25人を合わせた45人の記録について、200cm以上220cm未満の階級の相対度数を求めましょう。 ［鹿児島県］

A中学校

階級(cm) 以上　未満	相対度数
160 ～ 180	0.05
180 ～ 200	0.20
200 ～ 220	0.35
220 ～ 240	0.30
240 ～ 260	0.10
計	1.00

B中学校

階級(cm) 以上　未満	相対度数
160 ～ 180	0.04
180 ～ 200	0.12
200 ～ 220	0.44
220 ～ 240	0.28
240 ～ 260	0.12
計	1.00

入試対策 **2** まず、A中学校とB中学校の200cm以上220cm未満の階級の度数をそれぞれ求めよう。

学習した日　／　□もう一度　□バッチリ！

57 代表値 #中1 データを代表する値を読み取ろう

→ 答えは別冊16ページ

平均値(へいきんち)、中央値(ちゅうおうち)(メジアン)、最頻値(さいひんち)(モード)のように、データの値全体を代表して、その分布のようすを表す値を代表値(だいひょうち)といいます。

問題1 右の表は、ある中学校の3年生15人の小テスト(20点満点)の得点を度数分布表に整理したものです。

(1) 中央値が入っているのはどの階級ですか。

(2) 最頻値を求めましょう。

(3) 平均値を求めましょう。

小テストの得点

階級(点)	度数(人)
以上　未満	
0～4	1
4～8	4
8～12	3
12～16	5
16～20	2
計	15

(1) 中央値は、データを大きさの順に並べたときの中央の値です。

中央値は、得点の低いほうから数えて❶□番目の値だから、中央値が入っている階級は❷□点以上❸□点未満の階級です。

(2) 最頻値は、データの中で最も多く出てくる値です。

度数分布表では、度数が最も多い階級の階級値(かいきゅうち)になります。度数が最も多い階級は❹□点以上❺□点未満の階級だから、最頻値は❻□点です。

(3) $平均値 = \frac{(階級値 \times 度数)の合計}{度数の合計}$

で求めることができます。

それぞれの階級の得点の合計を(階級値)×(度数)とみなして、その合計を求めると、右の表のようになります。

したがって、平均値は、

❶❶□÷15=❶❷□(点)

階級(点)	階級値(点)	度数(人)	階級値×度数
以上　未満			
0～4	2	1	2
4～8	6	4	24
8～12	10	3	❼□
12～16	14	5	❽□
16～20	18	2	❾□
計		15	❿□

基本練習

1章
2章
3章
4章
5章 データの活用・確率
模試

1 男子生徒８人の反復横跳びの記録は、下のようでした。この記録の代表値について正しく述べたものを、次のア～エからすべて選んで、記号を書きましょう。

［21 愛知県］

53	45	51	57	49	42	50	45

（単位：回）

ア　平均値は、49回である。　　イ　中央値は、50回である。

ウ　最頻値は、57回である。　　エ　範囲は、15回である。

2 右のグラフは、あるクラスの20人が、読書週間に読んだ本の冊数と人数の関係を表したものです。この20人が読んだ本の冊数について代表値を求めたとき、その値が最も大きいものを、次のア～ウから１つ選んで記号を書きましょう。

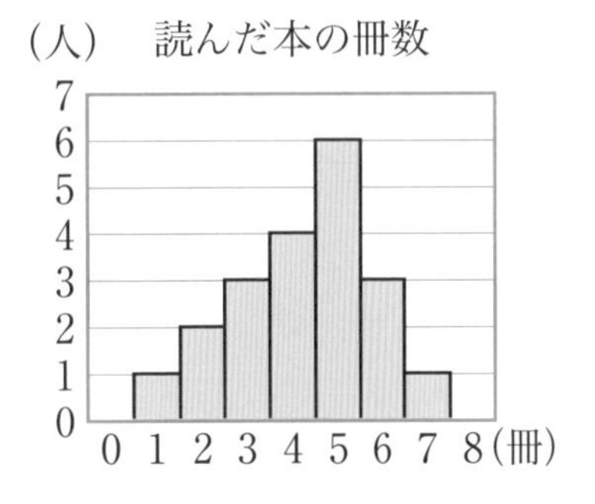

ア　平均値　　イ　中央値　　ウ　最頻値

［秋田県］

入試対策 **2** 平均値は、{(読んだ本の冊数)×(人数)の合計}÷(クラス全体の人数)

学習した日   もう一度  バッチリ！

58 データの傾向を読み取ろう

四分位数と箱ひげ図　#中2

→答えは別冊16ページ

データを小さい順に並べて4等分したときの、3つの区切りの値を**四分位数**(しぶんいすう)といいます。
四分位数と最小値、最大値を長方形と線分を用いて表した図を**箱ひげ図**(はこひげず)といいます。

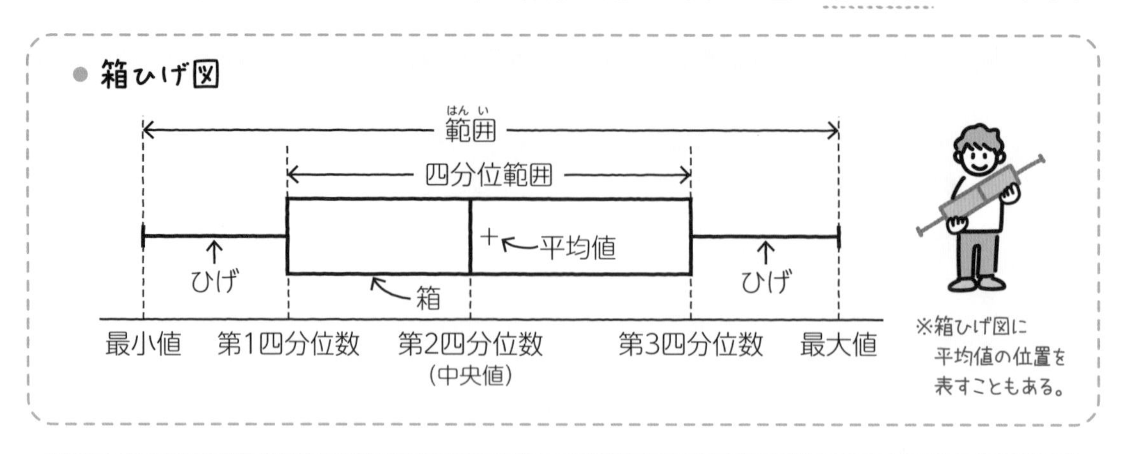

問題1　**次のデータは、9人の生徒の漢字テスト(10点満点)の得点です。このデータの箱ひげ図をかきましょう。**

6　3　9　7　5　10　2　6　8　(単位：点)

データを小さいほうから順に並べ、中央値を境に半分に分けます。

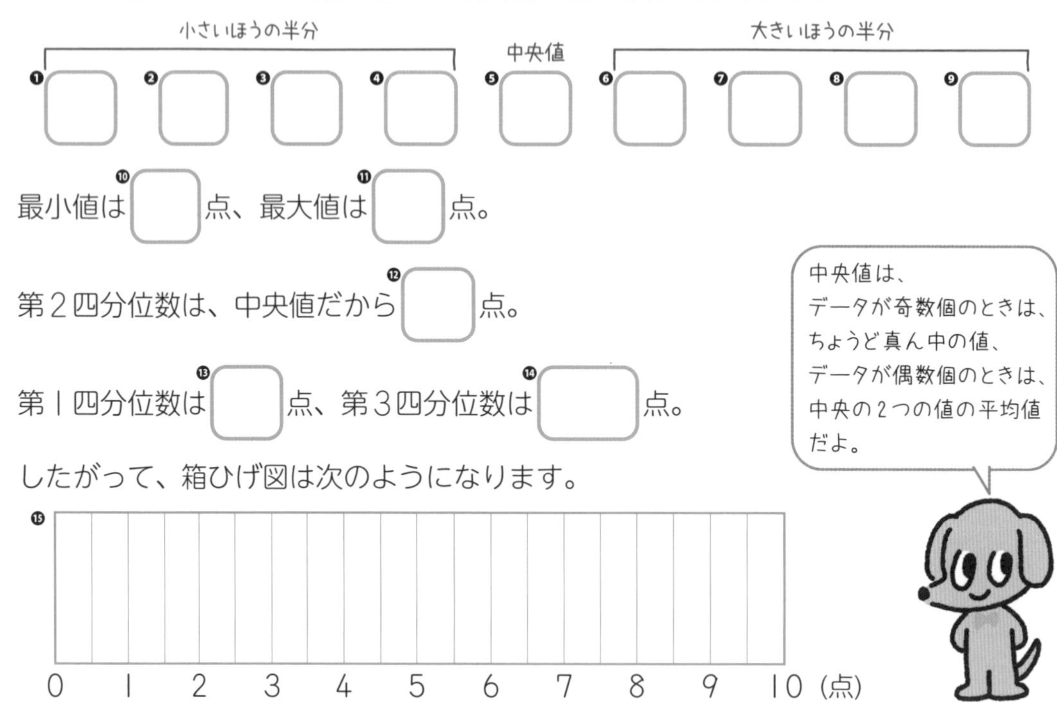

基本練習

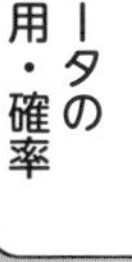

1 **右の図は、ある中学校の3年A組の生徒35人と3年B組の生徒35人が1学期に読んだ本の冊数について、クラスごとのデータの分布のようすを箱ひげ図に表したものです。次の問いに答えましょう。**

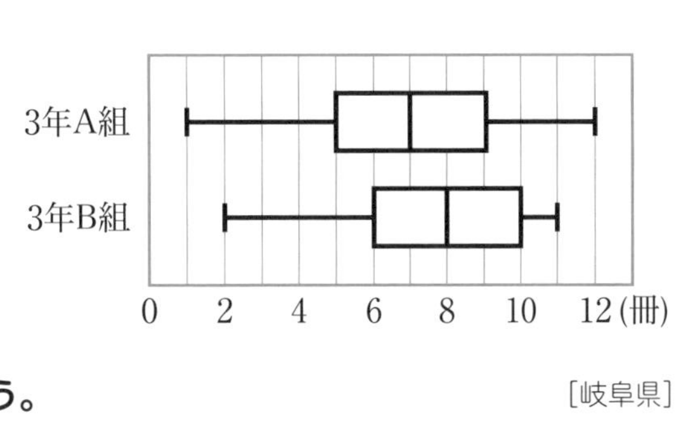

［岐阜県］

(1)　3年A組の第1四分位数を求めましょう。

(2)　3年A組の四分位範囲を求めましょう。

(3)　図から読み取れることとして正しいものを、**ア**～**エ**からすべて選び、記号で答えましょう。

ア　3年A組と3年B組は、生徒が1学期に読んだ本の冊数のデータの範囲が同じである。

イ　3年A組は、3年B組より、生徒が1学期に読んだ本の冊数のデータの中央値が小さい。

ウ　3年A組は、3年B組より、1学期に読んだ本が9冊以下である生徒が多い。

エ　3年A組と3年B組の両方に、1学期に読んだ本が10冊である生徒が必ずいる。

(2)(四分位範囲)＝(第3四分位数)－(第1四分位数)、(3)(範囲)＝(最大値)－(最小値)

学習した日　／　もう一度　バッチリ！

59 図をかいて確率を求めよう

樹形図を使った確率の求め方 #中2

→ 答えは別冊16ページ

ことがらAが起こる確率（かくりつ）＝$\dfrac{\text{Aの起こる場合の数}}{\text{すべての起こる場合の数}}$で求めることができます。

問題1 5本のうち2本のあたりくじが入っているくじがあります。このくじの中から、まずAが１本ひき、ひいたくじをもどさないで、続いてBが１本ひきます。

(1) 2人ともあたりくじをひく確率を求めましょう。

(2) 少なくとも１人はあたりくじをひく確率を求めましょう。

あたりくじを❶、❷、はずれくじを③、④、⑤として、A、Bのくじのひき方を樹形図（じゅけいず）に表します。

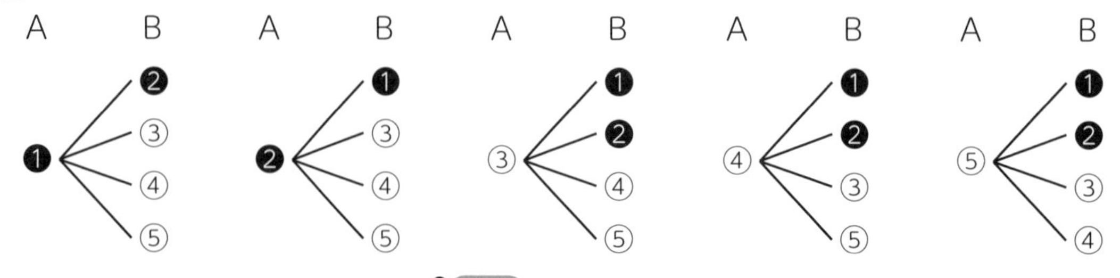

(1) A、Bのくじのひき方は全部で［❶］通りで、どのひき方も同様に確からしい。

2人ともあたりくじをひくひき方は［❷］通り。

したがって、2人ともあたりくじをひく確率は、［❸］ ← 約分できるときは、約分する。

(2) **ことがらAの起こらない確率＝１－Aの起こる確率** で求められます。

（少なくとも１人はあたる確率）＝１－（2人ともはずれる確率）と考えます。

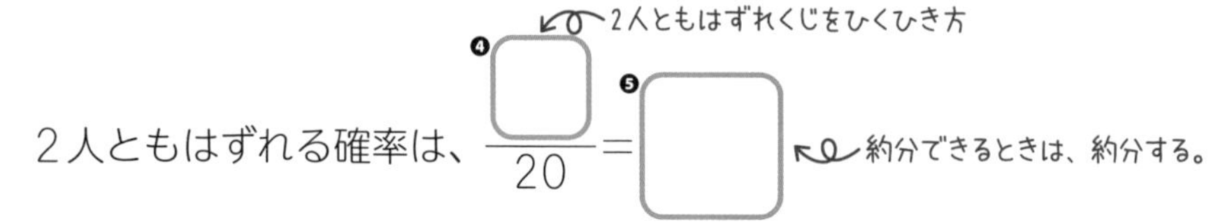

2人ともはずれる確率は、$\dfrac{[❹]}{20}$＝［❺］ ← 約分できるときは、約分する。
（❹ ← 2人ともはずれくじをひくひき方）

したがって、少なくとも１人はあたる確率は、１－［❻］＝［❼］

基本練習

1 1、2、3、4の数が1枚ずつ書かれた4枚のカードを袋の中に入れます。この袋の中をよく混ぜてからカードを1枚ひいて、これをもどさずにもう1枚ひき、ひいた順に左からカードを並べて2けたの整数をつくります。このとき、2けたの整数が32以上になる確率を求めましょう。　［群馬県］

2 4枚の硬貨(こうか)A、B、C、Dを同時に投げるとき、少なくとも1枚は表が出る確率を求めましょう。ただし、硬貨A、B、C、Dのそれぞれについて、表と裏が出ることは同様に確からしいとします。　［福岡県］

入試対策 **2** (少なくとも1枚は表が出る確率)＝1－(4枚とも裏が出る確率)

学習した日　／　　もう一度　バッチリ！

60 表をかいて確率を求めよう

表を使った確率の求め方 #中2

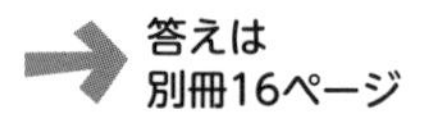
答えは 別冊16ページ

２つのさいころの目の出方では、樹形図よりも表を利用するとわかりやすいです。表を利用した確率の求め方を考えていきましょう。

問題1 A、B２つのさいころを同時に投げるとき、次の確率を求めましょう。ただし、１から６までのどの目が出ることも同様に確からしいものとします。

(1) 出る目の数の和が４になる確率

(2) 出る目の数の和が９以上になる確率

右下の表より、２つのさいころの目の出方は全部で❶□通りで、どの出方も同様に確からしい。

A＼B	1	2	3	4	5	6
1	2	3	4	5	6	7
2	3	4	5	6	7	8
3	4	5	6	7	8	9
4	5	6	7	8	9	10
5	6	7	8	9	10	11
6	7	8	9	10	11	12

(1) 目の数の和が４になるのは、■の❷□通り。

したがって、目の数の和が４になる確率は、❸□

(2) 目の数の和が９以上になるのは、■の❹□通り。

したがって、目の数の和が９以上になる確率は、❺□ ← 約分できるときは、約分する。

問題2 A、B、C、D、Eの５人から、くじびきで２人の委員を選びます。Aが選ばれる確率を求めましょう。

A、B、C、D、Eの５人から２人の委員を選ぶ組み合わせは、右下の表の○となります。

２人の選び方は全部で❻□通りで、どの選び方も同様に確からしい。

	A	B	C	D	E
A	＼	○	○	○	○
B		＼	○	○	○
C			＼	○	○
D				＼	○
E					＼

Aが選ばれる選び方は❼□通り。

したがって、Aが選ばれる確率は、❽□ ← 約分できるときは、約分する。

基本練習

5章 データの活用・確率

1 **A、B２つのさいころを同時に投げるとき、次の確率を求めましょう。ただし、１から６までのどの目が出ることも同様に確からしいものとします。**

(1) 出る目の数の和が5の倍数になる確率 ［愛媛県・改］

(2) 出る目の数の積が偶数になる確率 ［福岡県・改］

2 **A、B、C、D、E、Fの６人から、くじびきで２人の委員を選びます。Aが選ばれない確率を求めましょう。**

入試対策 **1** (2)積が偶数になるのは、どちらか１つの目が偶数のときと、2つの目が偶数のとき。

もっとくわしく 組み合わせの数の数え方

問題**2**の場合の数は、次の(1)〜(3)のような図を使って数えることもできます。

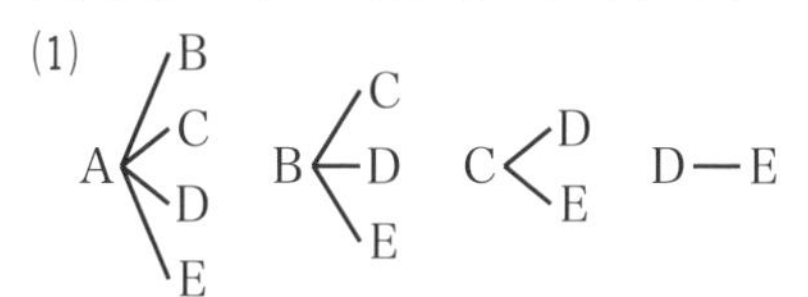

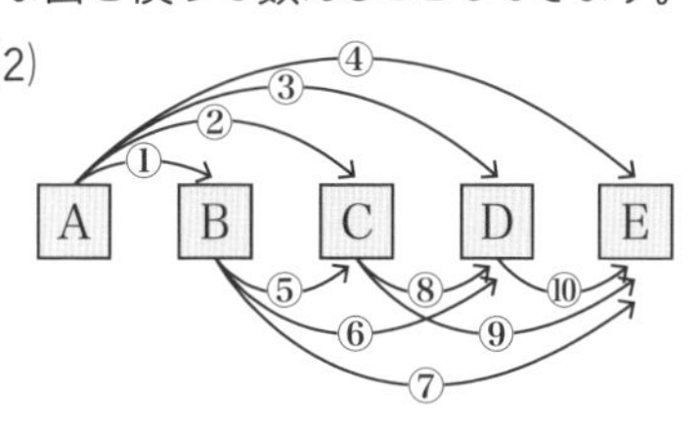

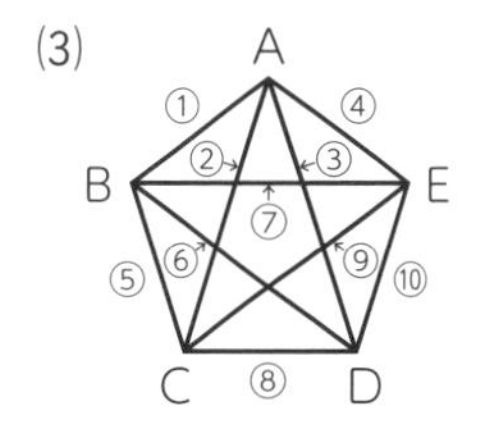

61 標本調査を使って推定しよう

標本調査 #中3

→ 答えは別冊17ページ

健康診断のように全員について調べる調査を**全数調査**といいます。一方、世論調査のように一部について調べて全体のようすを推測するような調査を**標本調査**といいます。

問題1 **箱の中に白玉だけがたくさん入っています。白玉の個数を、次のような方法で調べました。**

- **白玉と同じ大きさの赤玉100個を箱の中に入れ、よくかき混ぜます。**
- **箱の中から60個の玉を取り出して調べたら、その中に赤玉が9個ありました。**

箱の中の白玉の個数はおよそ何個ですか。四捨五入して、十の位までの概数で答えましょう。

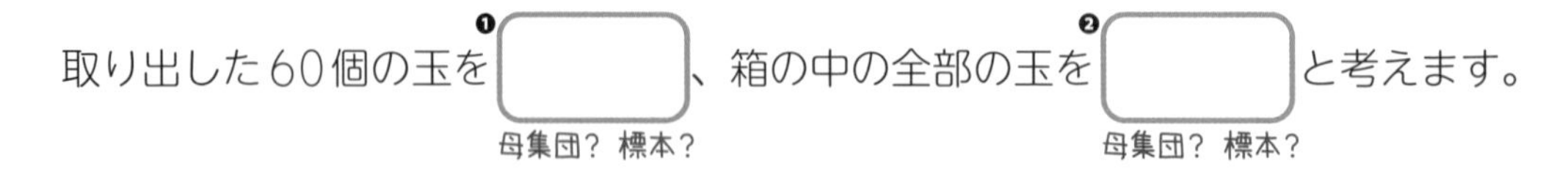
取り出した60個の玉を❶［　　］、箱の中の全部の玉を❷［　　］と考えます。
（母集団？ 標本？）　（母集団？ 標本？）

まず、標本における赤玉と白玉の個数の比を求めます。

（赤玉の個数）：（白玉の個数）

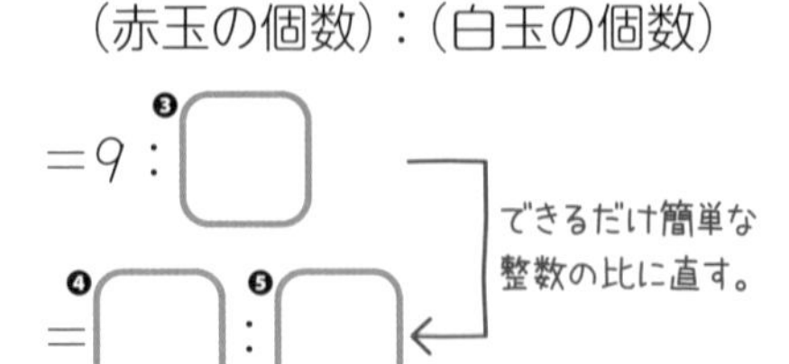
＝9：❸［　］

＝❹［　］：❺［　］

できるだけ簡単な整数の比に直す。

白玉の個数は、（取り出した玉の個数）－（赤玉の個数）だよ。

母集団における個数の割合は、標本における個数の割合に等しいと考えられるから、

母集団における赤玉と白玉の個数の比も❻［　］：❼［　］と推定できます。

よって、箱の中の白玉の個数をx個とすると、

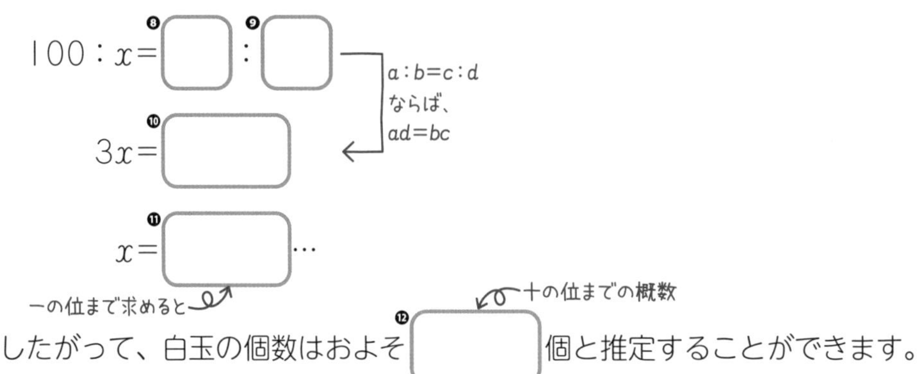
$100：x=$❽［　］：❾［　］

$a：b=c：d$ ならば、$ad=bc$

$3x=$❿［　　］

$x=$⓫［　　］…

一の位まで求めると　十の位までの概数

したがって、白玉の個数はおよそ⓬［　　］個と推定することができます。

基本練習

1 袋の中に、白い碁石（ごいし）と黒い碁石が合わせて500個入っています。この袋の中の碁石をよくかき混ぜ、60個の碁石を無作為（むさくい）に抽出したところ、白い碁石は18個ふくまれていました。この袋の中に入っている500個の碁石には、白い碁石がおよそ何個ふくまれていると推定できるか、求めましょう。 [秋田県]

2 箱の中に同じ大きさの白玉だけがたくさん入っています。この箱の中に、同じ大きさの黒玉を50個入れてよくかき混ぜた後、この箱の中から40個の玉を無作為に抽出すると、その中に黒玉が3個ふくまれていました。この結果から、はじめにこの箱の中に入っていた白玉の個数はおよそ何個と考えられますか。一の位を四捨五入して答えましょう。 [京都府]

2 無作為に抽出した40個の玉における黒玉と白玉の個数の比を、3：40としないように。

実戦テスト 5

➔答えは別冊21ページ

得点 ／100点

1

A中学校とB中学校では、英語で日記を書く活動を行っています。A中学校P組の生徒数は25人で、B中学校Q組の生徒数は40人です。右の表は、P組、Q組の生徒全員について、ある月に英語で日記を書いた日数を度数分布表に整理したものです。このとき、次の問いに答えましょう。

［富山県］　【(1)(2)各5点、(3)20点　計30点】

階級（日）	度数（人）	
	A中学校P組	B中学校Q組
以上　未満		
0 ～ 5	3	2
5 ～ 10	3	5
10 ～ 15	6	12
15 ～ 20	7	8
20 ～ 25	5	8
25 ～ 30	1	5
計	25	40

(1) P組について、0日以上5日未満の階級の相対度数を求めましょう。

［　　　］

(2) P組について、中央値がふくまれる階級を答えましょう。

［　　　］

(3) 度数分布表からわかることとして、必ず正しいといえるものを次のア～オからすべて選び、記号で答えましょう。

ア　Q組では、英語で日記を15日以上書いた生徒が20人以上いる。

イ　P組とQ組では、英語で日記を書いた日数の最頻値は等しい。

ウ　P組とQ組では、英語で日記を書いた日数が20日以上25日未満である生徒の割合は等しい。

エ　英語で日記を書いた日数の最大値は、Q組のほうがP組より大きい。

オ　5日以上10日未満の階級の累積相対度数は、P組のほうがQ組より大きい。

［　　　］

2

A中学校の3年1組と2組の生徒それぞれ31人について、ある期間に読んだ本の冊数を調べました。右の図は、その分布のようすを箱ひげ図に表したものです。このとき、次のア～オのうち、箱ひげ図から読み取れることとして正しいものを2つ選び、その記号を書きましょう。

［石川県］　【計20点】

1組
2組
0 1 2 3 4 5 6 7 8 9 10 11 (冊)

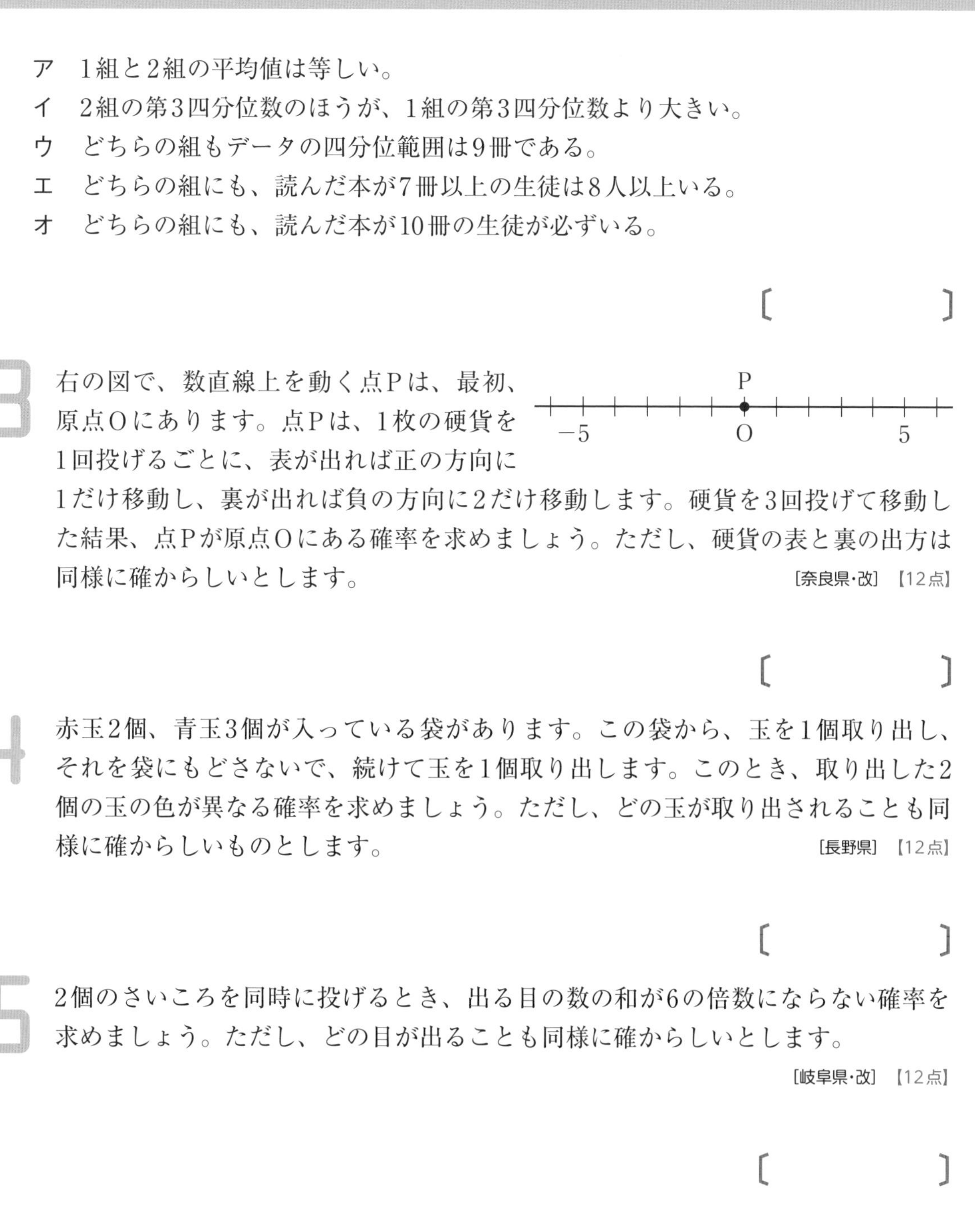

ア　1組と2組の平均値は等しい。

イ　2組の第3四分位数のほうが、1組の第3四分位数より大きい。

ウ　どちらの組もデータの四分位範囲は9冊である。

エ　どちらの組にも、読んだ本が7冊以上の生徒は8人以上いる。

オ　どちらの組にも、読んだ本が10冊の生徒が必ずいる。

〔　　　　〕

3

右の図で、数直線上を動く点Pは、最初、原点Oにあります。点Pは、1枚の硬貨を1回投げるごとに、表が出れば正の方向に1だけ移動し、裏が出れば負の方向に2だけ移動します。硬貨を3回投げて移動した結果、点Pが原点Oにある確率を求めましょう。ただし、硬貨の表と裏の出方は同様に確からしいとします。

［奈良県・改］【12点】

〔　　　　〕

4

赤玉2個、青玉3個が入っている袋があります。この袋から、玉を1個取り出し、それを袋にもどさないで、続けて玉を1個取り出します。このとき、取り出した2個の玉の色が異なる確率を求めましょう。ただし、どの玉が取り出されることも同様に確からしいものとします。

［長野県］【12点】

〔　　　　〕

5

2個のさいころを同時に投げるとき、出る目の数の和が6の倍数にならない確率を求めましょう。ただし、どの目が出ることも同様に確からしいとします。

［岐阜県・改］【12点】

〔　　　　〕

6

ある養殖池にいる魚の総数を、次の方法で調査しました。このとき、この養殖池にいる魚の総数を推定し、小数第1位を四捨五入して求めましょう。［22 埼玉県］【14点】

> 【1】網で捕獲すると魚が22匹とれ、その全部に印をつけてから養殖池にもどした。
> 【2】数日後に網で捕獲すると魚が23匹とれ、その中に印のついた魚が3匹いた。

〔　　　　〕

学習した日　／　□もう一度　□バッチリ！

合格につながるコラム⑥

面接って、どう対策すればいいの？

印象のよい話し方のポイントをチェック！

面接官に好印象を与える話し方を身につけよう

面接官に与える印象は、表情や話し方で大きく変わってくるものです。

まず、鏡を見ながら、印象をよくする表情や視線をつくる練習をしましょう。自然な笑顔で、目元や口元は穏やかにほほえむようにします。目線はまっすぐに定めます。下を向いたり横を見たり上目遣いになったりしないように注意し、自然体でいることを心がけましょう。

次に、印象をよくする話し方を練習しましょう。早口にならないように、はっきりと大きな声で話します。「はい」「いいえ」といった返事はきちんとし、文末には「です」「ます」を使います。語尾の伸ばしすぎに注意し、はきはきと話すように心がけましょう。

ひと通り練習したら、先生や親、友だちに見てもらって、自分では気づかない改善点を指摘してもらうとよいでしょう。

頻出質問は、前もってしっかり準備しよう！

面接でよく聞かれる質問は、事前に答えを考えておく

面接官は、あなたがその高校に入学するのにふさわしいかどうかを判断するために、いくつかの質問を用意しています。よくされる質問は、次のようなものです。

「受験番号と氏名、中学校名を教えてください。」
「あなたはなぜ、本校を志望したのですか？」
「あなたの中学校は、どんな学校ですか？」
「本校の校舎や施設に、どのような印象をもちましたか？」

自分の中学校の特色や生活の思い出は、ノートなどにまとめておきましょう。否定的な事柄は避け、学校に愛着をもっていることや、自分のよさが伝わる思い出を話せるように準備しておくことがポイントです。

志望校については、校風や教育方針や卒業生の進路、施設などをホームページやパンフレットで確認することから始めましょう。そして、なぜその高校に入りたいかが伝わるように、自分の言葉で、熱意をもって話せるようにまとめておきましょう。

事前準備が整ったら、先生や親、友達に面接官役をしてもらい、面接の練習をしておくとよいでしょう。

注意点は次のようなことだよ。

・よく質問される内容は、事前に答えを考えておく

・否定的な事柄は避ける

・入学意欲が伝わるようにまとめる

・自分の言葉で、熱意をもって話す

模擬試験

実際の試験を受けているつもりで取り組みましょう。
制限時間は各回45分です。

制限時間がきたらすぐにやめ、
筆記用具を置きましょう。

模擬試験①

時間45分　100点満点　　点

➡ 解答・解説は別冊22・23ページ

1 次の計算をしましょう。

[各3点　計12点]

(1) $12-2\times(-3)^2$

[　　　　　　]

(2) $\sqrt{48}-\dfrac{15}{\sqrt{3}}$

[　　　　　　]

(3) $-6a^2\times(-2b)^2\div(-8ab)$

[　　　　　　]

(4) $(x-3)(x-5)-(x-4)^2$

[　　　　　　]

2 次の問いに答えましょう。

[(1)(2)(3)各4点、(4)各3点　計18点]

(1) 2次方程式 $5x^2-3x-1=0$ を解きましょう。

[　　　　　　]

(2) y は x に反比例し、$x=2$ のとき $y=-9$ です。$x=-6$ のときの y の値を求めましょう。

[$y=$　　　　　　]

(3) 2つのくじA、Bがあります。くじAには、3本のうち当たりくじが1本入っていて、くじBには、4本のうち当たりくじが2本入っています。A、Bからそれぞれ1本ずつくじをひくとき、ひいた2本のくじのうち、少なくとも1本は当たりくじである確率を求めましょう。ただし、どのくじをひくことも同様に確からしいものとします。

[　　　　　　]

(4) 右の図で、3点A、B、Cは円Oの周上にあります。点Dは円Oの外部にあり、DB＝DCです。∠BOC＝130°、∠ABO＝45°のとき、次の問いに答えましょう。

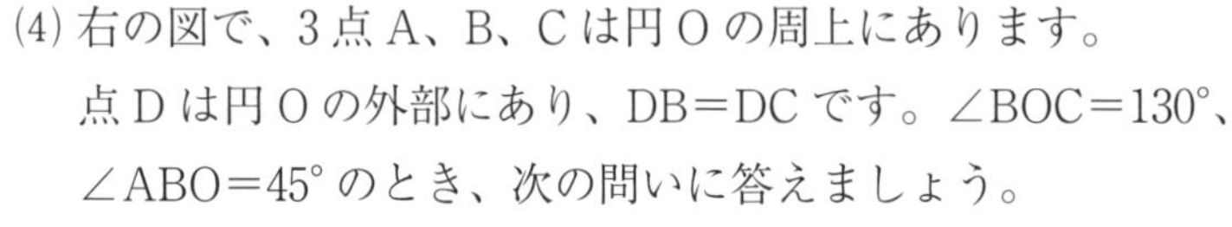

① ∠BDCの大きさを求めましょう。

[　　　　　　]

② ∠ACOの大きさを求めましょう。

[　　　　　　]

3 右の表は、A 中学校の男子生徒 30 人と B 中学校の男子生徒 50 人について、ハンドボール投げの記録を度数分布表に整理したものです。A 中学校の生徒の 20m 以上 24m 未満の階級の相対度数は 0.30 です。このとき、次の問いに答えましょう。

[(1)各3点、(2)4点、(3)6点　計16点]

ハンドボール投げの記録

階級(m)	度数(人)	
	A 中学校	B 中学校
以上　未満		
12 ～ 16	3	6
16 ～ 20	4	9
20 ～ 24	x	11
24 ～ 28	y	13
28 ～ 32	5	7
32 ～ 36	1	4
計	30	50

(1) x、y にあてはまる数を求めましょう。

[$x=$ 　　　　　] [$y=$ 　　　　　]

(2) A 中学校について、24m 以上 28m 未満の階級の累積度数を求めましょう。

[　　　　　]

(3) 度数分布表からわかることとして、必ず正しいといえるものを次の**ア**～**オ**からすべて選び、記号で答えましょう。

ア　B 中学校では、記録が 30m 以上の生徒が 10 人以上いる。

イ　記録が 20m 以上の生徒の割合は、A 中学校のほうが B 中学校より大きい。

ウ　A 中学校と B 中学校では、最頻値は等しい。

エ　A 中学校と B 中学校では、中央値がふくまれる階級が等しい。

オ　24m 以上 28m 未満の階級の累積相対度数は、B 中学校のほうが A 中学校より大きい。

[　　　　　]

4 右の図のように、直線 ℓ と ℓ 上にある点 A、ℓ 上にない 2 点 B、C があります。2 点 B、C を通り、点 A で直線 ℓ に接する円 O を作図しましょう。ただし、作図に用いた線は消さずに残しておきましょう。 [8点]

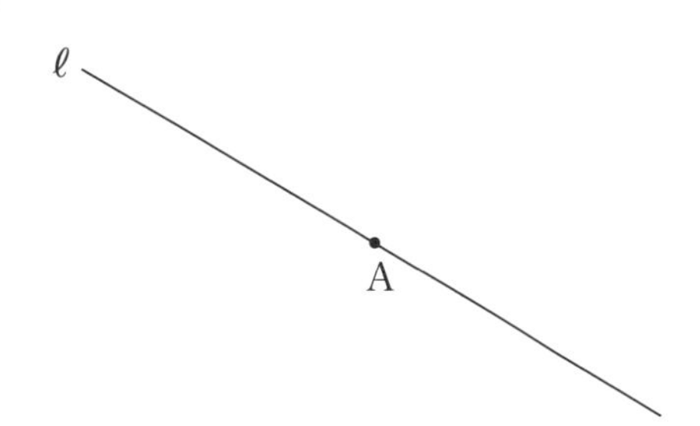

5

右の図1で、①は関数$y=ax^2$のグラフ、②は1次関数のグラフです。①のグラフと②のグラフの交点をA、Bとします。点Aの座標が$(-6,\ 12)$、点Bのx座標が3であるとき、次の問いに答えましょう。

[(1)(2)各4点、(3)6点　計14点]

図1

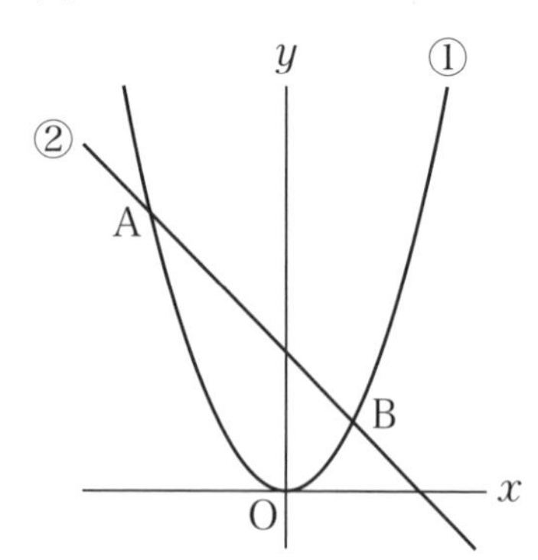

(1) aの値を求めましょう。

[$a=$ 　　　　　　]

(2) △OABの面積を求めましょう。

[　　　　　　]

(3) 図2のように、①のグラフ上にx座標がtである点Pをとります。Pからx軸に平行な直線をひき、①のグラフと交わる点をQ、Pからy軸に平行な直線をひき、②のグラフと交わる点をRとします。PQ=2PRとなるとき、tの値を求めましょう。ただし、tはBのx座標より大きいものとします。

図2

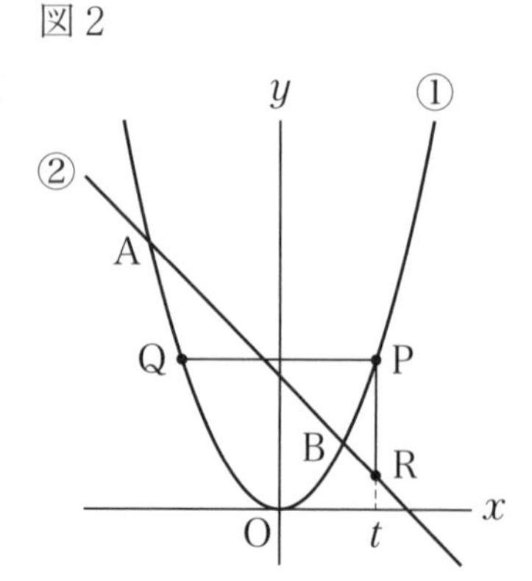

[$t=$ 　　　　　　]

6

右の図1で、四角形ABCDは平行四辺形です。
辺BC上にBA=BEとなる点Eを、辺AD上にDC=DFとなる点Fをとり、点AとE、点CとFを結びます。
このとき、次の問いに答えましょう。

[(1)(2)各5点、(3)8点　計18点]

図1

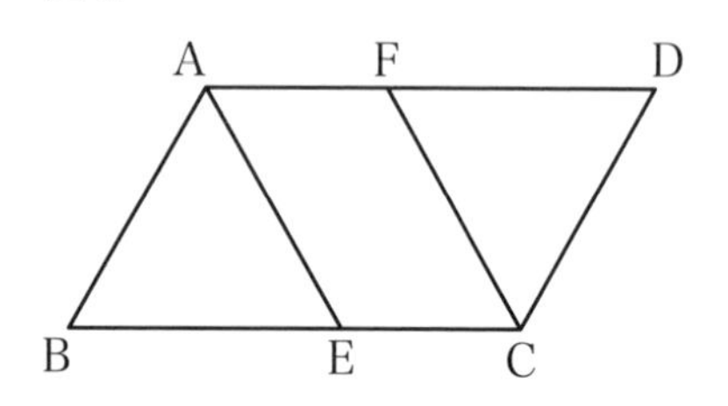

(1) ∠ABC=72°のとき、∠BCFの大きさを求めましょう。

[　　　　　　]

(2) AB=6cm、BC=10cmのとき、△ABEの面積と四角形AECFの面積の比を求めましょう。

[　　　　　　]

⑶ 図2のように、辺AB、CD上にAG＝CHとなるような点G、Hをとり、線分GHとAE、FCとの交点をそれぞれI、Jとします。
このとき、△AGI≡△CHJであることを証明しましょう。

図2

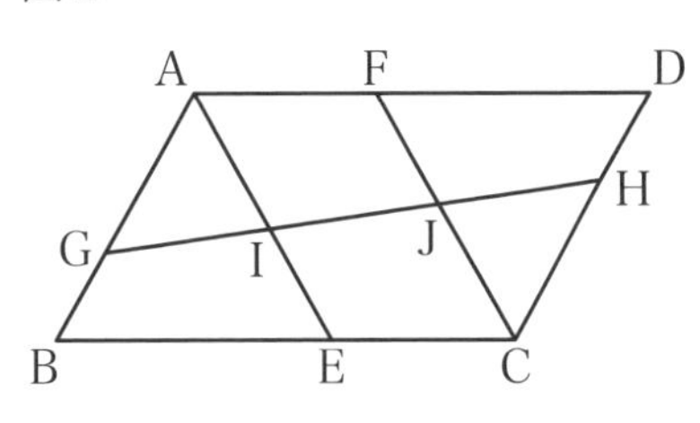

模擬試験①

（証明）

7 右の図1のような、底面の半径が3cmの円錐があります。この円錐の表面積が36π cm^{2}であるとき、次の問いに答えましょう。

[⑴⑵各4点、⑶6点　計14点]

図1

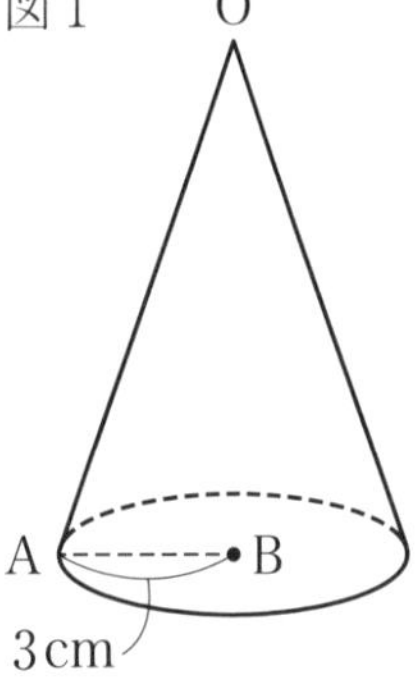

⑴ 母線OAの長さを求めましょう。

[　　　　　　　]

⑵ この円錐の体積を求めましょう。

[　　　　　　　]

⑶ 図2のように、底面の円周上の点Aから円錐の側面を1周して点Aにもどるように糸をかけます。糸がもっとも短くなるときの長さを求めましょう。

図2

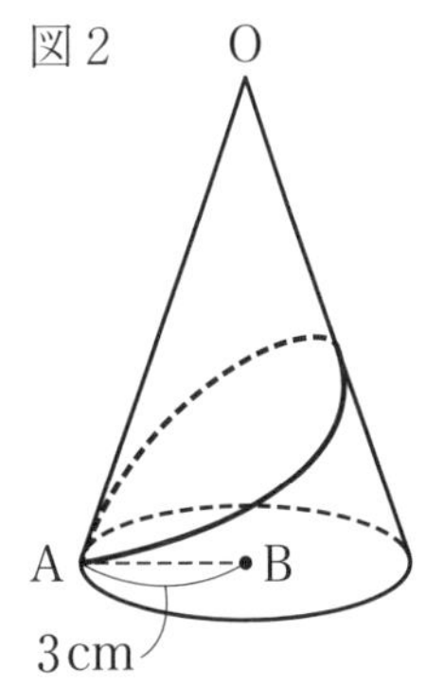

[　　　　　　　]

模擬試験②

時間45分　100点満点　　点

➡ 解答・解説は別冊23・24ページ

1

次の計算をしましょう。　［各3点　計12点］

(1) $-9\div\left(-\dfrac{3}{2}\right)^3$

［　　　　］

(2) $(\sqrt{5}+4)(\sqrt{5}-1)-\sqrt{45}$

［　　　　］

(3) $\dfrac{4a-5b}{9}-\dfrac{a-2b}{6}$

［　　　　］

(4) $(x+y-3)(x-y+3)$

［　　　　］

2

次の問いに答えましょう。　［各4点　計20点］

(1) 連立方程式 $\begin{cases}5x+2y=2\\4x-3y=20\end{cases}$ を解きましょう。

［　　　　］

(2) $x=7-\sqrt{3}$ のとき、$x^2-14x+49$ の値を求めましょう。

［　　　　］

(3) 関数 $y=ax^2$ について、x の値が 2 から 7 まで増加するときの変化の割合が 6 でした。このとき、a の値を求めましょう。

［$a=$　　　　］

(4) 右の図は、ある中学校の男子生徒の反復横とびの記録を箱ひげ図に表したものです。記録の四分位範囲を求めましょう。

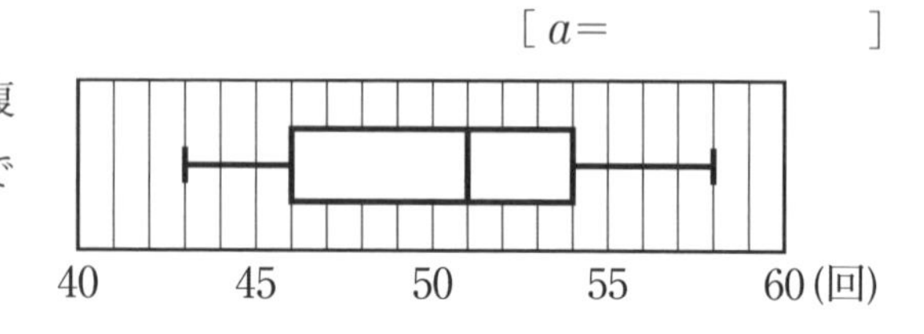

［　　　　］

(5) 右の図の四角形 ABCD は平行四辺形で、AC＝BC です。対角線 AC 上に AE＝DE となる点 E をとります。∠BAC＝67° のとき、∠x の大きさを求めましょう。

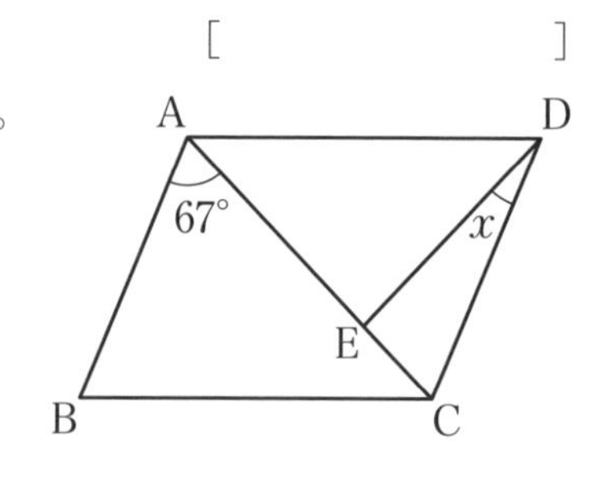

［　　　　］

3

ある3けたの自然数Aがあります。Aは十の位の数が1で、各位の数の和が12です。また、Aの百の位の数と一の位の数を入れかえてできる自然数をBとすると、AからBをひいた差は297になります。このとき、自然数Aを求めましょう。ただし、Aの百の位の数をx、一の位の数をyとして連立方程式をつくり、答えを求める過程も書きましょう。

[8点]

模擬試験②

[Aの百の位の数をx、一の位の数をyとする。]

4

A、B 2つのさいころを同時に投げて、Aの出た目の数をx座標、Bの出た目の数をy座標とする点をPとします。例えば、Aの目が2で、Bの目が3のとき、P(2, 3)になります。このとき、次の問いに答えましょう。ただし、さいころはどの目が出ることも同様に確からしいものとします。 [各5点　計10点]

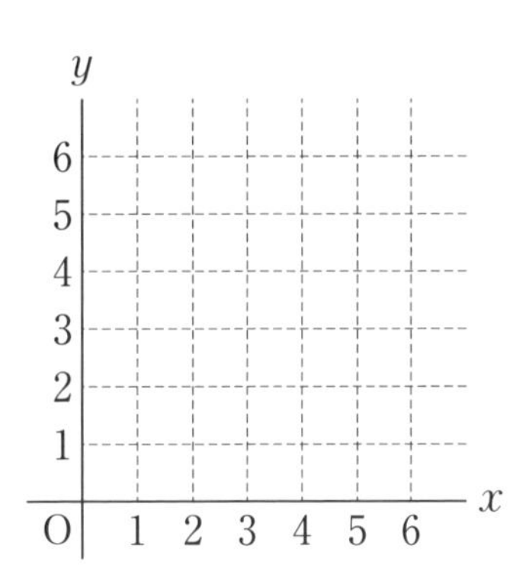

(1) 点Pが直線$y=x$上にある確率を求めましょう。

[　　　　　　]

(2) Q(1, 3)、R(3, 1)とします。△PQRが直角三角形になる確率を求めましょう。

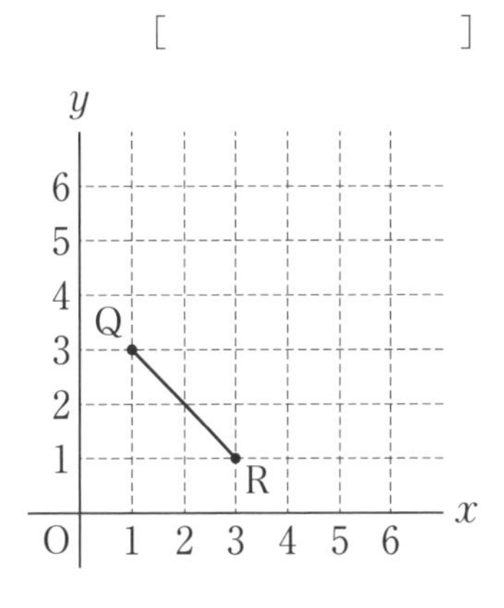

[　　　　　　]

5 右の図のような、AC=4cm、BC=3cm、∠C=90°の直角三角形ABCがあります。点Pは頂点Aを出発して、辺AB、BC上をCまで動きます。点PがAから$x$cm動いたときの△APCの面積を$y$cm²とします。このとき、次の問いに答えましょう。 [(1)(2)各5点　計10点]

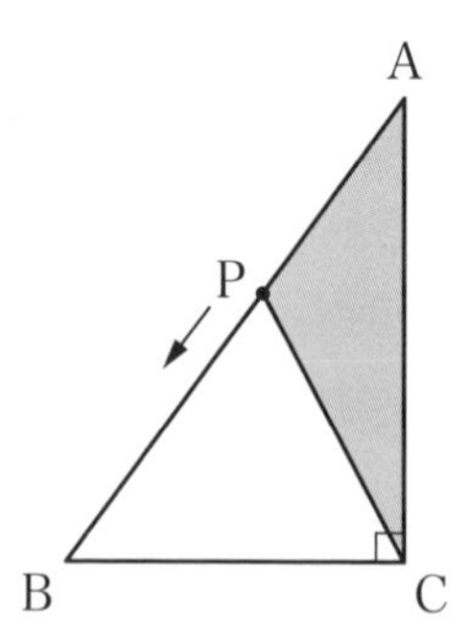

(1) xとyの関係を表すグラフをかきましょう。

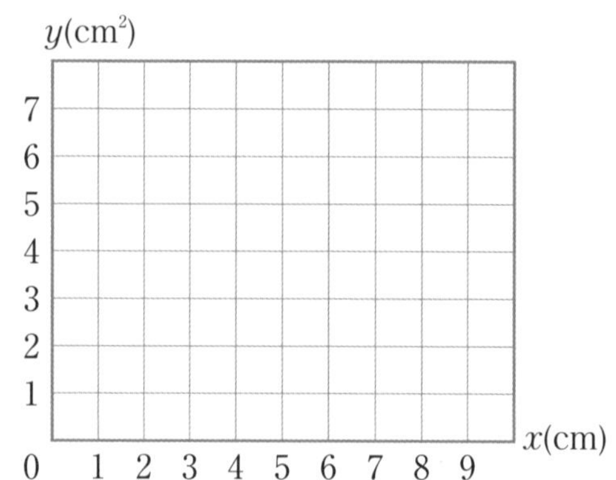

(2) △APCの面積が4cm²となるxの値をすべて求めましょう。

［x=　　　　　］

6 右の図で、①は関数$y=\frac{1}{2}x^2$のグラフ、②は関数$y=ax^2$のグラフです。①のグラフ上にx座標が正の数、y座標が8の点Aをとり、点Aを通りx軸に平行な直線と①のグラフとの交点をBとします。また、②のグラフ上にx座標が正の数、y座標が−9の点Cをとります。点Cを通りx軸に平行な直線と②のグラフとの交点をDとすると、線分CDの長さが12になりました。このとき、次の問いに答えましょう。

[(1)(2)各4点、(3)6点　計14点]

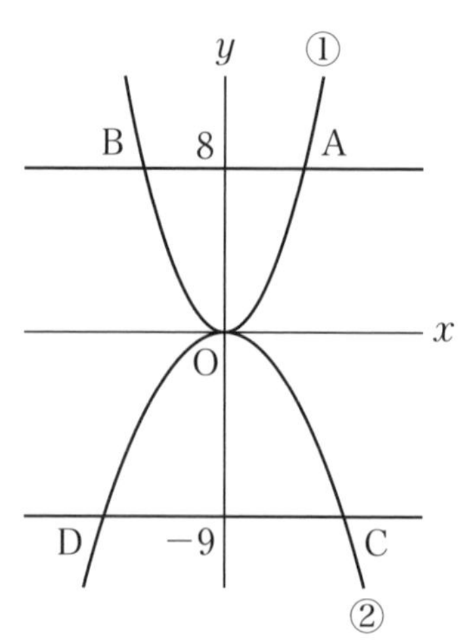

(1) 線分ABの長さを求めましょう。

［　　　　　］

(2) aの値を求めましょう。

［a=　　　　　］

(3) 直線ODをひき、直線ACとの交点をEとします。点Eの座標を求めましょう。

［　　　　　］

7 右の図1のように、底面が1辺2cmの正六角形で、AG=4cmの正六角柱があります。このとき、次の問いに答えましょう。

[(1)(2)各4点、(3)6点　計14点]

図1

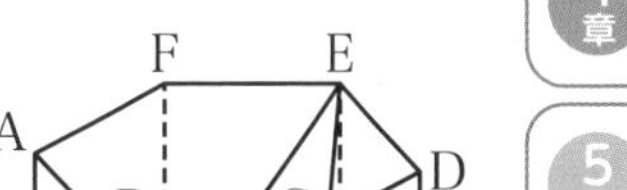

(1) 辺ABとねじれの位置にある辺は何本ですか。

[　　　　　　　]

(2) この正六角柱の体積を求めましょう。

[　　　　　　　]

図2

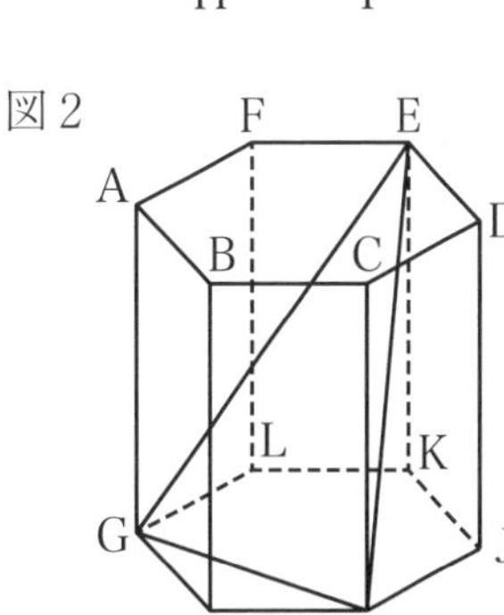

(3) 図2のように、3点E、G、Iを結んで△EGIをつくります。△EGIの面積を求めましょう。

[　　　　　　　]

8 右の図のように、線分ABを直径とする円Oがあります。円Oの周上に点Cをとり、点CとA、B、Oをそれぞれ結びます。次に、直線ABについて、点Cの反対側にCO∥BDとなるように円Oの周上に点Dをとり、線分ABとCDの交点をEとします。このとき、次の問いに答えましょう。[(1)8点、(2)4点　計12点]

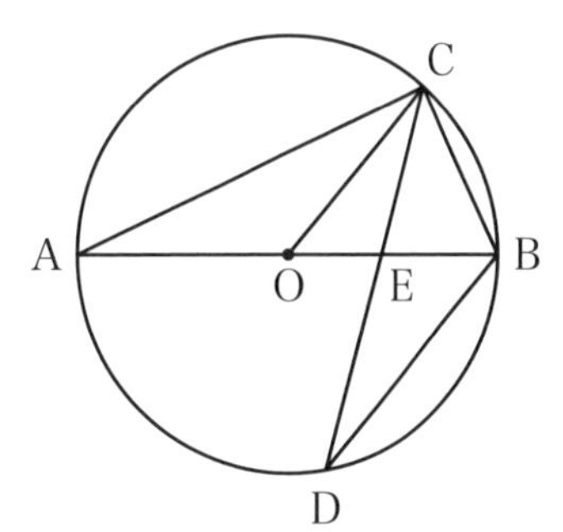

(1) △AEC∽△CEOであることを証明しましょう。

（証明）

(2) ∠CAB=27°のとき、∠BCDの大きさを求めましょう。

[　　　　　　　]

高校入試 数学をひとつひとつわかりやすく。

編集協力
（有）アズ

カバーイラスト・シールイラスト
坂木浩子

本文イラスト
徳永明子
フクイサチヨ
オフィスシバチャン

ブックデザイン
山口秀昭（Studio Flavor）

DTP
㈱四国写研
㈱明昌堂（ミニブック）

高校入試

数学を
ひとつひとつわかりやすく。

解答と解説

＼スマホでも解答・解説が見られる！／

URL
https://gbc-library.gakken.jp/

書籍識別ID
5ndce

ダウンロード用パスワード
w47uh8qt

「コンテンツ追加」から「ID」と「パスワード」をご入力ください。

※コンテンツの閲覧には Gakken ID への登録が必要です。書籍識別 ID とダウンロード用パスワードの無断転載・複製を禁じます。サイトアクセス・ダウンロード時の通信料はお客様のご負担になります。サービスは予告なく終了する場合があります。

軽くのりづけされているので、
外して使いましょう。

Gakken

01 正負の数のたし算とひき算

本文 10・11 ページ

10ページの答え

①－　②8　③－14　④－　⑤9　⑥－5　⑦＋
⑧－7　⑨－9　⑩＋　⑪＋10　⑫＋15(15)

11ページの答え

1 次の計算をしましょう。

(1) $(-13)+(-8)$
$=-(13+8)$
$=-21$

(2) $5+(-2)$
$=+(5-2)$
$=+3$
$=3$

(3) $3+(-7)$
$=-(7-3)$
$=-4$

(4) $\frac{5}{2}+\left(-\frac{7}{3}\right)$
$=\frac{15}{6}+\left(-\frac{14}{6}\right)$
$=+\left(\frac{15}{6}-\frac{14}{6}\right)=+\frac{1}{6}=\frac{1}{6}$

2 次の計算をしましょう。

(1) $(-3)-(+4)$
$=(-3)+(-4)$
$=-(3+4)$
$=-7$

(2) $9-(-5)$
$=9+(+5)$
$=+(9+5)$
$=+14=14$

(3) $-6-(-2)$
$=-6+(+2)$
$=-(6-2)$
$=-4$

(4) $-\frac{3}{4}-\left(-\frac{1}{6}\right)$
$=-\frac{3}{4}+\left(+\frac{1}{6}\right)=-\frac{9}{12}+\left(+\frac{2}{12}\right)$
$=-\left(\frac{9}{12}-\frac{2}{12}\right)=-\frac{7}{12}$

3 次の計算をしましょう。

(1) $-8-(-2)+3$
$=-8+(+2)+3$
$=-8+5$
$=-3$

(2) $3+(-6)-(-8)$
$=3+(-6)+(+8)$
$=3+(+8)+(-6)$
$=11+(-6)=+5=5$

02 正負の数のかけ算とわり算

本文 12・13 ページ

12ページの答え

①＋　②6　③＋18(18)　④－　⑤6　⑥1　⑦－12
⑧－　⑨4　⑩－7　⑪×　⑫$-\frac{4}{3}$　⑬＋32(32)

13ページの答え

1 次の計算をしましょう。

(1) $-5\times(-8)$
$=+(5\times8)$
$=+40$
$=40$

(2) $8\times(-7)$
$=-(8\times7)$
$=-56$

(3) $27\times\left(-\frac{5}{9}\right)$
$=-\left(\overset{3}{\cancel{27}}\times\frac{5}{\underset{1}{\cancel{9}}}\right)$
$=-15$

(4) $-\frac{7}{10}\times\left(-\frac{5}{21}\right)$
$=+\left(\frac{\overset{1}{\cancel{7}}}{\underset{2}{\cancel{10}}}\times\frac{\overset{1}{\cancel{5}}}{\underset{3}{\cancel{21}}}\right)$
$=+\frac{1}{6}=\frac{1}{6}$

2 次の計算をしましょう。

(1) $(-32)\div(-4)$
$=+(32\div4)$
$=+8$
$=8$

(2) $(-21)\div7$
$=-(21\div7)$
$=-3$

(3) $-12\div\left(-\frac{6}{7}\right)$
$=-12\times\left(-\frac{7}{6}\right)$
$=+\left(\overset{2}{\cancel{12}}\times\frac{7}{\underset{1}{\cancel{6}}}\right)=+14=14$

(4) $-\frac{2}{3}\div\frac{8}{9}$
$=-\frac{2}{3}\times\frac{9}{8}$
$=-\left(\frac{\overset{1}{\cancel{2}}}{\underset{1}{\cancel{3}}}\times\frac{\overset{3}{\cancel{9}}}{\underset{4}{\cancel{8}}}\right)=-\frac{3}{4}$

3 次の計算をしましょう。

(1) $27\div(-8)\times\frac{2}{9}$
$=27\times\left(-\frac{1}{8}\right)\times\frac{2}{9}$
$=-\left(\overset{3}{\cancel{27}}\times\frac{1}{\underset{4}{\cancel{8}}}\times\frac{\overset{1}{\cancel{2}}}{\underset{1}{\cancel{9}}}\right)=-\frac{3}{4}$

(2) $20\div\left(-\frac{3}{4}\right)\div\left(-\frac{5}{6}\right)$
$=20\times\left(-\frac{4}{3}\right)\times\left(-\frac{6}{5}\right)$
$=+\left(\overset{4}{\cancel{20}}\times\frac{4}{\underset{1}{\cancel{3}}}\times\frac{\overset{2}{\cancel{6}}}{\underset{1}{\cancel{5}}}\right)=+32=32$

03 いろいろな計算

本文 14・15 ページ

14ページの答え

①－24　②－3　③＋　④－21　⑤－4　⑥12
⑦－3　⑧－8　⑨－2　⑩6

15ページの答え

1 次の計算をしましょう。

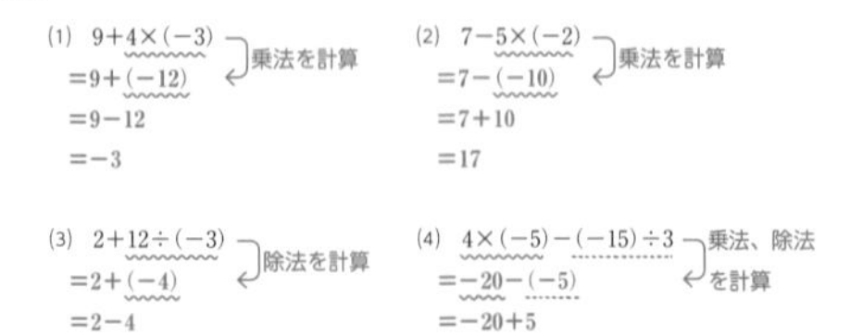

(1) $9+4\times(-3)$　乗法を計算
$=9+(-12)$
$=9-12$
$=-3$

(2) $7-5\times(-2)$　乗法を計算
$=7-(-10)$
$=7+10$
$=17$

(3) $2+12\div(-3)$　除法を計算
$=2+(-4)$
$=2-4$
$=-2$

(4) $4\times(-5)-(-15)\div3$　乗法、除法を計算
$=-20-(-5)$
$=-20+5$
$=-15$

2 次の計算をしましょう。

(1) $3-7\times(5-8)$　かっこの中を計算
$=3-7\times(-3)$
$=3-(-21)$
$=3+21$
$=24$

(2) $\frac{3}{5}\times\left(\frac{1}{2}-\frac{2}{3}\right)$　かっこの中を計算
$=\frac{\overset{1}{\cancel{3}}}{5}\times\left(-\frac{1}{\underset{2}{\cancel{6}}}\right)=-\frac{1}{10}$

(3) $(-3)^2\times2-8$　累乗を計算
$=9\times2-8$
$=18-8$
$=10$

(4) $-8+6^2\div9$　累乗を計算
$=-8+36\div9$
$=-8+4$
$=-4$

(5) $-2^2+(-5)^2$　累乗を計算
$=-4+25$
$=21$

(6) $-6^2+4\div\left(-\frac{2}{3}\right)$　累乗を計算
$=-36+4\times\left(-\frac{3}{2}\right)$
$=-36+(-6)=-42$

04 文字式で表そう

本文 16・17 ページ

16ページの答え

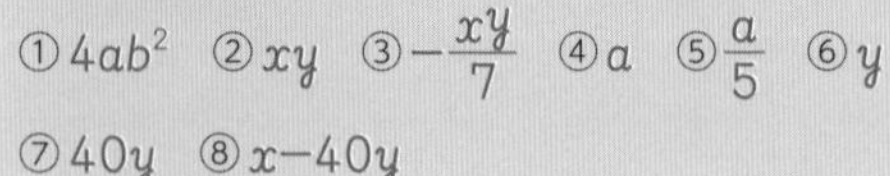

①$4ab^2$　②xy　③$-\frac{xy}{7}$　④a　⑤$\frac{a}{5}$　⑥y
⑦$40y$　⑧$x-40y$

17ページの答え

1 次の式を、文字式の表し方にしたがって表しましょう。

(1) $y\times(-1)\times x$
$=-xy$

(2) $b\times a\times b\times a\times b$
$=a\times a\times b\times b\times b$
$=a^2b^3$

(3) $x\times3+y\times(-6)$
$=3x+(-6y)$
$=3x-6y$

(4) $a\div(-9)\times b$
$=-\frac{a}{9}\times b$
$=-\frac{ab}{9}$

(5) $(x+y)\div5$
$=\frac{x+y}{5}$

(6) $m\div n\div(-4)$
$=\frac{m}{n}\div(-4)$
$=-\frac{m}{4n}$

2 次の数量を文字を使った式で表しましょう。

(1) 1個の重さがagのビー玉2個と、1個の重さがbgのビー玉7個の重さの合計。
重さの合計は、(agのビー玉2個の重さ)＋(bgのビー玉7個の重さ)
だから、$a\times2+b\times7=2a+7b$(g)

(2) 800mの道のりを、行きは分速xm、帰りは分速ymの速さで歩いたときの往復にかかった時間。
往復にかかった時間は、(行きにかかった時間)＋(帰りにかかった時間)
だから、$800\div x+800\div y=\frac{800}{x}+\frac{800}{y}$(分)

05 等式や不等式で表そう

18ページの答え

① x　② 10　③ y　④ 5　⑤ $x=10y+5$　⑥ <
⑦ a　⑧ b　⑨ 8　⑩ <　⑪ $a-8b<50$

19ページの答え

1 次の数量の関係を等式で表しましょう。

(1) a個のチョコレートを1人に8個ずつb人に配ると5個余りました。
　チョコレートの個数＝配った個数＋余った個数
　　a　＝　$8\times b$　＋　5
　したがって、$a=8b+5$

(2) $a$cmの紙テープから$b$cmの紙テープを5本切り取ると、3cm残りました。
　残った長さ＝全体の紙テープの長さ－切り取った長さ
　　3　＝　a　－　$b\times5$
　したがって、$a-5b=3$（$a=5b+3$）

2 次の数量の関係を不等式で表しましょう。

(1) 1個あたりのエネルギーが20kcalのスナック菓子a個と、1個あたりのエネルギーが51kcalのチョコレート菓子b個のエネルギーの総和は180kcalより小さいです。
　スナック菓子のエネルギー＋チョコレート菓子のエネルギー＜180
　　$20\times a$　＋　$51\times b$　<180
　したがって、$20a+51b<180$

(2) A地点からB地点まで、はじめは毎分60mでam歩き、途中から毎分100mでbm走ったところ、20分以内でB地点に到着しました。
　毎分60mで歩いた時間＋毎分100mで走った時間≦20
　　$a\div60$　＋　$b\div100$　$\leqq20$
　したがって、$\frac{a}{60}+\frac{b}{100}\leqq20$

(3) 130人の生徒が1人a円ずつ出して、1つb円の花束を5つと、1本150円のボールペンを5本買って代金を払うと、おつりがありました。
　130人の生徒が出した金額＞花束5つの代金＋ボールペン5本の代金
　　$a\times130$　＞　$b\times5$　＋　150×5
　したがって、$130a>5b+750$

06 式のたし算とひき算

20ページの答え

① 6　② 3　③ −8　④ 4　⑤ $3x-4y$　⑥ $+4a-9b$
⑦ 3+4　⑧ 5−9　⑨ $7a-4b$　⑩ $-7x+8y$
⑪ 1−7　⑫ −6+8　⑬ $-6x+2y$

21ページの答え

1 次の計算をしましょう。

(1) $7x-3x$
$=(7-3)x$
$=4x$

(2) $\frac{1}{3}a-\frac{5}{4}a$
$=\left(\frac{1}{3}-\frac{5}{4}\right)a$
$=\left(\frac{4}{12}-\frac{15}{12}\right)a=-\frac{11}{12}a$

(3) $a-6b+5b-7a$
$=(1-7)a+(-6+5)b$
$=-6a-b$

(4) $\frac{1}{3}x+y-2x+\frac{1}{2}y$
$=\left(\frac{1}{3}-2\right)x+\left(1+\frac{1}{2}\right)y$
$=\left(\frac{1}{3}-\frac{6}{3}\right)x+\left(\frac{2}{2}+\frac{1}{2}\right)y$
$=-\frac{5}{3}x+\frac{3}{2}y$

2 次の計算をしましょう。

(1) $(2x-y)+(5x-4y)$
$=2x-y+5x-4y$
$=(2+5)x+(-1-4)y$
$=7x-5y$

(2) $(4a-3b)+(b-8a)$
$=4a-3b+b-8a$
$=(4-8)a+(-3+1)b$
$=-4a-2b$

(3) $(6x+y)-(9x+7y)$
$=6x+y-9x-7y$
$=(6-9)x+(1-7)y$
$=-3x-6y$

(4) $(-3a-5)-(5-3a)$
$=-3a-5-5+3a$
$=(-3+3)a-5-5$
$=-10$

07 多項式の計算

22ページの答え

① −8　② +12　③ −8　④ +12　⑤ $4x+15y$
⑥ 3　⑦ 12　⑧ 2　⑨ 12　⑩ 3　⑪ 2　⑫ 12
⑬ $-2a-8b$　⑭ 12　⑮ $4a-5b$　⑯ 12

23ページの答え

1 次の計算をしましょう。

(1) $6(2x-5y)$
$=6\times2x+6\times(-5y)$
$=12x-30y$

(2) $-2(x+3y)+(x-3y)$
$=-2x-6y+x-3y$
$=-2x+x-6y-3y$
$=-x-9y$

(3) $4(x-2y)+3(x+3y-1)$
$=4x-8y+3x+9y-3$
$=4x+3x-8y+9y-3$
$=7x+y-3$

(4) $3(2a+b)-(a+5b)$
$=6a+3b-a-5b$
$=6a-a+3b-5b$
$=5a-2b$

(5) $3(5x+2y)-4(3x-y)$
$=15x+6y-12x+4y$
$=15x-12x+6y+4y$
$=3x+10y$

(6) $2(3a-2b)-4(2a-3b)$
$=6a-4b-8a+12b$
$=6a-8a-4b+12b$
$=-2a+8b$

2 次の計算をしましょう。

(1) $\frac{x+5y}{8}+\frac{x-y}{2}$
$=\frac{x+5y}{8}+\frac{4(x-y)}{8}$
$=\frac{x+5y+4(x-y)}{8}$
$=\frac{x+5y+4x-4y}{8}=\frac{5x+y}{8}$

(2) $\frac{2x-5y}{3}+\frac{x+3y}{2}$
$=\frac{2(2x-5y)}{6}+\frac{3(x+3y)}{6}$
$=\frac{2(2x-5y)+3(x+3y)}{6}$
$=\frac{4x-10y+3x+9y}{6}=\frac{7x-y}{6}$

(3) $\frac{3x-5y}{2}-\frac{2x-y}{4}$
$=\frac{2(3x-5y)}{4}-\frac{2x-y}{4}$
$=\frac{2(3x-5y)-(2x-y)}{4}$
$=\frac{6x-10y-2x+y}{4}=\frac{4x-9y}{4}$

(4) $\frac{7a+b}{5}-\frac{4a-b}{3}$
$=\frac{3(7a+b)}{15}-\frac{5(4a-b)}{15}$
$=\frac{3(7a+b)-5(4a-b)}{15}$
$=\frac{21a+3b-20a+5b}{15}=\frac{a+8b}{15}$

08 単項式どうしのかけ算とわり算

24ページの答え

① a　② −42　③ a^3b　④ $-42a^3b$　⑤ 3　⑥ $2x^2y$
⑦ $\frac{12y}{x}$　⑧ $3a^2$　⑨ $8b$　⑩ $-6ab^2$　⑪ $-\frac{4a}{b}$

25ページの答え

1 次の計算をしましょう。

(1) $(-4a)\times(-6b)$
$=(-4)\times(-6)\times a\times b$
$=24\times ab$
$=24ab$

(2) $\frac{1}{6}xy\times(-18x)$
$=\frac{1}{6}\times(-18)\times x\times y\times x$
$=-3\times x^2y=-3x^2y$

(3) $8xy^2\div(-2x)$
$=\frac{8xy^2}{-2x}$
$=-\frac{\overset{4}{\cancel{8}}\times\overset{1}{\cancel{x}}\times y\times y}{\underset{1}{\cancel{2}}\times\underset{1}{\cancel{x}}}=-4y^2$

(4) $\frac{15}{2}x^3y^2\div\frac{5}{8}xy^2$
$=\frac{15}{2}x^3y^2\times\frac{8}{5xy^2}$
$=\frac{\overset{3}{\cancel{15}}\times\overset{4}{\cancel{8}}\times\overset{1}{\cancel{x}}\times x\times x\times\overset{1}{\cancel{y}}\times\overset{1}{\cancel{y}}}{\underset{1}{\cancel{2}}\times\underset{1}{\cancel{5}}\times\underset{1}{\cancel{x}}\times\underset{1}{\cancel{y}}\times\underset{1}{\cancel{y}}}=12x^2$

2 次の計算をしましょう。

(1) $2a\times9ab\div6a^2$
$=\frac{2a\times9ab}{6a^2}$
$=\frac{\overset{1}{\cancel{2}}\times\overset{3}{\cancel{9}}\times\overset{1}{\cancel{a}}\times\overset{1}{\cancel{a}}\times b}{\underset{\cancel{3}\,1}{\cancel{6}}\times\underset{1}{\cancel{a}}\times\underset{1}{\cancel{a}}}=3b$

(2) $30xy^2\div5x\div3y$
$=\frac{30xy^2}{5x\times3y}$
$=\frac{\overset{\cancel{6}\,2}{\cancel{30}}\times\overset{1}{\cancel{x}}\times\overset{1}{\cancel{y}}\times y}{\underset{1}{\cancel{5}}\times\underset{1}{\cancel{3}}\times\underset{1}{\cancel{x}}\times\underset{1}{\cancel{y}}}=2y$

(3) $-ab^2\div\frac{2}{3}a^2b\times(-4b)$
$=-ab^2\times\frac{3}{2a^2b}\times(-4b)$
$=\frac{3\times\overset{2}{\cancel{4}}\times\overset{1}{\cancel{a}}\times\overset{1}{\cancel{b}}\times b\times b}{\underset{1}{\cancel{2}}\times\underset{1}{\cancel{a}}\times a\times\underset{1}{\cancel{b}}}=\frac{6b^2}{a}$

(4) $8a^3b\div(-6ab)^2\times9b$
$=8a^3b\div36a^2b^2\times9b=\frac{8a^3b\times9b}{36a^2b^2}$
$=\frac{\overset{2}{\cancel{8}}\times\overset{1}{\cancel{9}}\times\overset{1}{\cancel{a}}\times\overset{1}{\cancel{a}}\times a\times\overset{1}{\cancel{b}}\times\overset{1}{\cancel{b}}}{\underset{\cancel{9}\,1}{\cancel{36}}\times\underset{1}{\cancel{a}}\times\underset{1}{\cancel{a}}\times\underset{1}{\cancel{b}}\times\underset{1}{\cancel{b}}}=2a$

09 式の形を変えよう

26ページの答え

① $-2y$　② $-\frac{1}{2}$　③ 3　④ $3V$　⑤ $\frac{3V}{\pi r^2}$

⑥ $-\frac{x^2y}{2}\left(-\frac{1}{2}x^2y\right)$　⑦ -2　⑧ 3　⑨ -6

27ページの答え

1 次の等式を、〔　〕の中の文字について解きましょう。

(1) $-a+3b=1$ 〔b〕

$3b=a+1$

$b=\frac{a+1}{3}$

(2) $V=\frac{1}{3}Sh$ 〔h〕

$\frac{1}{3}Sh=V$、$Sh=3V$、

$h=\frac{3V}{S}$

(3) $3x+2y-4=0$ 〔y〕

$2y=-3x+4$

$y=\frac{-3x+4}{2}$ $\left(y=-\frac{3}{2}x+2\right)$

(4) $3(4x-y)=6$ 〔y〕

$4x-y=2$

$-y=-4x+2$

$y=4x-2$

(5) $a=\frac{2b-c}{5}$ 〔c〕

$5a=2b-c$

$c=-5a+2b$

(6) $\frac{x}{2}-\frac{y}{3}=\frac{z}{6}$ 〔y〕

$-\frac{y}{3}=-\frac{x}{2}+\frac{z}{6}$

$y=\frac{3}{2}x-\frac{z}{2}$

2 次の問いに答えましょう。

(1) $a=-6$、$b=5$のとき、a^2-8bの値を求めましょう。

$a^2-8b=(-6)^2-8\times5=36-40=-4$

(2) $x=4$、$y=-3$のとき、$8x^2y^3\div(-4x)\div6y$の値を求めましょう。

$8x^2y^3\div(-4x)\div6y=-\frac{8x^2y^3}{4x\times6y}=-\frac{1}{3}xy^2$

$=-\frac{1}{3}\times4\times(-3)^2=-12$

(3) $x=\frac{1}{2}$、$y=-3$のとき、$2(x-5y)+5(2x+3y)$の値を求めましょう。

$2(x-5y)+5(2x+3y)=2x-10y+10x+15y=12x+5y$

$=12\times\frac{1}{2}+5\times(-3)=6-15=-9$

10 式を展開しよう

28ページの答え

① 2　② 6　③ 2　④ 6　⑤ 8　⑥ 12　⑦ $4b$　⑧ $4b$

⑨ $a^2-8ab+16b^2$　⑩ x^2-9　⑪ $x^2+10x+25$

⑫ $-x^2-10x-25$　⑬ $-10x-34$

29ページの答え

1 次の計算をしましょう。

(1) $(x+3)(2x-5)$

$=x\times2x+x\times(-5)+3\times2x+3\times(-5)$

$=2x^2-5x+6x-15$

$=2x^2+x-15$

(2) $(x-4)(x-5)$

$=x^2+\{(-4)+(-5)\}x+(-4)\times(-5)$

$=x^2-9x+20$

(3) $(x+3)^2$

$=x^2+2\times3\times x+3^2$

$=x^2+6x+9$

(4) $(x-9)(x+6)$

$=x^2+\{(-9)+6\}x+(-9)\times6$

$=x^2-3x-54$

(5) $(a+7b)(a-7b)$

$=a^2-(7b)^2$

$=a^2-49b^2$

(6) $(x-6y)^2$

$=x^2-2\times6y\times x+(6y)^2$

$=x^2-12xy+36y^2$

2 次の計算をしましょう。

(1) $(x+1)(x-5)+(x+2)^2$

$=x^2-4x-5+(x^2+4x+4)$

$=x^2-4x-5+x^2+4x+4$

$=2x^2-1$

(2) $(x+2)(x+8)-(x+4)(x-4)$

$=x^2+10x+16-(x^2-16)$

$=x^2+10x+16-x^2+16$

$=10x+32$

11 因数分解しよう

30ページの答え

① 9　② -2（①②は順不同）　③ 9　④ 2　⑤ 2　⑥ 2

⑦ 5　⑧ 2　⑨ 132　⑩ 2　⑪ 66　⑫ 3　⑬ 33

⑭ 11　⑮ 2　⑯ 3　⑰ 11（⑯⑰は順不同）

31ページの答え

1 次の式を因数分解しましょう。

(1) $x^2+10x+24$

$=x^2+(4+6)x+4\times6$

$=(x+4)(x+6)$

(2) $x^2+8x+16$

$=x^2+2\times4\times x+4^2$

$=(x+4)^2$

(3) x^2-81

$=x^2-9^2$

$=(x+9)(x-9)$

(4) $x^2-11x+30$

$=x^2+\{(-5)+(-6)\}x+(-5)\times(-6)$

$=(x-5)(x-6)$

(5) $x^2-12x+36$

$=x^2-2\times6\times x+6^2$

$=(x-6)^2$

(6) $3x^2-6x-45$

$=3(x^2-2x-15)$ 共通因数をくくり出す

$=3\{x^2+\{3+(-5)\}x+3\times(-5)\}$

$=3(x+3)(x-5)$

(7) $8a^2b-18b$

$=2b(4a^2-9)$ 共通因数をくくり出す

$=2b\{(2a)^2-3^2\}$

$=2b(2a+3)(2a-3)$

(8) $(x+1)(x-3)+4$

$=x^2-2x-3+4$

$=x^2-2x+1$

$=x^2-2\times1\times x+1^2$

$=(x-1)^2$

2 次の数を素因数分解しましょう。

(1) 140

```
2) 1 4 0
2)   7 0
5)   3 5
       7
```

$140=2^2\times5\times7$

(2) 450

```
2) 4 5 0
3) 2 2 5
3)   7 5
5)   2 5
       5
```

$450=2\times3^2\times5^2$

12 平方根とは？

32ページの答え

① $-\sqrt{5}$　② 正　③ 6　④ 8　⑤ 16　⑥ ＜　⑦ エ

⑧ 2　⑨ 3　⑩ 4　⑪ 9　⑫ 5、6、7、8

33ページの答え

1 次の①～④について、正しくないものを1つ選び、その番号を書きましょう。

① $\sqrt{(-2)^2}=2$である。　② 9の平方根は±3である。

③ $\sqrt{16}=\pm4$である。　④ $(\sqrt{5})^2=5$である。

① $\sqrt{(-2)^2}=\sqrt{4}=2$より、正しい。

② 9の平方根は+3と−3の2つあるから、正しい。

③ $\sqrt{16}=4$より、正しくない。

④ aを正の数とするとき、$(\sqrt{a})^2=a$より、$(\sqrt{5})^2=5$だから、正しい。

よって、正しくないものは、③

2 次の問いに答えましょう。

(1) $\sqrt{10-n}$が正の整数となるような正の整数nの値をすべて求めましょう。

$10-n$が正の整数の2乗になるようなnの値を求める。

$10-n=1$のとき$n=9$、$10-n=4$のとき$n=6$、$10-n=9$のとき$n=1$

よって、nの値は、1、6、9

(2) $4<\sqrt{n}<5$をみたす自然数nの個数を求めましょう。

$4^2<(\sqrt{n})^2<5^2$より、$16<n<25$

この不等式にあてはまる自然数nの値は、

17、18、19、20、21、22、23、24の8個。

(3) 無理数であるものを、次の**ア**～**オ**からすべて選び、記号を書きましょう。

ア 0.7　**イ** $-\frac{1}{3}$　**ウ** π　**エ** $\sqrt{10}$　**オ** $-\sqrt{49}$

有理数…整数aと0でない整数bを使って、$\frac{a}{b}$の形で表される数。

無理数…$\sqrt{2}$のように、分数で表すことができない数。円周率πは無理数。

オ　$-\sqrt{49}=-\sqrt{7^2}=-7$だから、有理数。

よって、無理数は、ウ、エ

13 $\sqrt{\quad}$ がついた数の計算①

34ページの答え

① $3\sqrt{2}$ ② 3 ③ 2 ④ $6\sqrt{6}$ ⑤ 60 ⑥ 5 ⑦ 12
⑧ $2\sqrt{3}$ ⑨ $\sqrt{3}$ ⑩ $\sqrt{3}$ ⑪ $6\sqrt{3}$ ⑫ 3 ⑬ $2\sqrt{3}$ ⑭ $\sqrt{3}$

35ページの答え

1 次の計算をしましょう。

(1) $\sqrt{2}\times\sqrt{14}$
$=\sqrt{2}\times\sqrt{2}\times\sqrt{7}$
$=2\sqrt{7}$

(2) $\sqrt{20}\times\sqrt{27}$
$=2\sqrt{5}\times3\sqrt{3}$
$=2\times3\times\sqrt{5}\times\sqrt{3}$
$=6\sqrt{15}$

(3) $\sqrt{56}\div\sqrt{7}$
$=\sqrt{\dfrac{56}{7}}$
$=\sqrt{8}=2\sqrt{2}$

(4) $\sqrt{48}\div\sqrt{3}$
$=\sqrt{\dfrac{48}{3}}$
$=\sqrt{16}=4$

2 次の計算をしましょう。

(1) $\sqrt{5}+\sqrt{45}$
$=\sqrt{5}+3\sqrt{5}$
$=(1+3)\sqrt{5}$
$=4\sqrt{5}$

(2) $5\sqrt{3}-\sqrt{27}$
$=5\sqrt{3}-3\sqrt{3}$
$=(5-3)\sqrt{3}$
$=2\sqrt{3}$

(3) $6\sqrt{2}-\sqrt{18}+\sqrt{8}$
$=6\sqrt{2}-3\sqrt{2}+2\sqrt{2}$
$=(6-3+2)\sqrt{2}$
$=5\sqrt{2}$

(4) $\sqrt{20}+\dfrac{10}{\sqrt{5}}$
$=2\sqrt{5}+\dfrac{10\times\sqrt{5}}{\sqrt{5}\times\sqrt{5}}=2\sqrt{5}+\dfrac{10\sqrt{5}}{5}$
$=2\sqrt{5}+2\sqrt{5}=4\sqrt{5}$

(5) $\dfrac{9}{\sqrt{3}}-\sqrt{48}$
$=\dfrac{9\times\sqrt{3}}{\sqrt{3}\times\sqrt{3}}-4\sqrt{3}$
$=\dfrac{9\sqrt{3}}{3}-4\sqrt{3}$
$=3\sqrt{3}-4\sqrt{3}=-\sqrt{3}$

(6) $\dfrac{\sqrt{2}}{2}-\dfrac{1}{3\sqrt{2}}$
$=\dfrac{\sqrt{2}}{2}-\dfrac{1\times\sqrt{2}}{3\sqrt{2}\times\sqrt{2}}$
$=\dfrac{\sqrt{2}}{2}-\dfrac{\sqrt{2}}{6}$
$=\dfrac{3\sqrt{2}}{6}-\dfrac{\sqrt{2}}{6}=\dfrac{2\sqrt{2}}{6}=\dfrac{\sqrt{2}}{3}$

14 $\sqrt{\quad}$ がついた数の計算②

36ページの答え

① $2\sqrt{2}$ ② $2\sqrt{3}$ ③ $4\sqrt{6}$ ④ $5\sqrt{6}$ ⑤ 27
⑥ $3\sqrt{3}$ ⑦ $-2\sqrt{3}$ ⑧ $\sqrt{3}$ ⑨ $\sqrt{3}$ ⑩ $-21+2\sqrt{3}$
⑪ 2 ⑫ $\sqrt{5}$ ⑬ $7+2\sqrt{10}$ ⑭ $\sqrt{7}$ ⑮ 7 ⑯ -9

37ページの答え

1 次の計算をしましょう。

(1) $\sqrt{8}-3\sqrt{6}\times\sqrt{3}$
$=2\sqrt{2}-3\times\sqrt{2}\times\sqrt{3}\times\sqrt{3}$
$=2\sqrt{2}-9\sqrt{2}$
$=-7\sqrt{2}$

(2) $\sqrt{48}-3\sqrt{2}\times\sqrt{24}$
$=4\sqrt{3}-3\sqrt{2}\times2\sqrt{6}$
$=4\sqrt{3}-3\times\sqrt{2}\times2\times\sqrt{2}\times\sqrt{3}$
$=4\sqrt{3}-12\sqrt{3}=-8\sqrt{3}$

(3) $\sqrt{30}\div\sqrt{5}+\sqrt{54}$
$=\sqrt{\dfrac{30}{5}}+3\sqrt{6}$
$=\sqrt{6}+3\sqrt{6}$
$=4\sqrt{6}$

(4) $\sqrt{32}+2\sqrt{3}\div\sqrt{6}$
$=4\sqrt{2}+\sqrt{12}\div\sqrt{6}$
$=4\sqrt{2}+\sqrt{\dfrac{12}{6}}$
$=4\sqrt{2}+\sqrt{2}$
$=5\sqrt{2}$

2 次の計算をしましょう。

(1) $\sqrt{8}-\sqrt{3}(\sqrt{6}-\sqrt{27})$
$=2\sqrt{2}-\sqrt{3}(\sqrt{6}-3\sqrt{3})$
$=2\sqrt{2}-3\sqrt{2}+9$
$=9-\sqrt{2}$

(2) $(\sqrt{6}-1)(2\sqrt{6}+9)$
$=\sqrt{6}\times2\sqrt{6}+\sqrt{6}\times9-1\times2\sqrt{6}-1\times9$
$=12+9\sqrt{6}-2\sqrt{6}-9$
$=3+7\sqrt{6}$

(3) $(\sqrt{3}+2)(\sqrt{3}-5)$
$=(\sqrt{3})^2+\{2+(-5)\}\times\sqrt{3}+2\times(-5)$
$=3-3\sqrt{3}-10$
$=-7-3\sqrt{3}$

(4) $(\sqrt{5}+1)^2$
$=(\sqrt{5})^2+2\times1\times\sqrt{5}+1^2$
$=5+2\sqrt{5}+1$
$=6+2\sqrt{5}$

(5) $(\sqrt{6}+\sqrt{2})(\sqrt{6}-\sqrt{2})$
$=(\sqrt{6})^2-(\sqrt{2})^2$
$=6-2$
$=4$

(6) $(\sqrt{2}-\sqrt{3})^2+\sqrt{6}$
$=(\sqrt{2})^2-2\times\sqrt{3}\times\sqrt{2}+(\sqrt{3})^2+\sqrt{6}$
$=2-2\sqrt{6}+3+\sqrt{6}$
$=5-\sqrt{6}$

15 1次方程式を解こう

42ページの答え

① -6 ② $4x$ ③ $-$ ④ $+$ ⑤ 3 ⑥ 15 ⑦ 5
⑧ 3 ⑨ 15 ⑩ -4 ⑪ 12 ⑫ -3

43ページの答え

1 次の１次方程式を解きましょう。

(1) $5x-7=13$
$5x=13+7$
$5x=20$
$x=4$

(2) $3x=7x-8$
$3x-7x=-8$
$-4x=-8$
$x=2$

(3) $6x-1=4x-9$
$6x-4x=-9+1$
$2x=-8$
$x=-4$

(4) $5x-6=2x+3$
$5x-2x=3+6$
$3x=9$
$x=3$

(5) $7x-2=x+1$
$7x-x=1+2$
$6x=3$
$x=\dfrac{1}{2}$

(6) $x-4=5x+16$
$x-5x=16+4$
$-4x=20$
$x=-5$

2 次の１次方程式を解きましょう。

(1) $3(2x-5)=8x-1$
$6x-15=8x-1$
$6x-8x=-1+15$
$-2x=14$
$x=-7$

(2) $4(x+8)=7x+5$
$4x+32=7x+5$
$4x-7x=5-32$
$-3x=-27$
$x=9$

16 いろいろな1次方程式を解こう

44ページの答え

① 6 ② 6 ③ 24 ④ 2 ⑤ -6 ⑥ 10 ⑦ 10
⑧ 40 ⑨ 6 ⑩ -5 ⑪ -45 ⑫ 9 ⑬ 3 ⑭ 36
⑮ 12

45ページの答え

1 次の１次方程式を解きましょう。

(1) $\dfrac{2}{3}x+5=\dfrac{1}{4}x$
$\left(\dfrac{2}{3}x+5\right)\times12=\dfrac{1}{4}x\times12$
$8x+60=3x$
$5x=-60$
$x=-12$

(2) $\dfrac{5x-2}{4}=7$
$\dfrac{5x-2}{4}\times4=7\times4$
$5x-2=28$
$5x=30$
$x=6$

(3) $\dfrac{5-3x}{2}-\dfrac{x-1}{6}=1$
$\left(\dfrac{5-3x}{2}-\dfrac{x-1}{6}\right)\times6=1\times6$
$3(5-3x)-(x-1)=6$
$15-9x-x+1=6$
$-10x=-10$
$x=1$

(4) $1.3x+0.6=0.5x+3$
$(1.3x+0.6)\times10=(0.5x+3)\times10$
$13x+6=5x+30$
$8x=24$
$x=3$

2 次の比例式を解きましょう。

(1) $3:8=x:40$
$3\times40=8\times x$
$120=8x$
$x=15$

(2) $(x-3):6=2:3$
$(x-3)\times3=6\times2$
$3x-9=12$
$3x=21$
$x=7$

17 加減法で連立方程式を解こう

46ページの答え

①4　②4　③15　④2　⑤2　⑥2　⑦−3　⑧3
⑨9　⑩11　⑪3　⑫3　⑬3　⑭−1

47ページの答え

1 次の連立方程式を解きましょう。

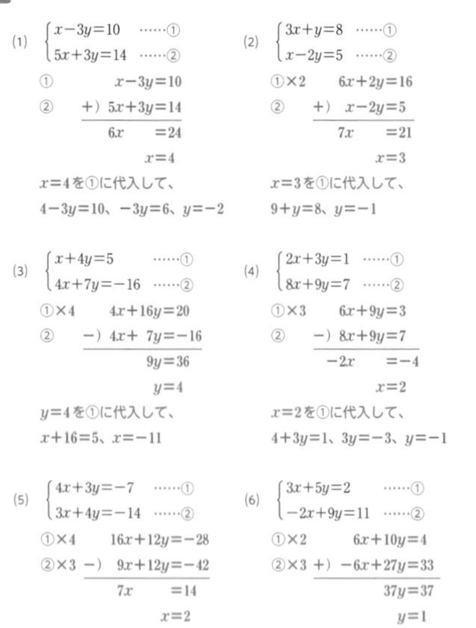

(1) $\begin{cases} x-3y=10 & \cdots\cdots① \\ 5x+3y=14 & \cdots\cdots② \end{cases}$

①　$x-3y=10$
②　$+)\ 5x+3y=14$
$6x\quad =24$
$x=4$
$x=4$を①に代入して、
$4-3y=10$、$-3y=6$、$y=-2$

(2) $\begin{cases} 3x+y=8 & \cdots\cdots① \\ x-2y=5 & \cdots\cdots② \end{cases}$

①×2　$6x+2y=16$
②　$+)\ x-2y=5$
$7x\quad =21$
$x=3$
$x=3$を①に代入して、
$9+y=8$、$y=-1$

(3) $\begin{cases} x+4y=5 & \cdots\cdots① \\ 4x+7y=-16 & \cdots\cdots② \end{cases}$

①×4　$4x+16y=20$
②　$-)\ 4x+\ 7y=-16$
$9y=36$
$y=4$
$y=4$を①に代入して、
$x+16=5$、$x=-11$

(4) $\begin{cases} 2x+3y=1 & \cdots\cdots① \\ 8x+9y=7 & \cdots\cdots② \end{cases}$

①×3　$6x+9y=3$
②　$-)\ 8x+9y=7$
$-2x\quad =-4$
$x=2$
$x=2$を①に代入して、
$4+3y=1$、$3y=-3$、$y=-1$

(5) $\begin{cases} 4x+3y=-7 & \cdots\cdots① \\ 3x+4y=-14 & \cdots\cdots② \end{cases}$

①×4　$16x+12y=-28$
②×3　$-)\ 9x+12y=-42$
$7x\quad =14$
$x=2$
$x=2$を①に代入して、
$8+3y=-7$、$3y=-15$、$y=-5$

(6) $\begin{cases} 3x+5y=2 & \cdots\cdots① \\ -2x+9y=11 & \cdots\cdots② \end{cases}$

①×2　$6x+10y=4$
②×3　$+)\ -6x+27y=33$
$37y=37$
$y=1$
$y=1$を①に代入して、
$3x+5=2$、$3x=-3$、$x=-1$

18 代入法で連立方程式を解こう

48ページの答え

①$x-5$　②$3x-15$　③8　④24　⑤3　⑥3　⑦3
⑧−2　⑨$2y+7$　⑩$14y+49$　⑪11　⑫−44
⑬−4　⑭−4　⑮−4　⑯−1

49ページの答え

1 次の連立方程式を解きましょう。

(1) $\begin{cases} 2x+y=11 & \cdots\cdots① \\ y=3x+1 & \cdots\cdots② \end{cases}$

②を①に代入すると、
$2x+(3x+1)=11$
$5x=10$
$x=2$
$x=2$を②に代入して、
$y=3\times2+1=7$

(2) $\begin{cases} y=x-6 & \cdots\cdots① \\ 3x+4y=11 & \cdots\cdots② \end{cases}$

①を②に代入すると、
$3x+4(x-6)=11$
$3x+4x-24=11$
$7x=35$
$x=5$
$x=5$を①に代入して、
$y=5-6=-1$

(3) $\begin{cases} x=4y+1 & \cdots\cdots① \\ 2x-5y=8 & \cdots\cdots② \end{cases}$

①を②に代入すると、
$2(4y+1)-5y=8$
$8y+2-5y=8$
$3y=6$
$y=2$
$y=2$を①に代入して、
$x=4\times2+1=9$

(4) $\begin{cases} y=x+6 & \cdots\cdots① \\ y=-2x+3 & \cdots\cdots② \end{cases}$

①を②に代入すると、
$x+6=-2x+3$
$3x=-3$
$x=-1$
$x=-1$を①に代入して、
$y=-1+6=5$

19 連立方程式の文章題

50ページの答え

①12　②4000　③$x+y$　④$450x+250y$　⑤5
⑥7　⑦5　⑧7

51ページの答え

1 **みずきさんは、お菓子屋さんでお土産を選んでいます。店員さんから、タルト4個とクッキー6枚で1770円のセットと、タルト7個とクッキー3枚で2085円のセットをすすめられました。このとき、タルト1個とクッキー1枚の値段をそれぞれ求めましょう。ただし、消費税は考えないものとします。**

タルト1個の値段をx円、クッキー1枚の値段をy円とすると、

$\begin{cases} 4x+6y=1770 & \cdots\cdots① \\ 7x+3y=2085 & \cdots\cdots② \end{cases}$

①　$4x+6y=1770$
②×2　$-)\ 14x+6y=4170$
$-10x\quad =-2400$
$x=240$
$x=240$を①に代入して、$4\times240+6y=1770$、$6y=810$、$y=135$
値段は自然数だから、この解は問題にあっている。
したがって、タルトは240円、クッキーは135円。

2 **ある陸上競技大会に小学生と中学生合わせて120人が参加しました。そのうち、小学生の人数の35%と中学生の人数の20%が100m走に参加し、その人数は小学生と中学生合わせて30人でした。陸上競技大会に参加した小学生の人数と、中学生の人数をそれぞれ求めましょう。**

陸上競技大会に参加した小学生の人数をx人、中学生の人数をy人とすると、

$\begin{cases} x+y=120 & \cdots\cdots① \\ \frac{35}{100}x+\frac{20}{100}y=30 & \cdots\cdots② \end{cases}$

②を整理して、$7x+4y=600$　……②′
①×4　$4x+4y=480$
②′　$-)\ 7x+4y=600$
$-3x\quad =-120$
$x=40$
$x=40$を①に代入して、$40+y=120$、$y=80$
人数は自然数だから、この解は問題にあっている。
したがって、小学生の人数は40人、中学生の人数は80人。

20 2次方程式を解こう

52ページの答え

①8　②2　③2　④$2\sqrt{2}$　⑤$-3\pm2\sqrt{2}$　⑥2
⑦8　⑧2　⑨8　⑩−2　⑪8

53ページの答え

1 次の2次方程式を解きましょう。

(1) $5x^2=30$
$x^2=6$
$x=\pm\sqrt{6}$

(2) $3x^2-36=0$
$3x^2=36$
$x^2=12$
$x=\pm\sqrt{12}=\pm2\sqrt{3}$

(3) $(x-2)^2=25$
$x-2=M$とすると、
$M^2=25$、$M=\pm5$、
$x-2=\pm5$、
$x=5+2=7$、$x=-5+2=-3$

(4) $(x+1)^2=72$
$x+1=M$とすると、
$M^2=72$、$M=\pm\sqrt{72}=\pm6\sqrt{2}$、
$x+1=\pm6\sqrt{2}$、$x=-1\pm6\sqrt{2}$

2 次の2次方程式を解きましょう。

(1) $9x^2=5x$
$9x^2-5x=0$
$x(9x-5)=0$
$x=0$ または $9x-5=0$
$x=0$、$x=\frac{5}{9}$

(2) $x^2+x-6=0$
$(x+3)(x-2)=0$
$x+3=0$ または $x-2=0$
$x=-3$、$x=2$

(3) $x^2+8x+16=0$
$(x+4)^2=0$
$x+4=0$
$x=-4$

(4) $x^2-11x+18=0$
$(x-2)(x-9)=0$
$x-2=0$ または $x-9=0$
$x=2$、$x=9$

(5) $x^2-9x-36=0$
$(x+3)(x-12)=0$
$x+3=0$ または $x-12=0$
$x=-3$、$x=12$

(6) $x^2-14x+49=0$
$(x-7)^2=0$
$x-7=0$
$x=7$

21 解の公式で２次方程式を解こう

本文 54・55 ページ

54ページの答え

①3　②−5　③−1　④−5　⑤−5　⑥3　⑦−1
⑧3　⑨5　⑩25　⑪12　⑫6　⑬5　⑭37　⑮6

55ページの答え

1 次の２次方程式を解きましょう。

(1) $x^2+x-4=0$

$x=\frac{-1\pm\sqrt{1^2-4\times1\times(-4)}}{2\times1}$

$=\frac{-1\pm\sqrt{1+16}}{2}$

$=\frac{-1\pm\sqrt{17}}{2}$

(2) $x^2-5x+5=0$

$x=\frac{-(-5)\pm\sqrt{(-5)^2-4\times1\times5}}{2\times1}$

$=\frac{5\pm\sqrt{25-20}}{2}$

$=\frac{5\pm\sqrt{5}}{2}$

(3) $2x^2+3x-4=0$

$x=\frac{-3\pm\sqrt{3^2-4\times2\times(-4)}}{2\times2}$

$=\frac{-3\pm\sqrt{9+32}}{4}$

$=\frac{-3\pm\sqrt{41}}{4}$

(4) $3x^2-7x+1=0$

$x=\frac{-(-7)\pm\sqrt{(-7)^2-4\times3\times1}}{2\times3}$

$=\frac{7\pm\sqrt{49-12}}{6}$

$=\frac{7\pm\sqrt{37}}{6}$

(5) $x^2+4x+1=0$

$x=\frac{-4\pm\sqrt{4^2-4\times1\times1}}{2\times1}$

$=\frac{-4\pm\sqrt{16-4}}{2}$

$=\frac{-4\pm\sqrt{12}}{2}$

$=\frac{-4\pm2\sqrt{3}}{2}$

$=-2\pm\sqrt{3}$

(6) $7x^2+2x-1=0$

$x=\frac{-2\pm\sqrt{2^2-4\times7\times(-1)}}{2\times7}$

$=\frac{-2\pm\sqrt{4+28}}{14}$

$=\frac{-2\pm\sqrt{32}}{14}$

$=\frac{-2\pm4\sqrt{2}}{14}$

$=\frac{-1\pm2\sqrt{2}}{7}$

22 いろいろな２次方程式を解こう

本文 56・57 ページ

56ページの答え

①12　②15　③4　④5　⑤1　⑥5　⑦1　⑧5　⑨−1
⑩5　⑪$x^2-8x+12$　⑫6　⑬9　⑭3　⑮3　⑯3

57ページの答え

1 次の２次方程式を解きましょう。

(1) $x^2=x+12$

$x^2-x-12=0$

$(x+3)(x-4)=0$

$x=-3$、$x=4$

(2) $x^2+7x=2x+24$

$x^2+5x-24=0$

$(x+8)(x-3)=0$

$x=-8$、$x=3$

(3) $2x(x-1)-3=x^2$

$2x^2-2x-3=x^2$

$x^2-2x-3=0$

$(x+1)(x-3)=0$

$x=-1$、$x=3$

(4) $(x+3)(x-7)+21=0$

$x^2-4x-21+21=0$

$x^2-4x=0$

$x(x-4)=0$

$x=0$、$x=4$

(5) $(x-2)(x+2)=x+8$

$x^2-4=x+8$

$x^2-x-12=0$

$(x+3)(x-4)=0$

$x=-3$、$x=4$

(6) $(x-3)^2=-x+15$

$x^2-6x+9=-x+15$

$x^2-5x-6=0$

$(x+1)(x-6)=0$

$x=-1$、$x=6$

(7) $(2x+1)^2-3x(x+3)=0$

$4x^2+4x+1-3x^2-9x=0$

$x^2-5x+1=0$

$x=\frac{-(-5)\pm\sqrt{(-5)^2-4\times1\times1}}{2\times1}$

$=\frac{5\pm\sqrt{25-4}}{2}=\frac{5\pm\sqrt{21}}{2}$

(8) $(5x-2)^2-2(5x-2)-3=0$

$5x-2=M$とすると、

$M^2-2M-3=0$

$(M+1)(M-3)=0$

$(5x-2+1)(5x-2-3)=0$

$(5x-1)(5x-5)=0$

$x=\frac{1}{5}$、$x=1$

23 比例とは？

本文 62・63 ページ

62ページの答え

①12　②4　③3　④$3x$　⑤1　⑥1　⑦2　⑧$\frac{1}{2}$
⑨$\frac{1}{2}x$

63ページの答え

1 次の問いに答えましょう。

(1) yはxに比例し、$x=-2$のとき、$y=10$です。xとyの関係を式に表しましょう。

$y=ax$に$x=-2$、$y=10$を代入すると、$10=a\times(-2)$、$a=-5$

したがって、式は、$y=-5x$

(2) yはxに比例し、$x=-3$のとき、$y=18$です。$x=\frac{1}{2}$のときのyの値を求めましょう。

$y=ax$に$x=-3$、$y=18$を代入すると、$18=a\times(-3)$、$a=-6$

したがって、式は、$y=-6x$

この式に$x=\frac{1}{2}$を代入すると、$y=-6\times\frac{1}{2}=-3$

2 右の図の(1)、(2)のグラフは比例のグラフです。それぞれについて、yをxの式で表しましょう。

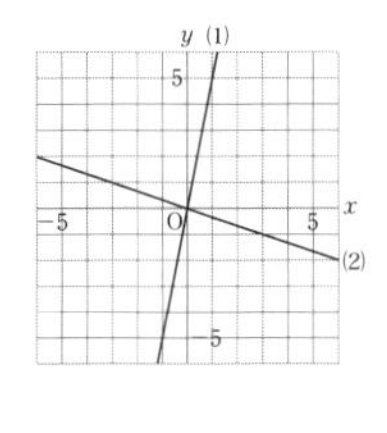

(1) グラフは点(1, 5)を通るから、

$y=ax$に$x=1$、$y=5$を代入すると、

$5=a\times1$、$a=5$

したがって、式は、$y=5x$

(2) グラフは点(3, −1)を通るから、

$y=ax$に$x=3$、$y=-1$を代入すると、

$-1=a\times3$、$a=-\frac{1}{3}$　したがって、式は、$y=-\frac{1}{3}x$

24 反比例とは？

本文 64・65 ページ

64ページの答え

①5　②3　③15　④$\frac{15}{x}$
⑤2　⑥3　⑦6　⑧−6
⑨−3　⑩−2　⑪−1
⑫グラフは右の図

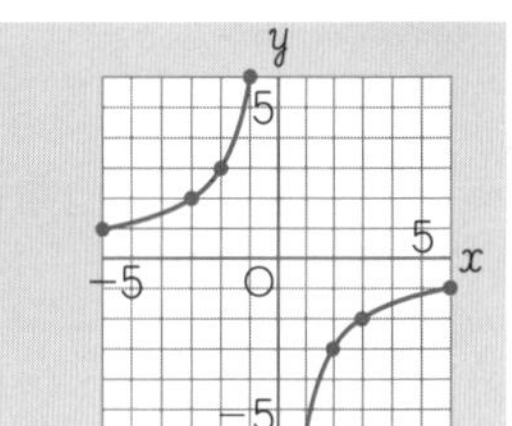

65ページの答え

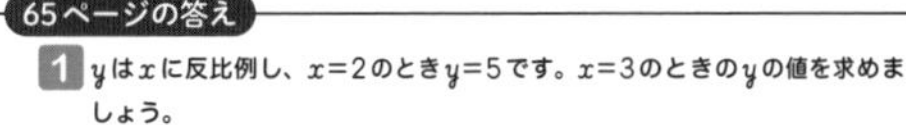

1 yはxに反比例し、$x=2$のとき$y=5$です。$x=3$のときのyの値を求めましょう。

$y=\frac{a}{x}$に$x=2$、$y=5$を代入すると、$5=\frac{a}{2}$、$a=10$

$y=\frac{10}{x}$に$x=3$を代入すると、$y=\frac{10}{3}$

2 右の図は、反比例のグラフです。yをxの式で表しましょう。

y　2　x　O　−6

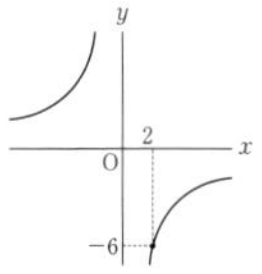

$y=\frac{a}{x}$に$x=2$、$y=-6$を代入すると、

$-6=\frac{a}{2}$、$a=-12$

したがって、式は、$y=-\frac{12}{x}$

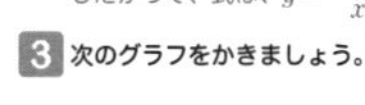

3 次のグラフをかきましょう。

(1) $y=\frac{12}{x}$

(2) $y=-\frac{8}{x}$

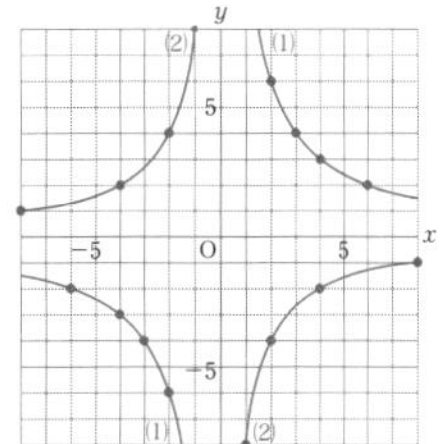

25 1次関数とは？

66ページの答え

① $\dfrac{600}{x}$　② πx^2　③ 12　④ $4\pi x^2$　⑤ $3x$　⑥ ウ

⑦ $\dfrac{1}{2}$　⑧ 6　⑨ 3

67ページの答え

1 次のアからエまでの中から、yがxの１次関数となるものを１つ選びましょう。

ア　面積が100cm^{2}で、縦の長さが$x$cmである長方形の横の長さ$y$cm
イ　１辺の長さが$x$cmである正三角形の周の長さ$y$cm
ウ　半径が$x$cmである円の面積$y$cm^2
エ　１辺の長さが$x$cmである立方体の体積$y$cm^3

ア～エのそれぞれについて、yをxの式で表すと、
ア　(長方形の面積)＝(縦の長さ)×(横の長さ)より、
$100=xy \rightarrow y=\dfrac{100}{x}$
イ　(正三角形の周の長さ)＝(1辺の長さ)×3より、
$y=3x$
ウ　(円の面積)＝π×(半径)^{2}より、
$y=\pi x^2$
エ　(立方体の体積)＝(1辺の長さ)×(1辺の長さ)×(1辺の長さ)より、
$y=x\times x\times x=x^3$
yがxの1次関数であるものは、式の形が$y=ax+b$のものだから、イ
$y=ax$は、$y=ax+b$で$b=0$のときだから、比例も1次関数の1つといえる。

2 関数$y=-2x+7$について、xの値が-1から4まで増加するときのyの増加量を求めましょう。

xの増加量は、$4-(-1)=5$
(yの増加量)＝(変化の割合)×(xの増加量)より、
(yの増加量)$=-2\times5=-10$

26 1次関数のグラフを考えよう

68ページの答え

① 4　② 4　③ -2　④ 4　⑤ 2
⑥ 2　⑦ グラフは右の図　⑧ -2
⑨ 2　⑩ 4　⑪ 5　⑫ 2　⑬ 5

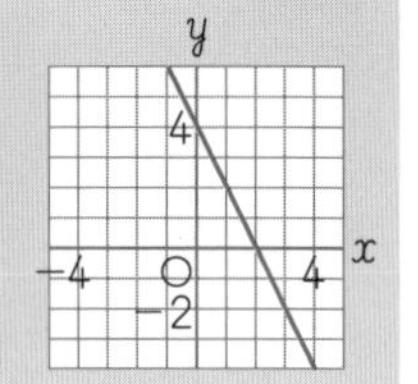

69ページの答え

1 a、bを0でない定数とします。右の図において、ℓは関数$y=ax+b$のグラフを表します。次のア～エのうち、a、bについて述べた文として正しいものを１つ選び、記号を○で囲みましょう。

ア　aは正の数であり、bも正の数である。
イ　aは正の数であり、bは負の数である。
ウ　aは負の数であり、bは正の数である。
エ　aは負の数であり、bも負の数である。

正しいものは、ウ

2 次の１次関数のグラフをかきましょう。

(1)　$y=3x-1$

(2)　$y=-\dfrac{2}{3}x+2$

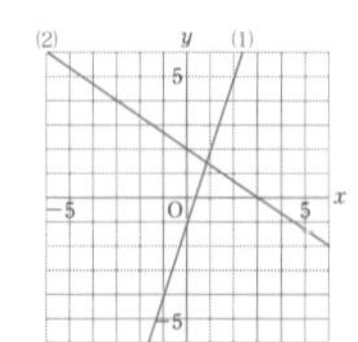

3 １次関数$y=-2x+1$について、xの変域が$-1\leqq x\leqq2$のとき、yの変域を求めましょう。

関数$y=-2x+1$のグラフは右の図のようになる。
$x=-1$のとき、$y=-2\times(-1)+1=3$
$x=2$のとき、$y=-2\times2+1=-3$
したがって、yの変域は、$-3\leqq y\leqq3$

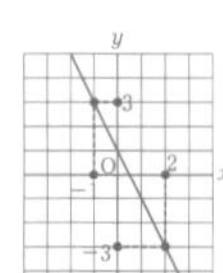

27 1次関数の式を求めよう

70ページの答え

① 3　② -3　③ 2　④ -9　⑤ $3x-9$　⑥ 6　⑦ -2

⑧ -3　⑨ 4　⑩ $-\dfrac{3}{2}$　⑪ 3　⑫ $-\dfrac{3}{2}x+3$

71ページの答え

1 次の問いに答えましょう。

(1)　関数$y=ax+b$について、xの値が2増加するとyの値は4増加し、$x=1$のとき$y=-3$です。このとき、a、bの値をそれぞれ求めましょう。

関数$y=ax+b$の変化の割合は、$\dfrac{4}{2}=2$だから、$a=2$
よって、この関数の式は、$y=2x+b$とおける。
この式に$x=1$、$y=-3$を代入すると、$-3=2\times1+b$、$b=-5$

(2)　グラフが直線$y=-3x+1$に平行で、点$(-4,\ 7)$を通る直線の式を求めましょう。

平行な直線の傾きは等しいから、求める直線の式は$y=-3x+b$とおける。
点$(-4,\ 7)$を通るから、$7=-3\times(-4)+b$、$b=-5$
したがって、直線の式は、$y=-3x-5$

(3)　2点$(-1,\ 1)$、$(2,\ 7)$を通る直線の式を求めましょう。

直線の式を$y=ax+b$とする。
点$(-1,\ 1)$を通るから、$1=-a+b$　……①
点$(2,\ 7)$を通るから、$7=2a+b$　……②
①、②を連立方程式として解くと、$a=2$、$b=3$
したがって、直線の式は、$y=2x+3$

(4)　$x=2$のとき$y=3$、$x=-4$のとき$y=6$である1次関数の式を求めましょう。

1次関数の式を$y=ax+b$とする。
$x=2$のとき$y=3$だから、$3=2a+b$　……①
$x=-4$のとき$y=6$だから、$6=-4a+b$　……②
①、②を連立方程式として解くと、$a=-\dfrac{1}{2}$、$b=4$
したがって、直線の式は、$y=-\dfrac{1}{2}x+4$

28 交点の座標を求めよう

72ページの答え

① 75　② $75x$　③ 200　④ $200x-3000$　⑤ 24
⑥ 1800　⑦ 24　⑧ 1800

73ページの答え

1 2直線$y=3x-5$、$y=-2x+5$の交点の座標を求めましょう。

$$\begin{cases} y=3x-5 & \cdots\cdots① \\ y=-2x+5 & \cdots\cdots② \end{cases}$$

①、②を連立方程式として解くと、$x=2$、$y=1$
したがって、交点の座標は、$(2,\ 1)$

2 右のグラフは、A町とB町の間の同じ道を運行するバスのようすを表したものです。A町を9時に出発したバスとB町を9時10分に出発したバスがすれちがうのは、何時何分ですか。また、それはA町から何kmのところですか。

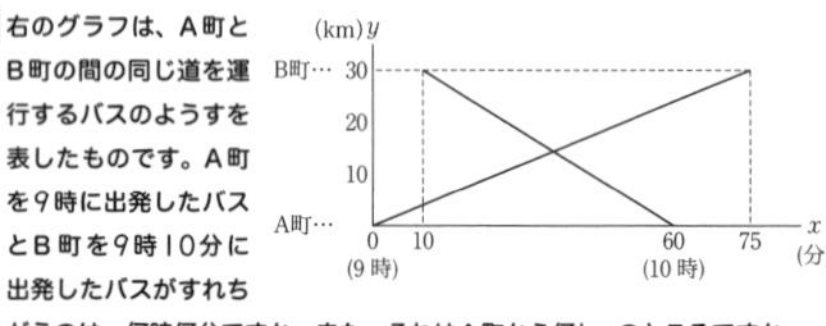

A町を9時に出発したバスのグラフの傾きは、$\dfrac{30}{75}=\dfrac{2}{5}$

よって、このバスの式は、$y=\dfrac{2}{5}x$　……①

B町を9時10分に出発したバスのグラフの傾きは、$\dfrac{0-30}{60-10}=-\dfrac{3}{5}$

よって、このバスの式は、$y=-\dfrac{3}{5}x+b$とおける。

このグラフは点$(60,\ 0)$を通るから、$0=-\dfrac{3}{5}\times60+b$、$b=36$

このバスの式は、$y=-\dfrac{3}{5}x+36$　……②

①、②を連立方程式として解くと、$x=36$、$y=\dfrac{72}{5}$

したがって、2台のバスがすれちがうのは、9時36分で、
A町から$\dfrac{72}{5}$kmのところ。

29 関数$y=ax^2$の式を求めよう

74ページの答え

①18　②3　③2　④$2x^2$　⑤−1　⑥2　⑦$-\frac{1}{4}$

⑧$-\frac{1}{4}x^2$　⑨$-\frac{1}{4}$　⑩$-\frac{1}{4}$　⑪−4

75ページの答え

1 次の問いに答えましょう。

(1)　yはxの2乗に比例し、$x=-2$のとき$y=12$です。このとき、yをxの式で表しましょう。

yはxの2乗に比例するから、$y=ax^2$とおける。

$x=-2$のとき$y=12$だから、$12=a\times(-2)^2$、$a=3$

したがって、式は、$y=3x^2$

(2)　yはxの2乗に比例し、$x=3$のとき$y=-3$です。$x=-9$のときのyの値を求めましょう。

yはxの2乗に比例するから、$y=ax^2$とおける。

$x=3$のとき$y=-3$だから、$-3=a\times3^2$、$a=-\frac{1}{3}$

したがって、式は、$y=-\frac{1}{3}x^2$

この式に$x=-9$を代入すると、$y=-\frac{1}{3}\times(-9)^2=-27$

2 右の表は、yがxの2乗に比例する関数で、xとyの値の対応のようすの一部を表したものです。㋐、㋑にあてはまる数を求めましょう。

x	−6	−4	−2
y	㋐	㋑	−6

yはxの2乗に比例するから、$y=ax^2$とおける。

$x=-2$のとき$y=-6$だから、$-6=a\times(-2)^2$、$a=-\frac{3}{2}$

したがって、式は、$y=-\frac{3}{2}x^2$

㋐…$y=-\frac{3}{2}x^2$に$x=-6$を代入して、$y=-\frac{3}{2}\times(-6)^2=-54$

㋑…$y=-\frac{3}{2}x^2$に$x=-4$を代入して、$y=-\frac{3}{2}\times(-4)^2=-24$

30 関数$y=ax^2$のグラフを考えよう

76ページの答え

①上　②正　③イ　④下　⑤負　⑥ア　⑦ウ

(⑥⑦は順不同)　⑧②　⑨ウ　⑩ア

77ページの答え

1 右の図のアは、$y=\frac{1}{2}x^2$のグラフで、イ〜オは、それぞれ$y=ax^2$のグラフです。また、アとエのグラフはx軸について対称です。次の問いに答えましょう。

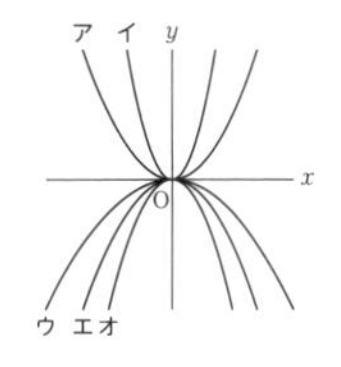

(1)　エのグラフの式を求めましょう。

比例定数の絶対値が等しく、符号が反対になるから、$y=-\frac{1}{2}x^2$

(2)　イ〜オのグラフのうち、$y=-\frac{1}{4}x^2$のグラフが1つあります。そのグラフを選び、記号で答えましょう。

$y=-\frac{1}{4}x^2$の比例定数は負だから、グラフが下に開いているものを選ぶと、ウ、エ、オ

(1)より、エは$y=-\frac{1}{2}x^2$のグラフだから、エよりグラフが開いているものを選ぶと、ウ

2 次の問いに答えましょう。

(1)　関数$y=\frac{1}{4}x^2$のグラフが点$(6,\ b)$を通るとき、bの値を求めましょう。

$y=\frac{1}{4}x^2$に$x=6$、$y=b$を代入すると、

$b=\frac{1}{4}\times6^2=9$

(2)　関数$y=ax^2$のグラフが点$(-2,\ -12)$を通るとき、aの値を求めましょう。

$y=ax^2$に$x=-2$、$y=-12$を代入すると、

$-12=a\times(-2)^2$、$a=-3$

31 関数$y=ax^2$の変域を求めよう

78ページの答え

①0　②4　③8　④0　⑤8　⑥−4　⑦4　⑧4

⑨−4　⑩$\frac{1}{4}$

79ページの答え

1 右の図のように、点A(3, 5)を通る関数$y=ax^2$のグラフがあります。この関数について、xの変域が$-6\leqq x\leqq4$のときのyの変域を求めましょう。

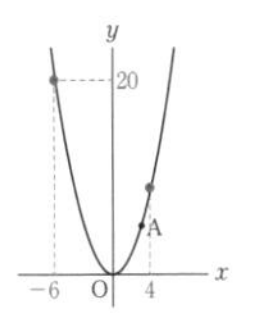

$y=ax^2$に$x=3$、$y=5$を代入すると、$5=a\times3^2$、$a=\frac{5}{9}$

よって、式は、$y=\frac{5}{9}x^2$

xの変域に対応するyの値を調べると、

$x=0$のとき、yは最小値0

$x=-6$のとき、yは最大値20

したがって、yの変域は$0\leqq y\leqq20$

2 関数$y=-x^2$について、xの変域が$-2\leqq x\leqq a$のとき、yの変域は$-16\leqq y\leqq b$です。このとき、a、bの値をそれぞれ求めましょう。

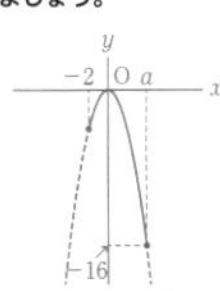

グラフは右の図のようになる。

xの変域に対応するyの値を調べると、

$x=0$のとき、yは最大値0

$x=a$のとき、yは最小値−16

$y=-x^2$に$x=a$、$y=-16$を代入すると、

$-16=-a^2$、$a=\pm4$　$a>0$だから、$a=4$

また、bはyの最大値だから、$b=0$

3 関数$y=ax^2$について、xの変域が$-2\leqq x\leqq3$のとき、yの変域は$-6\leqq y\leqq0$です。このとき、aの値を求めましょう。

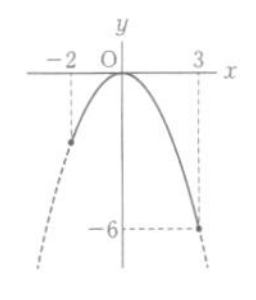

yの変域は0以下だから、$a<0$

よって、グラフは右の図のようになる。

xの変域に対応するyの値を調べると、

$x=0$のとき、yは最大値0

$x=3$のとき、yは最小値−6

$y=ax^2$に$x=3$、$y=-6$を代入すると、

$-6=a\times3^2$、$a=-\frac{2}{3}$

32 関数$y=ax^2$の変化の割合を求めよう

80ページの答え

①2　②50　③50　④2　⑤48　⑥48　⑦12

⑧$9a$　⑨$36a$　⑩$36a$　⑪$9a$　⑫$27a$　⑬$27a$

⑭$9a$　⑮$9a$　⑯$-\frac{1}{3}$

81ページの答え

1 次の問いに答えましょう。

(1)　関数$y=-2x^2$について、xの値が−3から−1まで増加するときの変化の割合を求めましょう。

xの増加量は、$-1-(-3)=2$

yの増加量は、$-2\times(-1)^2-\{-2\times(-3)^2\}=16$

したがって、変化の割合は、$\frac{16}{2}=8$

(2)　関数$y=\frac{1}{4}x^2$について、xの値が2から6まで増加するときの変化の割合を求めましょう。

xの増加量は、$6-2=4$

yの増加量は、$\frac{1}{4}\times6^2-\frac{1}{4}\times2^2=8$

したがって、変化の割合は、$\frac{8}{4}=2$

2 関数$y=ax^2$(aは定数)と$y=6x+5$について、xの値が1から4まで増加するときの変化の割合が同じであるとき、aの値を求めましょう。

関数$y=ax^2$で、xの増加量は、$4-1=3$

yの増加量は、$a\times4^2-a\times1^2=15a$

したがって、変化の割合は、$\frac{15a}{3}=5a$

$y=6x+5$の変化の割合は6で一定だから、$5a=6$、$a=\frac{6}{5}$

33 放物線と直線の問題を解こう

82ページの答え

① 9　② −6　③ $\frac{1}{4}$　④ 4　⑤ 4　⑥ $-\frac{1}{2}$　⑦ 6

⑧ $-\frac{1}{2}x+6$　⑨ 6　⑩ 6　⑪ 6　⑫ 6　⑬ 4　⑭ 30

83ページの答え

1 **右の図のように、関数$y=ax^2$(aは定数)…①のグラフ上に2点A、Bがあります。Aの座標は(−1、2)、Bのy座標は8で、Bのx座標は正です。また、点Cは直線ABとy軸との交点であり、点Oは原点です。このとき、次の問いに答えましょう。**

(1) aの値を求めましょう。
$y=ax^2$に$x=-1$、$y=2$を代入すると、
$2=a\times(-1)^2$、$a=2$

(2) 点Bのx座標を求めましょう。
①の式は、(1)より、$y=2x^2$
この式に$y=8$を代入すると、$8=2x^2$、$x^2=4$、$x=\pm2$
$x>0$だから、$x=2$

(3) 直線ABの式を求めましょう。
直線ABの式を$y=bx+c$とする。
点A(−1, 2)を通るから、$2=-b+c$　……②
点B(2, 8)を通るから、$8=2b+c$　……③
②、③を連立方程式として解くと、$b=2$、$c=4$
したがって、直線ABの式は、$y=2x+4$

(4) 線分BC上に2点B、Cとは異なる点Pをとります。△OPCの面積が、△AOBの面積の$\frac{1}{4}$となるときのPの座標を求めましょう。
点Pのx座標をpとする。
$\triangle AOB=\triangle AOC+\triangle BOC=\frac{1}{2}\times4\times1+\frac{1}{2}\times4\times2=6$
$\triangle OPC=\frac{1}{4}\triangle AOB$より、$\frac{1}{2}\times4\times p=\frac{1}{4}\times6$、$p=\frac{3}{4}$　よって、点Pのx座標は$\frac{3}{4}$
$y=2x+4$に$x=\frac{3}{4}$を代入すると、$y=2\times\frac{3}{4}+4=\frac{11}{2}$　したがって、$P\left(\frac{3}{4}, \frac{11}{2}\right)$

34 垂直二等分線、角の二等分線を作図しよう

88ページの答え

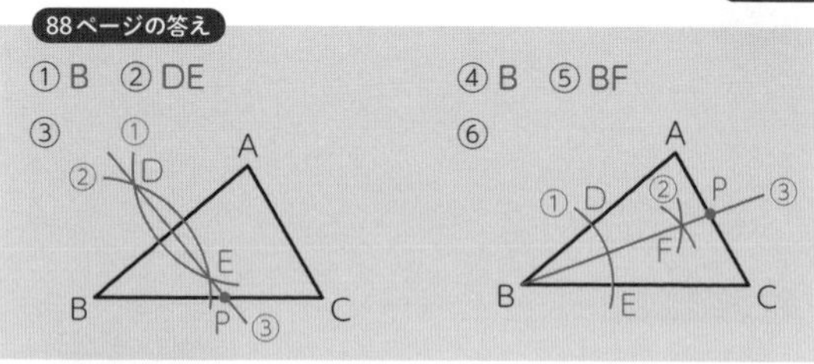

89ページの答え

1 **右の図において、△ABCの頂点Cを通り、△ABCの面積を2等分する線分と辺ABとの交点Dを作図しましょう。**
線分ABの垂直二等分線を作図し、辺ABとの交点をDとする。

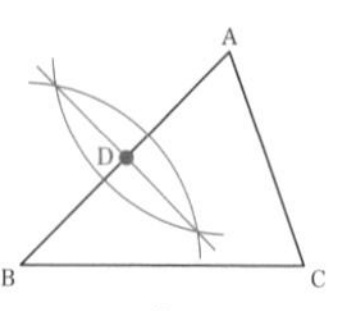

2 **右の図の△ABCにおいて、辺AC上にあり、∠ABP=30°となる点Pを作図によって求めましょう。**
60°の角の二等分線を考える。
点A、Bを中心として、半径ABの円をかき、その交点の1つをDとする。
∠ABDの二等分線を作図し、辺ACとの交点をPとする。

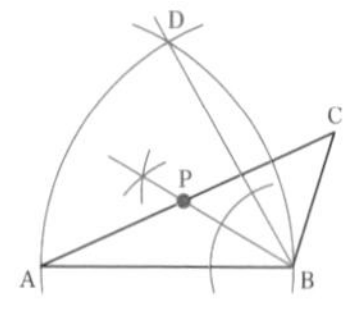

3 **右の図のような線分ABを直径とする半円があります。この半円の$\overset{\frown}{AB}$上に、$\overset{\frown}{AP}:\overset{\frown}{PB}=1:3$となるような点Pを作図して求め、その位置を点●で示しましょう。**
線分ABの垂直二等分線CDを作図し、線分ABとの交点をOとする。
∠AOCの二等分線を作図し、$\overset{\frown}{AB}$との交点をPとする。

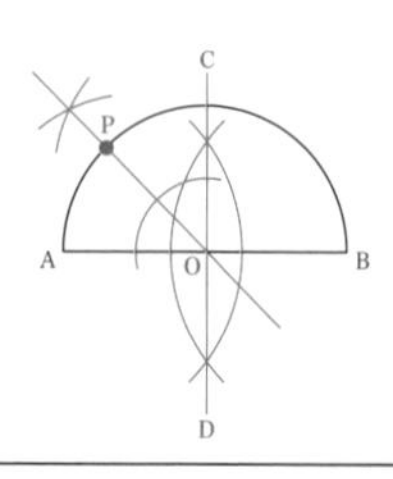

35 垂線を作図しよう

90ページの答え

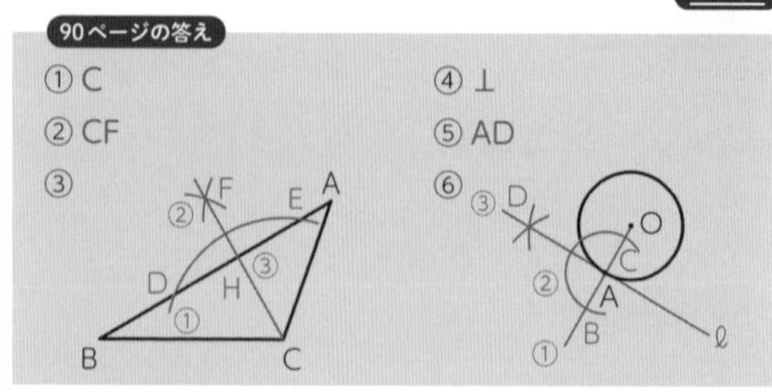

91ページの答え

1 **右の図の点Aを、点Oを中心として、時計回りに90°回転移動させた点Bを作図しましょう。**
直線OAをかく。
点Oを通る直線OAの垂線ℓを作図する。
直線ℓ上に、OA=OBとなる点Bをとる。

2 **右の図のように、直線ℓと2点A、Bがあります。ℓ上に点Pをとり、PとA、Bをそれぞれ結ぶとき、AP+BPが最短になるような点Pを作図しましょう。**
点Aを通る直線ℓの垂線mを作図し、ℓとの交点をHとする。
直線m上に、AH=A′Hとなる点A′をとる。
直線A′Bとℓとの交点をPとする。
AP+BP=A′P+BPとなり、AP+BPが最短になる。

36 おうぎ形の弧の長さと面積を求めよう

92ページの答え

① 12　② 45　③ 3π　④ 9　⑤ 160　⑥ 36π

93ページの答え

1 **右の図のように、半径が5cm、中心角が144°のおうぎ形があります。このおうぎ形の面積を求めましょう。**

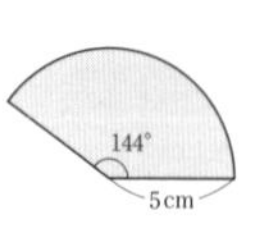

おうぎ形の面積は、$\pi\times5^2\times\frac{144}{360}=10\pi$ (cm²)

2 **右の図は、線分AB、AC、CBをそれぞれ直径として3つの円をかいたものです。3つの円の弧で囲まれた色のついた部分の周の長さと面積を求めましょう。ただし、円周率はπとします。**

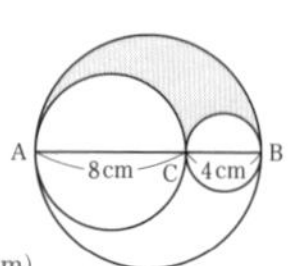

周の長さは、$(8+4)\pi\div2+8\pi\div2+4\pi\div2=12\pi$ (cm)
面積は、$\pi\times6^2\div2-\pi\times4^2\div2-\pi\times2^2\div2=8\pi$ (cm²)

3 **右の図は、母線の長さが8cm、底面の円の半径が3cmの円錐の展開図です。図のおうぎ形OABの中心角の大きさを求めましょう。**
$\overset{\frown}{AB}$の長さは、$2\pi\times3=6\pi$ (cm)
円Oの円周は、$2\pi\times8=16\pi$ (cm)
したがって、$360°\times\frac{6\pi}{16\pi}=135°$

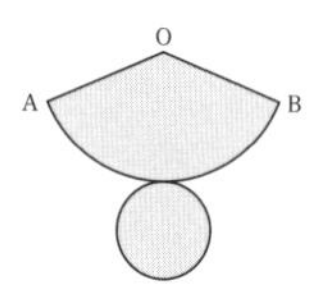

37 直線や平面の関係を考えよう

94ページの答え

① CF ② DE ③ DF(②③は順不同) ④ BC ⑤ EF (④⑤は順不同) ⑥ EF ⑦ DF(⑥⑦は順不同) ⑧ BC ⑨ DE ⑩ EF(⑧⑨⑩は順不同) ⑪ DEF

95ページの答え

1 右の図の直方体で、辺を直線、面を平面と見て、次の問いに答えましょう。

(1) 直線ABと平行な直線はどれですか。
直線ABと同じ平面上にあり、交わらない直線だから、直線DC、EF、HG

(2) 直線ABとねじれの位置にある直線はどれですか。
直線ABと平行でなく、交わらない直線だから、直線DH、CG、EH、FG

(3) 直線BCと平行な平面はどれですか。
平面AEHD、EFGH
平面ABCD、BFGCは直線BCをふくむ平面なので、平行ではない。

(4) 平面BFGCと交わる直線はどれですか。
平面BFGC上になく、平面BFGCと平行でない直線だから、直線AB、DC、EF、HG

(5) 平面BFGCと平行な平面はどれですか。
平面BFGCと交わらない平面だから、平面AEHD

2 右の図は、立方体の展開図です。この展開図を組み立てて立方体をつくるとき、面イの１辺である辺ABと垂直になる面を、面ア～カからすべて選び、記号で答えましょう。

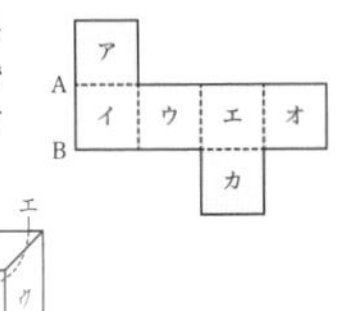

この展開図を組み立ててできる立方体は、右の図のようになる。
辺ABと垂直になる面は、面ア、カ

38 立体の表面積を求めよう

96ページの答え

① 5 ② 25π ③ 10π ④ 10π ⑤ 70π ⑥ 25π ⑦ 70π ⑧ 120π ⑨ 9 ⑩ 4 ⑪ 24 ⑫ 9 ⑬ 24 ⑭ 33

97ページの答え

1 次の立体の表面積を求めましょう。ただし、円周率はπとします。

(1) 正四角錐

底面積…$4\times4=16(\text{cm}^2)$

側面積…$\frac{1}{2}\times4\times5\times4=40(\text{cm}^2)$

表面積…$16+40=56(\text{cm}^2)$

(2) 球

半径rの球の表面積は$4\pi r^2$だから、
表面積…$4\pi\times3^2=36\pi(\text{cm}^2)$

2 右の図の立体は、底面の半径が4cm、高さが$a$cmの円柱です。右の図の円柱の表面積は$120\pi\text{cm}^2$です。aの値を求めましょう。

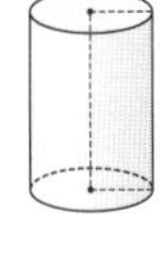

底面積…$\pi\times4^2=16\pi(\text{cm}^2)$

側面積…$a\times2\pi\times4=8\pi a(\text{cm}^2)$

表面積…$16\pi\times2+8\pi a=8\pi a+32\pi(\text{cm}^2)$

よって、$8\pi a+32\pi=120\pi$、$8\pi a=88\pi$、$a=11$

3 右の図のように、底面の半径が3cm、母線の長さが6cmの円錐があります。この円錐の側面積は何cm^2か、求めましょう。ただし、円周率はπとします。

底面の円周の長さは、$2\pi\times3=6\pi(\text{cm})$

側面のおうぎ形の弧の長さは底面の円周の長さと等しいから、6π cm

よって、側面のおうぎ形の面積は、

$\frac{1}{2}\times6\pi\times6=18\pi(\text{cm}^2)$

39 立体の体積を求めよう

98ページの答え

① 6 ② 6 ③ 5 ④ 30 ⑤ 64π ⑥ 64π ⑦ 12 ⑧ 256π ⑨ 2 ⑩ $\frac{32}{3}\pi$

99ページの答え

1 次のアからエまでの立体のうち、体積が最も大きいものはどれですか。記号で答えましょう。

ア １辺が１cmの立方体

イ 底面の正方形の１辺が２cm、高さが１cmの正四角錐

ウ 底面の円の直径が２cm、高さが１cmの円錐

エ 底面の円の直径が１cm、高さが１cmの円柱

ア $1\times1\times1=1(\text{cm}^3)$　　イ $\frac{1}{3}\times2\times2\times1=\frac{4}{3}(\text{cm}^3)$

ウ $\frac{1}{3}\times\pi\times1^2\times1=\frac{1}{3}\pi(\text{cm}^3)$　　エ $\pi\times\left(\frac{1}{2}\right)^2\times1=\frac{1}{4}\pi(\text{cm}^3)$

したがって、体積が最も大きいものは、イ

2 右の図のように、底面の対角線の長さが4cmで、高さが6cmの正四角錐があります。この正四角錐の体積は何cm^3ですか。

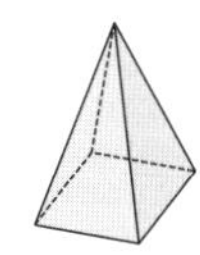

底面積は、$4\times4\div2=8(\text{cm}^2)$

体積は、$\frac{1}{3}\times8\times6=16(\text{cm}^3)$

3 右の図は、半径が3cmの球Aと底面の半径が2cmの円柱Bです。AとBの体積が等しいとき、Bの高さを求めましょう。

球Aの体積は、$\frac{4}{3}\pi\times3^3=36\pi(\text{cm}^3)$

円柱Bの高さを$h$cmとすると、体積は、
$\pi\times2^2\times h=4\pi h(\text{cm}^3)$

したがって、$4\pi h=36\pi$、$h=9(\text{cm})$

40 面の動きと投影図を考えよう

100ページの答え

① 円柱 ② 3 ③ 2 ④ 18π ⑤ 5 ⑥ 9 ⑦ 75π

101ページの答え

1 右の図は、AB＝2cm、BC＝3cm、CD＝3cm、∠ABC＝∠BCD＝90°の台形ABCDです。台形ABCDを、辺CDを軸として１回転させてできる立体の体積を求めましょう。ただし、円周率はπとします。

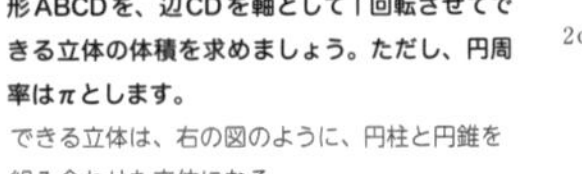

できる立体は、右の図のように、円柱と円錐を組み合わせた立体になる。

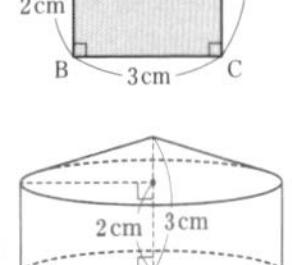

円柱部分の体積は、$\pi\times3^2\times2=18\pi(\text{cm}^3)$

円錐部分の体積は、$\frac{1}{3}\times\pi\times3^2\times(3-2)=3\pi(\text{cm}^3)$

したがって、求める立体の体積は、
$18\pi+3\pi=21\pi(\text{cm}^3)$

2 右の図は２つの立体の投影図です。立体アと立体イは、立方体、円柱、三角柱、円錐、三角錐、球のいずれかであり、２つの立体の体積は等しいです。平面図の円の半径が、立体アが4cm、立体イが3cmのとき、立体アの高さhの値を求めましょう。

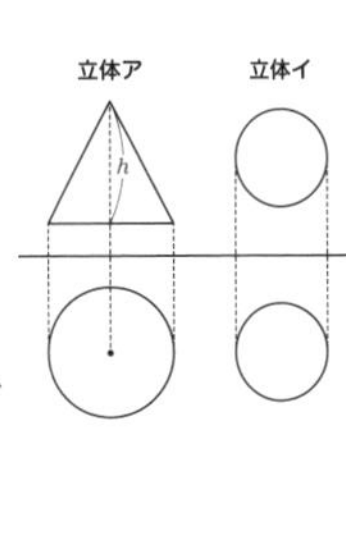

立体アは円錐の投影図だから、その体積は、
$\frac{1}{3}\times\pi\times4^2\times h=\frac{16}{3}\pi h(\text{cm}^3)$

立体イは球の投影図だから、その体積は、
$\frac{4}{3}\pi\times3^3=36\pi(\text{cm}^3)$

立体アと立体イの体積は等しいから、
$\frac{16}{3}\pi h=36\pi$、$h=\frac{27}{4}(\text{cm})$

41 角の性質を考えよう

102ページの答え

①同位角　②37　③錯角　④28　⑤37　⑥28
（⑤⑥は順不同）　⑦65　⑧25　⑨39（⑧⑨は順不同）
⑩116　⑪39　⑫64　⑬64　⑭43

103ページの答え

1 右の図で、$\ell /\!/ m$ のとき、$\angle x$ の大きさを求めましょう。

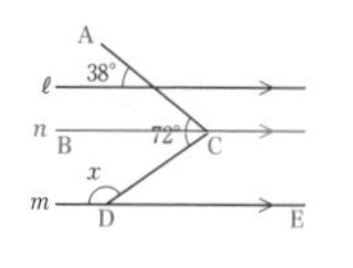

$\ell /\!/ n$ で、同位角は等しいから、$\angle ACB=38^\circ$
　$\angle BCD=72^\circ-38^\circ=34^\circ$
$m /\!/ n$ で、錯角は等しいから、$\angle CDE=34^\circ$
したがって、$\angle x=180^\circ-34^\circ=146^\circ$

2 右の図で、$\angle x$ の大きさを求めましょう。

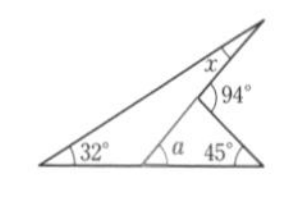

三角形の外角は、それととなり合わない2つの内角の和に等しいから、$\angle a=\angle x+32^\circ$
同様にして、$\angle a+45^\circ=94^\circ$
したがって、$\angle x+32^\circ+45^\circ=94^\circ$、$\angle x=17^\circ$

3 右の図で、$\ell /\!/ m$ のとき、$\angle x$ の大きさを求めましょう。

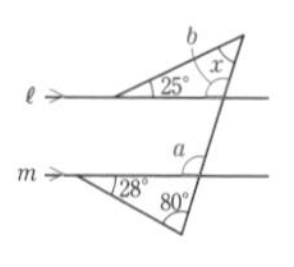

三角形の外角は、それととなり合わない2つの内角の和に等しいから、$\angle a=28^\circ+80^\circ=108^\circ$
$\ell /\!/ m$ で、同位角は等しいから、$\angle b=108^\circ$
三角形の内角の和は180°だから、
　$\angle x=180^\circ-(25^\circ+108^\circ)=47^\circ$

42 多角形の内角と外角を考えよう

104ページの答え

①2　②4　③720　④720　⑤115　⑥360
⑦360　⑧75

105ページの答え

1 右の図において、$\angle x$ の大きさを求めましょう。

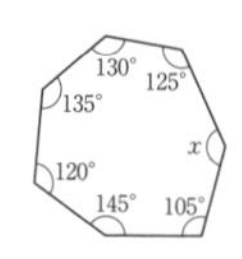

七角形の内角の和は、$180^\circ\times(7-2)=900^\circ$
　$\angle x=900^\circ-(130^\circ+135^\circ+120^\circ+145^\circ+105^\circ+125^\circ)$
　　$=140^\circ$

2 右の図において、$\angle x$ の大きさを求めましょう。

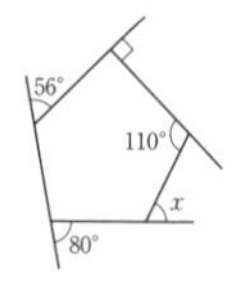

110°の角の外角は、$180^\circ-110^\circ=70^\circ$
多角形の外角の和は360°だから、
　$\angle x=360^\circ-(90^\circ+56^\circ+80^\circ+70^\circ)=64^\circ$

3 次の問いに答えましょう。

(1) 正十二角形の1つの内角の大きさを求めましょう。
　十二角形の内角の和は、$180^\circ\times(12-2)=1800^\circ$
　正十二角形の内角はすべて等しいから、$1800^\circ\div 12=150^\circ$
　（別解）正十二角形の1つの外角の大きさは、$360^\circ\div 12=30^\circ$
　したがって、1つの内角の大きさは、$180^\circ-30^\circ=150^\circ$

(2) 正 n 角形の1つの内角が140°であるとき、n の値を求めましょう。
　正 n 角形の1つの内角の大きさは、$180^\circ\times(n-2)\div n$ だから、
　　$180^\circ\times(n-2)\div n=140^\circ$、$180^\circ\times n-360^\circ=140^\circ\times n$、
　　$40^\circ\times n=360^\circ$、$n=9$
　（別解）正 n 角形の1つの外角は、$180^\circ-140^\circ=40^\circ$
　したがって、$n=360^\circ\div 40^\circ=9$

43 三角形が合同になるには

106ページの答え

①＝　②//　③△ABE≡△DCE　④＝　⑤DEC
⑥錯角　⑦DCE　⑧1組の辺とその両端の角

107ページの答え

1 △ABCと△DEFにおいて、BC=EFであるとき、条件として加えても△ABC≡△DEFが常に成り立つとは限らないものを、ア、イ、ウ、エのうちから1つ選んで記号で答えましょう。

ア　AB=DE、AC=DF　　イ　AB=DE、∠B=∠E
ウ　AB=DE、∠C=∠F　　エ　∠B=∠E、∠C=∠F

ア、イ、エを加えると、三角形の合同条件になるから常に成り立つ。
ウは、右の図のように△ABCと△DEFが合同にならない場合がある。

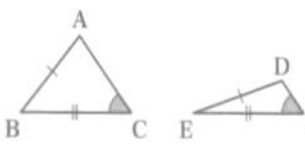

2 右の図のように、正三角形ABCがあります。点Dは辺BCをCの方向に延長した直線上にあります。点Eは線分AD上にあり、AB//ECです。点Fは辺AC上にあり、CE=CFです。このとき、△ACE≡△BCFとなることを証明しましょう。

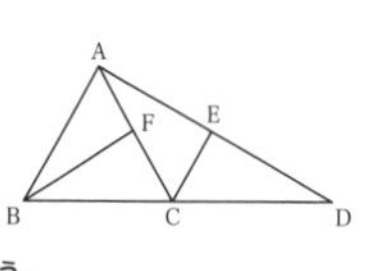

（証明）
△ACEと△BCFにおいて、
仮定から、CE=CF　……①
正三角形の辺はすべて等しいから、AC=BC　……②
正三角形の角の大きさはすべて等しいから、∠BAC=∠BCF　……③
AB//ECで、平行線の錯角は等しいから、∠BAC=∠ACE　……④
③、④より、∠ACE=∠BCF　……⑤
①、②、⑤より、2組の辺とその間の角がそれぞれ等しいから、
　△ACE≡△BCF

44 二等辺三角形を考えよう

108ページの答え

①180　②43　③43　④43　⑤94　⑥EC
⑦底角　⑧ECB　⑨2組の辺とその間の角　⑩EBC

109ページの答え

1 右の図のように、∠B=90°である直角三角形ABCがあります。DA=DB=BCとなるような点Dが辺AC上にあるとき、$\angle x$ の大きさを求めましょう。

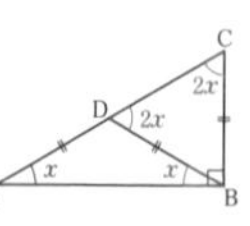

△DABはDA=DBの二等辺三角形だから、
　$\angle DAB=\angle DBA=\angle x$
三角形の外角は、それととなり合わない2つの内角の和に等しいから、
　$\angle BDC=\angle x+\angle x=2\angle x$
△BDCはDB=CBの二等辺三角形だから、
　$\angle BCD=\angle BDC=2\angle x$
△ABCで、三角形の内角の和は180°だから、
　$\angle x+2\angle x+90^\circ=180^\circ$、$\angle x=30^\circ$

2 右の図の△ABCはAB=ACである二等辺三角形です。辺BCの延長上に点Dをとり、∠ACDの二等分線と、頂点Aを通りBCに平行な直線との交点をEとします。このとき、AB=AEであることを証明しましょう。

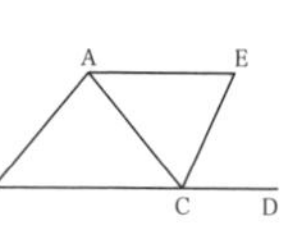

（証明）
仮定から、AB=AC　……①
CEは∠ACDの二等分線だから、∠ACE=∠DCE　……②
AE//BCで、平行線の錯角は等しいから、∠AEC=∠DCE　……③
②、③より、∠ACE=∠AEC
したがって、AC=AE　……④
①、④より、AB=AE

45 直角三角形が合同になるには

110ページの答え

①OBH　②OHB　③90　④半径　⑤OB
⑥斜辺と他の１辺　⑦OBH　⑧BH

111ページの答え

1 右の図の△ABCはAB＝ACである二等辺三角形です。辺BCの中点Mから辺AB、ACにそれぞれ垂線をひき、AB、ACとの交点をD、Eとします。このとき、DM＝EMであることを証明しましょう。

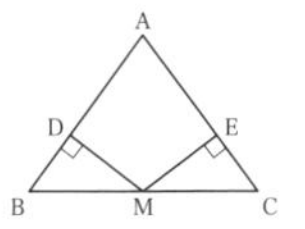

（証明）
△DBMと△ECMにおいて、
仮定から、∠BDM＝∠CEM＝90°　……①
点Mは辺BCの中点だから、BM＝CM　……②
△ABCはAB＝ACの二等辺三角形だから、∠DBM＝∠ECM　……③
①、②、③より、直角三角形の斜辺と1つの鋭角がそれぞれ等しいから、
△DBM≡△ECM
合同な図形の対応する辺は等しいから、DM＝EM

2 右の図のように、２つの合同な正方形ABCDとAEFGがあり、それぞれの頂点のうち頂点Aだけを共有しています。辺BCと辺FGは１点で交わっていて、その点をHとします。このとき、BH＝GHであることを証明しましょう。

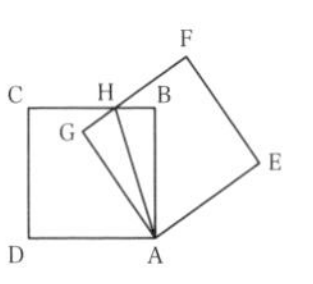

（証明）
△ABHと△AGHにおいて、
共通な辺だから、AH＝AH　……①
正方形ABCDと正方形AEFGは合同だから、AB＝AG　……②
正方形の内角は90°だから、∠ABH＝∠AGH＝90°　……③
①、②、③より、直角三角形の斜辺と他の1辺がそれぞれ等しいから、
△ABH≡△AGH
合同な図形の対応する辺は等しいから、BH＝GH

46 平行四辺形を考えよう

112ページの答え

①OC　②COF　③//　④錯角　⑤OAE
⑥１組の辺とその両端の角

113ページの答え

1 右の図のような平行四辺形ABCDがあり、BEは∠ABCの二等分線です。∠xの大きさを求めましょう。

∠ABC＝180°−100°＝80°
∠CBE＝80°÷2＝40°
AD//BCで、平行線の錯角は等しいから、
∠AEB＝∠CBE＝40°　したがって、∠x＝180°−40°＝140°

2 右の図で、四角形ABCDは平行四辺形です。DC＝DEのとき、∠xの大きさを求めましょう。

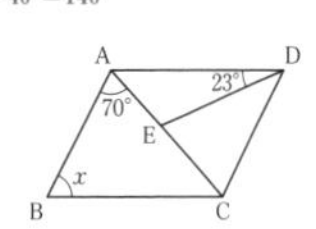

AB//DCで、平行線の錯角は等しいから、
∠DCE＝∠BAC＝70°
DC＝DEだから、∠DEC＝∠DCE＝70°
三角形の内角の和は180°だから、∠CDE＝180°−70°×2＝40°
∠ADC＝23°＋40°＝63°
平行四辺形の対角は等しいから、∠x＝∠ADC＝63°

3 次の四角形ABCDで必ず平行四辺形になるものを、下のア〜オの中から２つ選び、記号で答えましょう。

ア　AD//BC、AB＝DC
イ　AD//BC、AD＝BC
ウ　AD//BC、∠A＝∠B
エ　AD//BC、∠A＝∠C
オ　AD//BC、∠A＝∠D

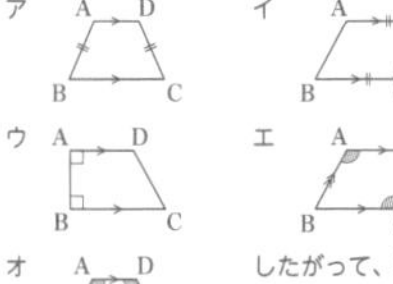

オ

したがって、平行四辺形になるものは、イ、エ

47 三角形が相似になるには

114ページの答え

①ECF　②AEF　③90　④ECF　⑤90　⑥FEC
⑦EFC　⑧２組の角　⑨∽

115ページの答え

1 右の図のような、AB＝ACの二等辺三角形ABCがあり、辺BAの延長に∠ACB＝∠ACDとなるように点Dをとります。ただし、AB<BCとします。このとき、△DBC∽△DCAであることを証明しましょう。

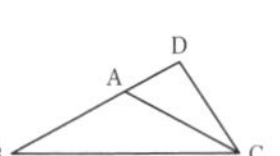
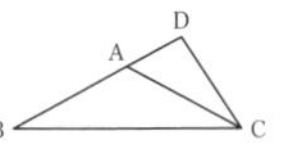

（証明）
△DBCと△DCAにおいて、
共通な角だから、∠BDC＝∠CDA　……①
仮定から、∠ACB＝∠ACD　……②
AB＝ACより、∠ABC＝∠ACB　……③
②、③より、∠DBC＝∠DCA　……④
①、④より、2組の角がそれぞれ等しいから、
△DBC∽△DCA

2 右の図の△ABCにおいて、点D、Eはそれぞれ辺AB、AC上の点です。辺BCの長さを求めましょう。

△ABCと△AEDにおいて、
共通な角だから、∠BAC＝∠EAD　……①
AB：AE＝(6＋10)：8＝2：1　……②
AC：AD＝(8＋4)：6＝2：1　……③
①、②、③より、2組の辺の比とその間の角がそれぞれ等しいから、
△ABC∽△AED
相似な図形では、対応する辺の長さの比はすべて等しいから、
BC：ED＝2：1、BC：9＝2：1、BC＝18(cm)

48 平行線と比について考えよう

116ページの答え

①8　②9　③72　④12　⑤6　⑥36　⑦9
⑧10　⑨80　⑩20

117ページの答え

1 右の図のように、平行な３つの直線ℓ、m、nがあります。xの値を求めましょう。

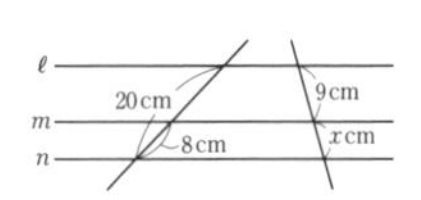

平行線と比の定理より、

(20−8)：8＝9：x、12x＝72、x＝6(cm)

2 右の図は、AD//BCで、AD＝4cm、BC＝8cm、BD＝12cmの台形ABCDです。対角線の交点をEとしたとき、BEの長さを求めましょう。

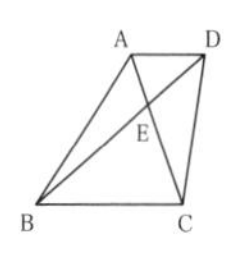

AD//BCだから、三角形と比の定理より、
DE：BE＝AD：BC＝4：8＝1：2、
BE＝12×$\frac{2}{3}$＝8(cm)

3 右の図において、AB//EC、AC//DB、DE//BCです。また、線分DEと線分AB、ACとの交点をそれぞれF、Gとすると、AF：FB＝2：3でした。BC＝10cmのとき、線分DEの長さを求めましょう。

DE//BCだから、AF：AB＝FG：BC、
2：(2＋3)＝FG：10、20＝5FG、FG＝4(cm)
AC//DBだから、AF：FB＝FG：DF、
2：3＝4：DF、2DF＝12、DF＝6(cm)
AB//ECだから、AF：EC＝FG：GE、
2：3＝4：GE、2GE＝12、GE＝6(cm)
したがって、DE＝6＋4＋6＝16(cm)

49 中点連結定理とは？

118ページの答え

① AF　② 2　③ 2　④ 12　⑤ CD　⑥ $\frac{1}{2}$　⑦ $\frac{1}{2}$
⑧ 3　⑨ 12　⑩ 3　⑪ 9

119ページの答え

1 右の図のような、AD＝5cm、BC＝8cm、AD//BCである台形ABCDがあります。辺ABの中点をEとし、Eから辺BCに平行な直線をひき、辺CDとの交点をFとするとき、線分EFの長さを求めましょう。

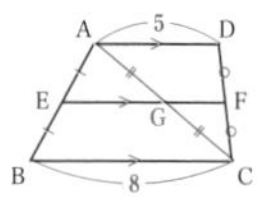

対角線ACをひき、EFとの交点をGとする。
EF//BCで、AE＝EBより、AG＝GC
△ABCで、中点連結定理より、$EG=\frac{1}{2}\times8=4$(cm)
同様に、△CDAで、CF＝FDだから、中点連結定理より、$GF=\frac{1}{2}\times5=\frac{5}{2}$(cm)
したがって、$EF=4+\frac{5}{2}=\frac{13}{2}$(cm)

2 右の図のように、△ABCの辺AB、ACの中点をそれぞれD、Eとします。また、辺BCの延長にBC：CF＝2：1となるように点Fをとり、ACとDFの交点をGとします。このとき、△DGE≡△FGCであることを証明しましょう。

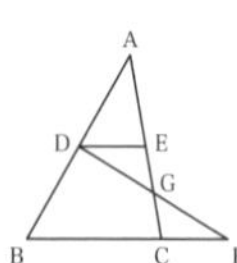

(証明)
△DGEと△FGCにおいて、
中点連結定理より、DE//BC……①、$DE=\frac{1}{2}BC$……②
①より、平行線の錯角は等しいから、
∠EDG＝∠CFG　……③
∠DEG＝∠FCG　……④
BC：CF＝2：1より、$CF=\frac{1}{2}BC$　……⑤
②、⑤より、DE＝FC　……⑥
③、④、⑥より、1組の辺とその両端の角がそれぞれ等しいから、
△DGE≡△FGC

50 相似な図形の面積や体積を求めよう

120ページの答え

① 4　② 4　③ 16　④ 45　⑤ 16　⑥ 80　⑦ 2
⑧ 2　⑨ 8　⑩ 80π　⑪ 8　⑫ 640π

121ページの答え

1 △ABCと△DEFは相似であり、その相似比は3：5です。このとき、△DEFの面積は△ABCの面積の何倍か求めましょう。

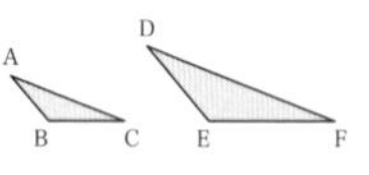

△ABC：△DEF＝3^2：5^2＝9：25、
25△ABC＝9△DEF、△DEF＝$\frac{25}{9}$△ABC
したがって、$\frac{25}{9}$倍。

2 右の図の2つの三角錐A、Bは相似であり、その相似比は2：3です。三角錐Aの体積が24cm³であるとき、三角錐Bの体積を求めましょう。

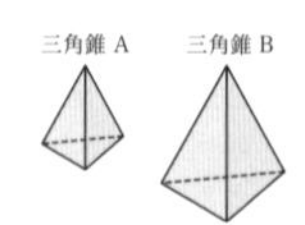

(三角錐Aの体積)：(三角錐Bの体積)
＝2^3：3^3＝8：27
よって、24：(三角錐Bの体積)＝8：27
したがって、(三角錐Bの体積)＝$\frac{24\times27}{8}$＝81(cm³)

3 右の図のように、円錐を底面に平行な平面で切って2つの立体に分けます。もとの円錐から、上の小さい円錐を取り除いた立体の体積を求めましょう。

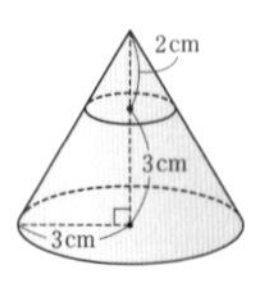

もとの円錐の体積は、
$\frac{1}{3}\times\pi\times3^2\times(2+3)=15\pi$(cm³)
上の小さい円錐と、もとの円錐は相似だから、
(小さい円錐の体積)：(もとの円錐の体積)＝2^3：5^3＝8：125
よって、(小さい円錐の体積)＝$\frac{15\pi\times8}{125}=\frac{24}{25}\pi$(cm³)
したがって、求める立体の体積は、$15\pi-\frac{24}{25}\pi=\frac{351}{25}\pi$(cm³)

51 円周角の定理とは？

122ページの答え

① 37　② 37　③ 106　④ 106　⑤ 53　⑥ 90
⑦ 180　⑧ 90　⑨ 32　⑩ 32

123ページの答え

1 右の図で、点Cは、点Oを中心とし、線分ABを直径とする円の周上にあります。このとき、∠xの大きさを求めましょう。

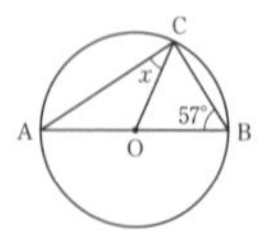

ABは円Oの直径だから、∠ACB＝90°
OC＝OBだから、∠OCB＝∠OBC＝57°
したがって、∠x＝90°－57°＝33°

2 右の図で、6点A、B、C、D、E、Fは、円Oの周上の点であり、線分AEと線分BFは円Oの直径です。点C、点Dは$\overset{\frown}{BE}$を3等分する点です。∠AOB＝42°のとき、∠xの大きさを求めましょう。

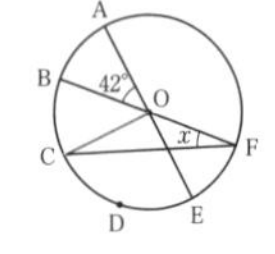

∠BOE＝180°－42°＝138°
$\overset{\frown}{BC}=\overset{\frown}{CD}=\overset{\frown}{DE}$だから、∠BOC＝138°÷3＝46°
したがって、∠x＝$\frac{1}{2}$∠BOC＝$\frac{1}{2}$×46°＝23°

3 右の図で、A、B、C、Dは円Oの周上の点で、AO//BCです。∠AOB＝48°のとき、∠ADCの大きさを求めましょう。

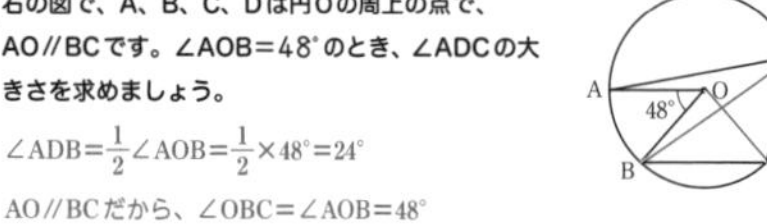

∠ADB＝$\frac{1}{2}$∠AOB＝$\frac{1}{2}$×48°＝24°
AO//BCだから、∠OBC＝∠AOB＝48°
△OBCは二等辺三角形だから、∠BOC＝180°－48°×2＝84°
∠BDC＝$\frac{1}{2}$∠BOC＝$\frac{1}{2}$×84°＝42°　したがって、∠ADC＝24°＋42°＝66°

52 円周角の定理を利用しよう

124ページの答え

① DAF　② ACB　③ CAE　④ ABG　⑤ ADF
⑥ ADF　⑦ 2組の角　⑧ ∽

125ページの答え

1 右の図で、ABは円Oの直径です。$\overset{\frown}{AB}$上に点Cをとり△ABCをつくります。また、$\overset{\frown}{AB}$上にABについて点Cと反対側に点Dをとり、点Cから線分DBに垂線をひき、DBとの交点をEとします。このとき、△ABC∽△DCEであることを証明しましょう。

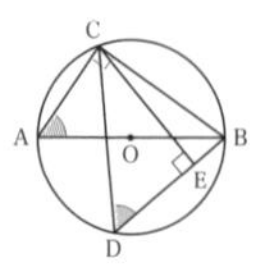

(証明)
△ABCと△DCEにおいて、
$\overset{\frown}{BC}$に対する円周角だから、∠CAB＝∠EDC　……①
仮定から、∠DEC＝90°　……②
半円の弧に対する円周角だから、∠ACB＝90°　……③
②、③より、∠ACB＝∠DEC　……④
①、④より、2組の角がそれぞれ等しいから、
△ABC∽△DCE

2 右の図のように、円Oの円周上に3点A、B、Cをとり、△ABCをつくります。∠ABCの二等分線と線分AC、円Oとの交点をそれぞれD、Eとし、線分AEをひきます。点Dを通り線分ABと平行な直線と線分AE、BCとの交点をそれぞれF、Gとします。このとき、△ABD∽△DAFであることを証明しましょう。

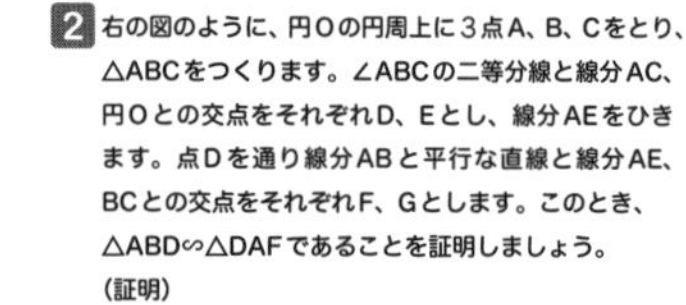

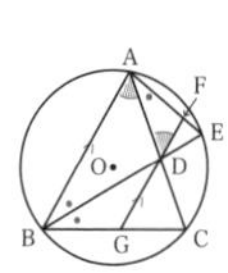

(証明)
△ABDと△DAFにおいて、
BEは∠ABCの二等分線だから、∠ABD＝∠CBE　……①
$\overset{\frown}{EC}$に対する円周角だから、∠DAF＝∠CBE　……②
①、②より、∠ABD＝∠DAF　……③
AB//FGで、平行線の錯角は等しいから、∠BAD＝∠ADF　……④
③、④より、2組の角がそれぞれ等しいから、
△ABD∽△DAF

53 三平方の定理を平面図形で利用しよう

126ページの答え

①4 ②16 ③20 ④20 ⑤2 ⑥5 ⑦6
⑧3 ⑨3 ⑩9 ⑪27 ⑫27 ⑬3 ⑭3

127ページの答え

1 右の図のようなAB＝$2\sqrt{6}$ cm、BC＝5cmの長方形ABCDがあります。対角線ACの長さを求めましょう。

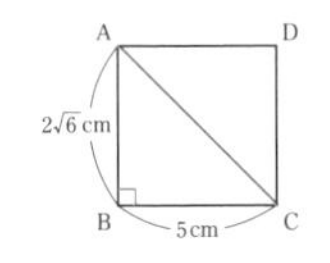

△ABCは直角三角形だから、三平方の定理より、

$AC^2=AB^2+BC^2=(2\sqrt{6})^2+5^2=24+25=49$

AC＞0だから、$AC=\sqrt{49}=7$(cm)

2 右の図のような半径8cmの円Oがあります。中心Oから17cmの距離にある点Aから円Oにひいた接線APの長さを求めましょう。

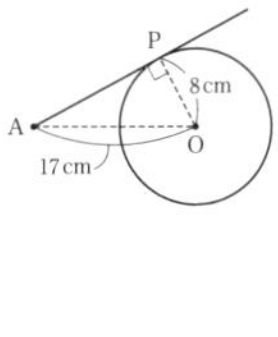

円の接線は、接点を通る半径に垂直だから、

∠APO＝90°

△AOPは直角三角形だから、三平方の定理より、

$AP^2=AO^2-PO^2=17^2-8^2=289-64=225$

AP＞0だから、$AP=\sqrt{225}=15$(cm)

3 右の図で、辺BCの長さを求めましょう。

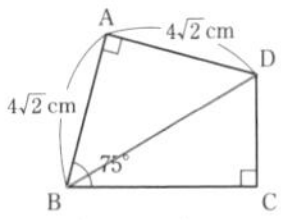

対角線BDをひく。

△ABDは直角二等辺三角形だから、

AB : AD : BD＝1 : 1 : $\sqrt{2}$

よって、BD＝$4\sqrt{2}\times\sqrt{2}=8$(cm)

∠ABD＝45°より、△BCDは3つの角が30°、60°、90°の直角三角形だから、

BD : DC : BC＝2 : 1 : $\sqrt{3}$

よって、8 : BC＝2 : $\sqrt{3}$、$8\sqrt{3}$＝2BC、BC＝$4\sqrt{3}$(cm)

54 三平方の定理を空間図形で利用しよう

128ページの答え

①5 ②5 ③3 ④50 ⑤50 ⑥5 ⑦2 ⑧4
⑨$\sqrt{7}$ ⑩9 ⑪9 ⑫3 ⑬3 ⑭7π

129ページの答え

1 右の図のような、対角線AGの長さが6cmの立方体があります。この立方体の1辺の長さを求めましょう。

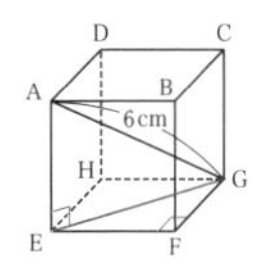

立方体の1辺の長さを$x$cmとすると、

$AG^2=x^2+x^2+x^2=3x^2$

したがって、$3x^2=6^2$、$x^2=12$

x＞0だから、$x=\sqrt{12}=2\sqrt{3}$(cm)

2 右の図の円錐の体積を求めましょう。

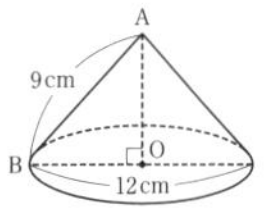

BO＝12÷2＝6(cm)

△ABOは直角三角形だから、

$AO^2=9^2-6^2=45$

AO＞0だから、$AO=\sqrt{45}=3\sqrt{5}$(cm)

したがって、円錐の体積は、

$\frac{1}{3}\times\pi\times6^2\times3\sqrt{5}=36\sqrt{5}\pi$(cm³)

3 右の図のように、点A、B、C、D、E、Fを頂点とする1辺の長さが1cmの正八面体があります。このとき、次の問いに答えましょう。

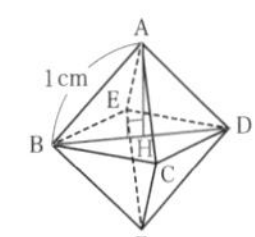

(1) 線分BDの長さを求めましょう。

線分BDは1辺の長さが1cmの正方形の対角線だから、BD＝$\sqrt{1^2+1^2}=\sqrt{2}$(cm)

(2) 正八面体の体積を求めましょう。

点Aから面BCDEに垂線をひき、面BCDEとの交点をHとする。

$AH^2=1^2-\left(\frac{\sqrt{2}}{2}\right)^2=\frac{1}{2}$　AH＞0だから、$AH=\sqrt{\frac{1}{2}}=\frac{\sqrt{2}}{2}$(cm)

したがって、正八面体の体積は、$\frac{1}{3}\times1\times1\times\frac{\sqrt{2}}{2}\times2=\frac{\sqrt{2}}{3}$(cm³)

55 分布のようすを読み取ろう

134ページの答え

①10 ②23 ③30
④36 ⑤30 ⑥30
⑦75 ⑧右の図

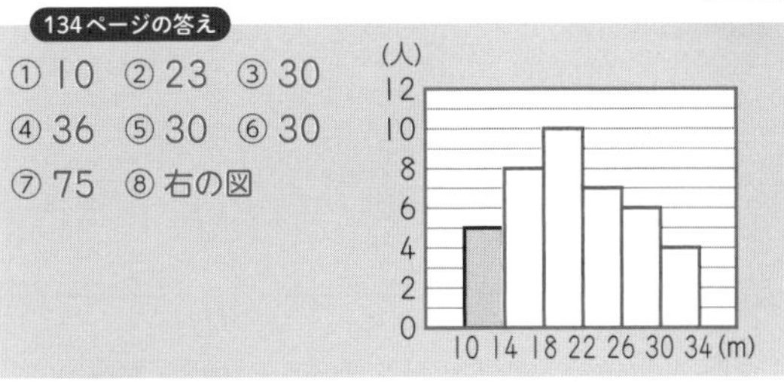

135ページの答え

1 右の表は、ある中学校の3年生50人の通学時間を調べ、度数分布表に整理したものです。次の問いに答えましょう。

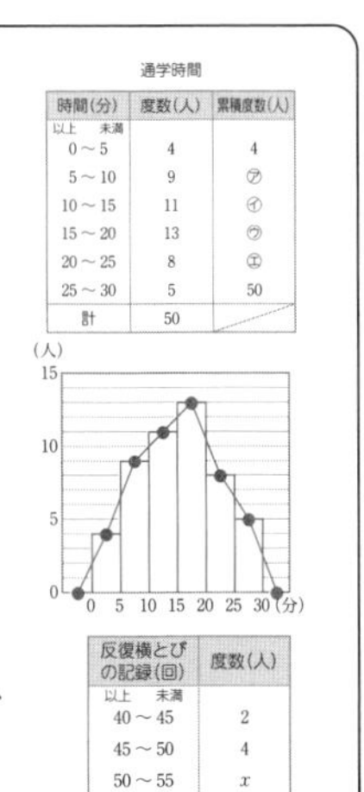

通学時間

時間(分)	度数(人)	累積度数(人)
以上　未満		
0～5	4	4
5～10	9	㋐
10～15	11	㋑
15～20	13	㋒
20～25	8	㋓
25～30	5	50
計	50	

(1) ㋐～㋓にあてはまる数を求めましょう。

㋐ 4＋9＝13

㋑ 4＋9＋11＝24

㋒ 4＋9＋11＋13＝37

㋓ 4＋9＋11＋13＋8＝45

(2) 度数分布表をヒストグラムに表しましょう。

(3) ヒストグラムをもとにして、度数折れ線をかきましょう。

2 右の表は、水泳部員20人の反復横とびの記録を度数分布表にまとめたものです。記録が55回以上の部員の人数が、水泳部員20人の30%であるとき、表中のx、yの値をそれぞれ求めましょう。

反復横とびの記録(回)	度数(人)
以上　未満	
40～45	2
45～50	4
50～55	x
55～60	y
60～65	1
計	20

$2+4+x+y+1=20$だから、$x+y=13$

$\frac{y+1}{20}\times100=30$だから、$y+1=6$、$y=5$

$x+y=13$に$y=5$を代入して、$x+5=13$、$x=8$

56 データを割合で比べよう

136ページの答え

①7 ②0.28 ③0.24 ④0.28 ⑤0.64
⑥0.20 ⑦5 ⑧0.28 ⑨0.20 ⑩0.84 ⑪5
⑫4 ⑬4 ⑭0.16

137ページの答え

1 右の表は、あるクラスの生徒20人のハンドボール投げの記録を度数分布表に整理したものです。記録が20m以上24m未満の階級の相対度数を求めましょう。また、24m以上28m未満の階級の累積相対度数を求めましょう。

階級(m)	度数(人)
以上　未満	
16～20	4
20～24	6
24～28	1
28～32	7
32～36	2
合計	20

20m以上24m未満の階級の相対度数は、

$\frac{6}{20}=0.30$

24m以上28m未満の階級の累積度数は、

4＋6＋1＝11(人)

したがって、24m以上28m未満の階級の累積相対度数は、$\frac{11}{20}=0.55$

2 右の2つの表は、A中学校の生徒20人とB中学校の生徒25人の立ち幅跳びの記録を、相対度数で表したものです。このA中学校の生徒20人とB中学校の生徒25人を合わせた45人の記録について、200cm以上220cm未満の階級の相対度数を求めましょう。

A中学校

階級(cm)	相対度数
以上　未満	
160～180	0.05
180～200	0.20
200～220	0.35
220～240	0.30
240～260	0.10
計	1.00

B中学校

階級(cm)	相対度数
以上　未満	
160～180	0.04
180～200	0.12
200～220	0.44
220～240	0.28
240～260	0.12
計	1.00

A中学校の200cm以上220cm未満の階級の度数は、20×0.35＝7(人)

B中学校の200cm以上220cm未満の階級の度数は、25×0.44＝11(人)

したがって、求める相対度数は、$\frac{7+11}{45}=0.40$

57 データを代表する値を読み取ろう

138ページの答え

①8　②8　③12　④12　⑤16　⑥14　⑦30
⑧70　⑨36　⑩162　⑪162　⑫10.8

139ページの答え

1 男子生徒8人の反復横跳びの記録は、下のようでした。この記録の代表値について正しく述べたものを、次のア～エからすべて選んで、記号を書きましょう。

53　45　51　57　49　42　50　45　（単位：回）

ア　平均値は、49回である。　イ　中央値は、50回である。
ウ　最頻値は、57回である。　エ　範囲は、15回である。

データの値を小さいほうから順に並べると、
42、45、45、49、50、51、53、57
平均値は、(42+45+45+49+50+51+53+57)÷8=49(回)
中央値は、(49+50)÷2=49.5(回)
最頻値は、最も多く出てくる値だから45回。
範囲は、57−42=15(回)
したがって、正しいのは、ア、エ

2 右のグラフは、あるクラスの20人が、読書週間に読んだ本の冊数と人数の関係を表したものです。この20人が読んだ本の冊数について代表値を求めたとき、その値が最も大きいものを、次のア～ウから1つ選んで記号を書きましょう。

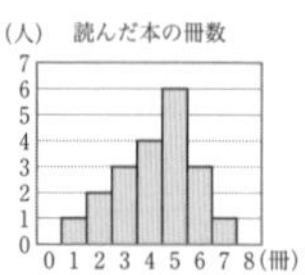

ア　平均値　イ　中央値　ウ　最頻値

平均値は、(1×1+2×2+3×3+4×4+5×6+6×3+7×1)÷20=4.25(冊)
中央値は、10番目の値と11番目の値の平均値だから、(4+5)÷2=4.5(冊)
最頻値は、度数が最も大きいときの冊数だから、5冊。
したがって、値が最も大きいのは、ウ

58 データの傾向を読み取ろう

140ページの答え

①2　②3　③5　④6　⑤6　⑥7　⑦8　⑧9
⑨10　⑩2　⑪10　⑫6　⑬4　⑭8.5

⑮

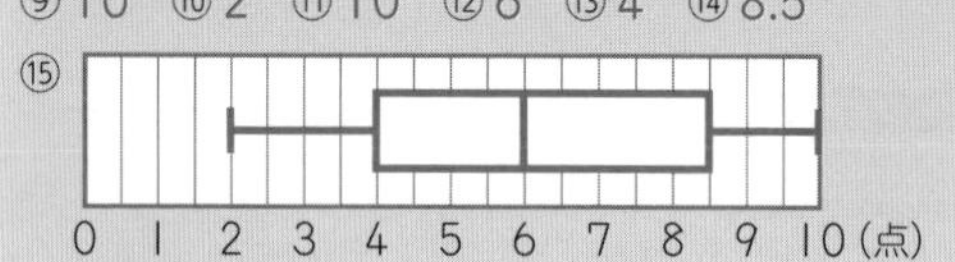

141ページの答え

1 右の図は、ある中学校の3年A組の生徒35人と3年B組の生徒35人が1学期に読んだ本の冊数について、クラスごとのデータの分布のようすを箱ひげ図に表したものです。次の問いに答えましょう。

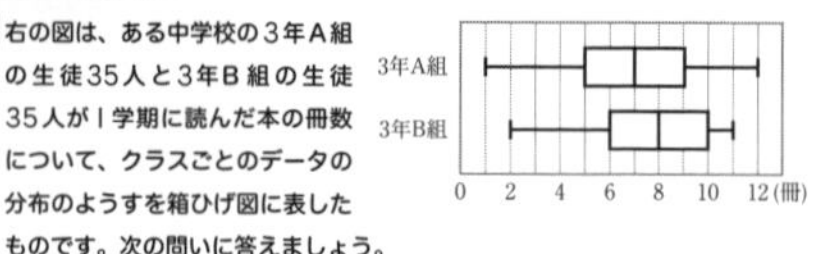

(1) 3年A組の第1四分位数を求めましょう。
第1四分位数は、5冊

(2) 3年A組の四分位範囲を求めましょう。
四分位範囲は、9−5=4(冊)

(3) 図から読み取れることとして正しいものを、**ア**～**エ**からすべて選び、記号で答えましょう。

ア　3年A組と3年B組は、生徒が1学期に読んだ本の冊数のデータの範囲が同じである。
イ　3年A組は、3年B組より、生徒が1学期に読んだ本の冊数のデータの中央値が小さい。
ウ　3年A組は、3年B組より、1学期に読んだ本が9冊以下である生徒が多い。
エ　3年A組と3年B組の両方に、1学期に読んだ本が10冊である生徒が必ずいる。

ア　A組の範囲は、12−1=11(冊)、B組の範囲は、11−2=9(冊)
イ　A組の中央値は7冊、B組の中央値は8冊。
ウ　A組の第3四分位数は9冊だから、9冊以下の生徒は27人以上、B組の第3四分位数は10冊だから、9冊以下の生徒は27人より少ない。
エ　B組には10冊の生徒が少なくとも1人はいるが、A組には10冊の生徒がいるかどうかはわからない。
したがって、正しいのは、イ、ウ

59 図をかいて確率を求めよう

142ページの答え

①20　②2　③$\frac{1}{10}$　④6　⑤$\frac{3}{10}$　⑥$\frac{3}{10}$　⑦$\frac{7}{10}$

143ページの答え

1 1、2、3、4の数が1枚ずつ書かれた4枚のカードを袋の中に入れます。この袋の中をよく混ぜてからカードを1枚ひいて、これをもどさずにもう1枚ひき、ひいた順に左からカードを並べて2けたの整数をつくります。このとき、2けたの整数が32以上になる確率を求めましょう。

2枚のカードのひき方を樹形図に表すと、下の図のようになる。

1＜2…12、3…13、4…14
2＜1…21、3…23、4…24
3＜1…31、2…32、4…34
4＜1…41、2…42、3…43

2枚のカードのひき方は全部で12通り。
2けたの整数が32以上になるようなひき方は5通り。
したがって、求める確率は、$\frac{5}{12}$

2 4枚の硬貨A、B、C、Dを同時に投げるとき、少なくとも1枚は表が出る確率を求めましょう。ただし、硬貨A、B、C、Dのそれぞれについて、表と裏が出ることは同様に確からしいとします。

表を○、裏を×として、表と裏の出方を樹形図に表すと、右の図のようになる。
表と裏の出方は全部で16通り。
このうち、4枚とも裏が出る出方は1通りだから、
4枚とも裏が出る確率は、$\frac{1}{16}$
したがって、少なくとも1枚は表が出る確率は、
$1-\frac{1}{16}=\frac{15}{16}$

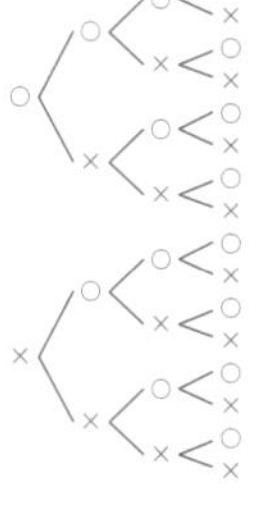

60 表をかいて確率を求めよう

144ページの答え

①36　②3　③$\frac{1}{12}$　④10　⑤$\frac{5}{18}$　⑥10　⑦4
⑧$\frac{2}{5}$

145ページの答え

1 A、B2つのさいころを同時に投げるとき、次の確率を求めましょう。ただし、1から6までのどの目が出ることも同様に確からしいものとします。

(1) 出る目の数の和が5の倍数になる確率
2つのさいころの目の出方は全部で36通り。
目の数の和が5の倍数になるのは、■の7通り。
したがって、目の数の和が5の倍数になる確率は、
$\frac{7}{36}$

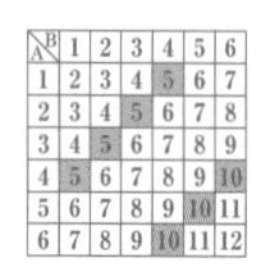

A＼B	1	2	3	4	5	6
1	2	3	4	5	6	7
2	3	4	5	6	7	8
3	4	5	6	7	8	9
4	5	6	7	8	9	10
5	6	7	8	9	10	11
6	7	8	9	10	11	12

(2) 出る目の数の積が偶数になる確率
2つのさいころの目の出方は全部で36通り。
目の数の積が偶数になるのは、少なくとも1つのさいころの目の数が偶数のときだから、■の27通り。
したがって、目の数の積が偶数になる確率は、
$\frac{27}{36}=\frac{3}{4}$

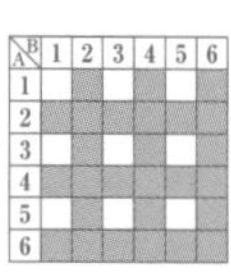

2 A、B、C、D、E、Fの6人から、くじびきで2人の委員を選びます。Aが選ばれない確率を求めましょう。

2人の選び方は全部で15通り。
Aが選ばれる選び方は5通りだから、
Aが選ばれる確率は、$\frac{5}{15}=\frac{1}{3}$
したがって、Aが選ばれない確率は、$1-\frac{1}{3}=\frac{2}{3}$

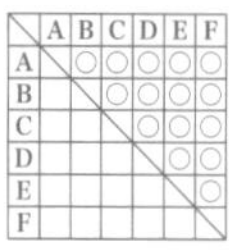

61 標本調査を使って推定しよう

146ページの答え

①標本　②母集団　③51　④3　⑤17　⑥3
⑦17　⑧3　⑨17　⑩1700　⑪566　⑫570

147ページの答え

1 袋の中に、白い碁石と黒い碁石が合わせて500個入っています。この袋の中の碁石をよくかき混ぜ、60個の碁石を無作為に抽出したところ、白い碁石は18個ふくまれていました。この袋の中に入っている500個の碁石には、白い碁石がおよそ何個ふくまれていると推定できるか、求めましょう。

無作為に抽出した60個の碁石における白い碁石と60個の碁石の個数の比は、

$18:60=3:10$

袋の中の白い碁石と全部の碁石の個数の比も3：10と推定できるから、

袋の中の白い碁石の個数をx個とすると、

$x:500=3:10$、$10x=1500$、$x=150$

したがって、白い碁石の個数はおよそ150個。

2 箱の中に同じ大きさの白玉だけがたくさん入っています。この箱の中に、同じ大きさの黒玉を50個入れてよくかき混ぜた後、この箱の中から40個の玉を無作為に抽出すると、その中に黒玉が3個ふくまれていました。この結果から、はじめにこの箱の中に入っていた白玉の個数はおよそ何個と考えられますか。一の位を四捨五入して答えましょう。

無作為に抽出した40個の玉における黒玉と白玉の個数の比は、

$3:(40-3)=3:37$

箱の中の黒玉と白玉の個数の比も3：37と推定できるから、箱の中の白玉の個数をx個とすると、

$50:x=3:37$、$3x=1850$、$x=616.6\cdots$

したがって、白玉の個数はおよそ620個。

実戦テスト 1 （本文38〜39ページ）

1 (1) 8　(2) -4　(3) 7　(4) 15

2 (1) $a+9b$　(2) $\dfrac{x+17y}{35}$

(3) $\dfrac{8}{3}a^2$　(4) $-18a$

(5) $2a^2-3$　(6) $2x^2-5x-13$

3 (1) $(2x+3y)(2x-3y)$

(2) $(x+2)(x-6)$

解説

(2) $x-3=A$とおくと、$(x-3)^2+2(x-3)-15$

$=A^2+2A-15=(A+5)(A-3)$

$=\{(x-3)+5\}\{(x-3)-3\}=(x+2)(x-6)$

4 (1) $3\sqrt{3}$　(2) $4\sqrt{5}$　(3) 6　(4) $1-\sqrt{7}$

解説

(3) $(\sqrt{5}-\sqrt{2})(\sqrt{20}+\sqrt{8})=(\sqrt{5}-\sqrt{2})(2\sqrt{5}+2\sqrt{2})$

$=2(\sqrt{5}-\sqrt{2})(\sqrt{5}+\sqrt{2})=2(5-2)=2\times3=6$

5 (1) $x=\dfrac{-7y+21}{3}$　(2) 25

(3) $a-7b<200$　(4) 5、6、7、8

(5) $n=42$

解説

(2) $x^2-2xy+y^2=(x-y)^2$

この式に$x=23$、$y=18$を代入すると、

$(x-y)^2=(23-18)^2=5^2=25$

(4) 不等式で表すと、$5<\sqrt{6a}<7$

それぞれの数を2乗しても大小関係は変わらないから、$5^2<(\sqrt{6a})^2<7^2$、$25<6a<49$

この不等式にあてはまる自然数aの値は、

5、6、7、8

(5) 面積が$168n\,\text{m}^2$の正方形の1辺の長さは$\sqrt{168n}\,\text{m}$だから、$168n$がある自然数の2乗になるような最小の自然数nの値を求めます。

168を素因数分解すると、$168=2^3\times3\times7$

よって、$168n=2^3\times3\times7\times n$

したがって、$n=2\times3\times7=42$のとき、

$168n=2^4\times3^2\times7^2=(2^2\times3\times7)^2=84^2$となり、$\sqrt{168n}$は整数になります。

実戦テスト 2 (本文58～59ページ)

1

(1) $x=-6$　(2) $x=5$

(3) $x=-12$　(4) $x=3$

(5) $x=18$　(6) $x=\frac{5}{2}$

解説

(3) $x-7=\frac{4x-9}{3}$、$(x-7)\times 3=\frac{4x-9}{3}\times 3$、

$3x-21=4x-9$、$-x=12$、$x=-12$

(4) $0.16x-0.08=0.4$、

$(0.16x-0.08)\times 100=0.4\times 100$、

$16x-8=40$、$16x=48$、$x=3$

(5) $x:12=3:2$、$x\times 2=12\times 3$、$2x=36$、

$x=18$

(6) $(x-1):x=3:5$、$(x-1)\times 5=x\times 3$、

$5x-5=3x$、$2x=5$、$x=\frac{5}{2}$

2

(1) $x=3$、$y=-1$　(2) $x=4$、$y=-2$

(3) $x=-1$、$y=1$　(4) $x=-11$、$y=4$

解説

(2) $\begin{cases} 2x+5y=-2 & \cdots\cdots① \\ 3x-2y=16 & \cdots\cdots② \end{cases}$

①×3−②×2より、$19y=-38$、$y=-2$

$y=-2$を①に代入して、$2x+5\times(-2)=-2$、

$2x-10=-2$、$2x=8$、$x=4$

(4) $\begin{cases} 0.2x+0.8y=1 & \cdots\cdots① \\ \frac{1}{2}x+\frac{7}{8}y=-2 & \cdots\cdots② \end{cases}$

①×10　$2x+8y=10$　……③

②×8　$4x+7y=-16$　……④

③×2−④より、$9y=36$、$y=4$

$y=4$を③に代入して、$2x+8\times 4=10$、

$2x+32=10$、$2x=-22$、$x=-11$

3

(1) $x=-1\pm\sqrt{2}$　(2) $x=-5$、$x=7$

(3) $x=\frac{3\pm\sqrt{57}}{4}$　(4) $x=-2$、$x=6$

解説

(1) $x^2+2x-1=0$、$x^2+2x+1=1+1$、

$(x+1)^2=2$、$x+1=\pm\sqrt{2}$、$x=-1\pm\sqrt{2}$

(2) $x^2-2x-35=0$、$(x+5)(x-7)=0$、

$x=-5$、$x=7$

(3) $2x^2-3x-6=0$

$x=\frac{-(-3)\pm\sqrt{(-3)^2-4\times 2\times(-6)}}{2\times 2}$

$=\frac{3\pm\sqrt{9+48}}{4}=\frac{3\pm\sqrt{57}}{4}$

(4) $(x-5)(x+4)=3x-8$、$x^2-x-20=3x-8$、

$x^2-4x-12=0$、$(x+2)(x-6)=0$、

$x=-2$、$x=6$

4

(1) $a=5$、$b=3$

(2) aの値 2、もう1つの解 $x=-5$

解説

(1) 連立方程式$\begin{cases} -x-5y=7 \\ 3x+2y=5 \end{cases}$を解くと、

$x=3$、$y=-2$

これを$ax+by=9$、$2bx+ay=8$に代入して、

a、bについての連立方程式をつくると、

$\begin{cases} 3a-2b=9 \\ -2a+6b=8 \end{cases}$　これを解くと、$a=5$、$b=3$

(2) $ax^2+4x-7a-16=0$に$x=3$を代入すると、

$a\times 3^2+4\times 3-7a-16=0$、$a=2$

したがって、xの2次方程式は、

$2x^2+4x-7\times 2-16=0$、$2x^2+4x-30=0$

これを解くと、$x^2+2x-15=0$、

$(x+5)(x-3)=0$、$x=-5$、$x=3$

5

4人のグループの数をx組、5人のグループの数をy組とする。

生徒は全部で200人だから、

$4x+5y=200$　……①

ごみ袋は1人に1枚ずつ配られるから生徒200人で200枚のごみ袋が配られる。

よって、残りのごみ袋の枚数は、

$314-200=114$(枚)

これが4人のグループには2枚ずつ、5人のグループには3枚ずつ配られるから、

$2x+3y=114$　……②

①、②を連立方程式として解くと、

$x=15$、$y=28$

4人のグループの数15組、

5人のグループの数28組

実戦テスト 3 (本文84〜85ページ)

1

(1) $x=-4$　(2) 5

(3) $y=\frac{1}{2}x+2$　(4) $a=2$

解説

(3) 点Aのy座標は、$y=\frac{6}{-6}=-1$

点Bのy座標は、$y=\frac{6}{2}=3$

2点A$(-6, -1)$、B$(2, 3)$を通る直線の式を求めます。

(4) $\begin{cases} 3x+2y+16=0 \\ 2x-y+6=0 \end{cases}$ を連立方程式として解くと、

$x=-4$、$y=-2$

したがって、交点の座標は、$(-4, -2)$

この交点の座標を$ax+y+10=0$に代入すると、

$a\times(-4)-2+10=0$、$-4a=-8$、$a=2$

2

(1) 9　(2) $-\frac{1}{3}$

解説

(1) 線分ACがx軸に平行となるとき、線分ACの長さは点Cのx座標になります。

このとき、点Cのy座標は8だから、

$8=\frac{2}{3}x+2$、$6=\frac{2}{3}x$、$x=9$　よって、AC$=9$

(2) 点B、Cからx軸に垂線をひき、それぞれの交点をH、Kとします。また、点Bのx座標をbとすると、点Cのx座標は$4b$と表せます。

点Dの座標は$(-3, 0)$より、

DH$=b-(-3)=b+3$、HK$=4b-b=3b$

DB=BCのとき、DH=HKになるから、

$b+3=3b$、$b=\frac{3}{2}$　よって、C$(6, 6)$

したがって、直線ACの傾きは、$\frac{6-8}{6-0}=-\frac{1}{3}$

3

ア、エ

解説

ア　関数$y=ax^2$の変化の割合は一定ではないから、正しい。

イ　$x<0$のとき、xの値が増加するとyの値は増加するから、正しくない。

ウ　$x=0$のとき$y=0$だから、正しくない。

エ　関数$y=ax^2$のグラフは、aの絶対値が小さいほどグラフの開き方は大きくなるから、正しい。

4

エ

解説

関数$y=2x^2$について、xの値が1から3まで増加するときの変化の割合を求めます。

xの増加量は、$3-1=2$

yの増加量は、$2\times3^2-2\times1^2=18-2=16$

したがって、変化の割合は、$\frac{16}{2}=8$

アからエまでの1次関数で、変化の割合が8のものは、エ。

5

$a=\frac{2}{5}$

解説

点A、Bはどちらも$y=ax^2$のグラフ上の点だから、

点Aのy座標は、$y=a\times3^2=9a$

点Bのy座標は、$y=a\times(-2)^2=4a$

したがって、$9a-4a=2$、$5a=2$、$a=\frac{2}{5}$

6

(1) $0\leqq y\leqq 2$　(2) 12

(3) $y=-5x$

解説

(1) グラフは右の図のようになります。

$x=0$のとき、yは最小値0、

$x=2$のとき、yは最大値2

をとります。

(2) 直線ABとy軸の交点をCとします。

直線ABの式は、$y=-x+4$だから、C$(0, 4)$

$\triangle$OAB$=\triangle$OAC$+\triangle$OBC

$=\frac{1}{2}\times4\times4+\frac{1}{2}\times4\times2=8+4=12$

(3) 線分ABの中点をMとすると、求める直線は直線OMです。

A$(-4, 8)$、B$(2, 2)$だから、点Mの座標は、

$\left(\frac{-4+2}{2}, \frac{8+2}{2}\right)=(-1, 5)$

したがって、直線OMの式は、$y=-5x$

実戦テスト 4 (本文130～131ページ)

1

(1) 19°　(2) 66°

(3) $\frac{16}{3}\pi-4\sqrt{3}\,(\text{cm}^2)$

解説

(1) AB=ACだから、

$\angle ACB=(180°-54°)\div 2$
$=63°$

$\angle ACD=180°-44°-63°$
$=73°$

$\ell /\!/ m$で、錯角は等しいから、$\angle EAC=73°$

したがって、$\angle x=73°-54°=19°$

(2) 点AとEを結びます。

ABは直径だから、$\angle ACB=90°$

$\angle ABC=180°-(90°+57°)=33°$

$\overset{\frown}{AC}$に対する円周角だから、

$\angle AEC=\angle ABC=33°$

$\overset{\frown}{AC}=\overset{\frown}{AD}$だから、$\angle AED=\angle ABC=33°$

したがって、$\angle x=33°+33°=66°$

(3) △ABCは3つの角が30°、60°、90°の直角三角形だから、AB：AC：BC=2：1：$\sqrt{3}$

よって、AC=4 cm、BC=$4\sqrt{3}$ cm

$\triangle OBC=\frac{1}{2}\triangle ABC=\frac{1}{2}\times\frac{1}{2}\times 4\times 4\sqrt{3}$
$=4\sqrt{3}\,(\text{cm}^2)$

∠BOC=120°だから、おうぎ形OBCの面積は、

$\pi\times 4^2\times\frac{120}{360}=\frac{16}{3}\pi\,(\text{cm}^2)$

したがって、求める面積は、$\frac{16}{3}\pi-4\sqrt{3}\,(\text{cm}^2)$

2

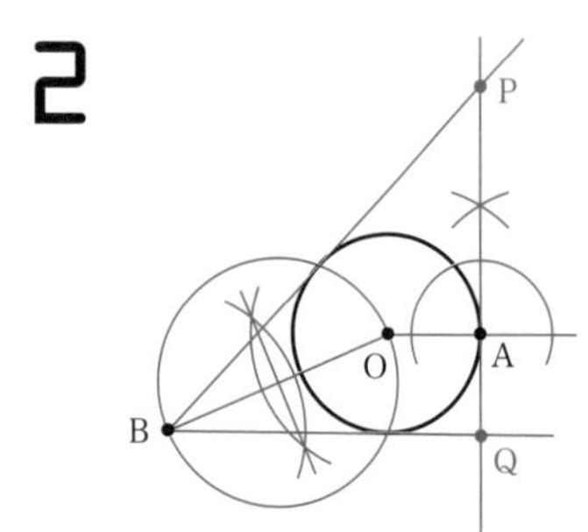

解説

点Aを接点とする円Oの接線は、点Aを通る直線OAの垂線になります。

また、点Bから円Oにひいた2本の接線と円Oとの接点は、線分BOを直径とする円と円Oとの交点になります。

3

$\frac{16}{3}\pi\text{cm}^3$

解説

円柱の体積は、$\pi\times 2^2\times 4=16\pi\,(\text{cm}^3)$

球の体積は、$\frac{4}{3}\pi\times 2^3=\frac{32}{3}\pi\,(\text{cm}^3)$

したがって、$16\pi-\frac{32}{3}\pi=\frac{16}{3}\pi\,(\text{cm}^3)$

4

(証明) △ABDと△ECBにおいて、

仮定から、∠DBA=∠BCE　……①

∠BCD=∠BDCだから、BD=CB　……②

AD//BCで、平行線の錯角は等しいから、

∠ADB=∠EBC　……③

①、②、③より、1組の辺とその両端の角がそれぞれ等しいから、

△ABD≡△ECB

合同な図形の対応する辺は等しいから、

AB=EC

5

(1) (証明) △ABCと△OEBにおいて、

OD//ACで、平行線の同位角は等しいから、∠CAB=∠BOE　……①

∠ACBは半円の弧に対する円周角だから、∠ACB=90°　……②

円の接線は、接点を通る半径に垂直だから、∠OBE=90°　……③

②、③より、∠ACB=∠OBE　……④

①、④より、2組の角がそれぞれ等しいから、△ABC∽△OEB

(2)① 6 cm　② $\frac{20}{3}$ cm

解説

(2)①△ABCは直角三角形だから、三平方の定理より、

$AC^2=AB^2-BC^2=10^2-8^2=100-64=36$

AC>0だから、$AC=\sqrt{36}=6\,(\text{cm})$

②(1)より、△ABC∽△OEBだから、

CB：BE=CA：BO、8：BE=6：5、40=6BE、

$BE=\frac{40}{6}=\frac{20}{3}\,(\text{cm})$

実戦テスト 5 (本文148〜149ページ)

1
(1) 0.12　　(2) 15日以上20日未満

(3) ア、ウ、オ

解説

(2) 13番目の日数がふくまれる階級です。

(3) **ア**…Q組で日記を15日以上書いた生徒数は、$8+8+5=21$(人)だから、正しい。

イ…P組の最頻値は17.5日、Q組の最頻値は12.5日だから、正しくない。

ウ…日記を書いた日数が20日以上25日未満の生徒の割合は、P組が$5\div25=0.2$、Q組が$8\div40=0.2$だから、正しい。

エ…どちらの組の最大値も25日以上30日未満の階級にふくまれるが、どちらの組の最大値が大きいかはわからない。

オ…5日以上10日未満の階級の累積相対度数は、P組が$0.12+0.12=0.24$、
Q組が$0.05+0.125=0.175$だから、P組のほうがQ組より大きいので、正しい。

2
イ、エ

解説

ア…平均値は、この図からはわからないから、正しくない。

イ…第3四分位数は、1組が7冊、2組が8冊だから、正しい。

ウ…四分位範囲は、1組が$7-3=4$(冊)、2組が$8-3=5$(冊)だから、正しくない。

エ…第3四分位数は、データを小さいほうから順に並べたときの24番目の冊数です。第3四分位数は**イ**より、1組が7冊、2組が8冊だから、どちらの組にも7冊以上の生徒が8人以上いるので、正しい。

オ…10冊の生徒は、2組にはいるが、1組にはいるかどうかはわからないので、正しくない。

3
$\frac{3}{8}$

解説

点Pが原点Oにあるのは、硬貨を3回投げて、表が2回、裏が1回出たときです。

表を○、裏を×として、表と裏の出方を樹形図に表すと、表と裏の出方は全部で8通り。このうち、表が2回、裏が1回出る出方は3通りだから、求める確率は、$\frac{3}{8}$

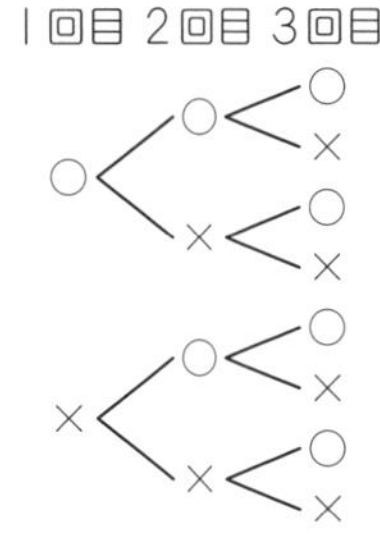

4
$\frac{3}{5}$

解説

赤球を❶、❷、青玉を③、④、⑤として、2個の玉の取り出し方を樹形図に表すと、玉の取り出し方は全部で20通り。

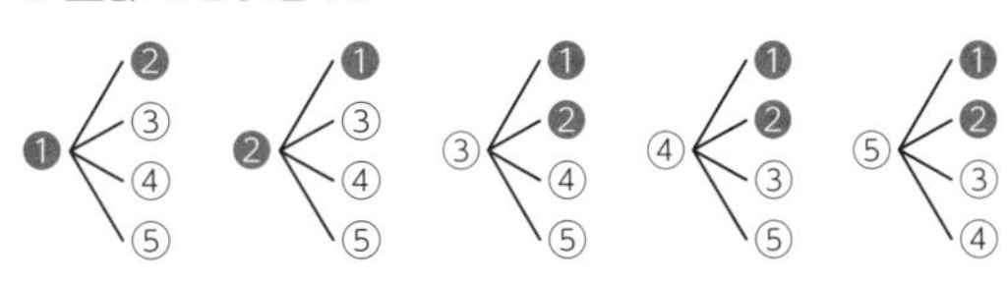

このうち、赤玉を1個、青玉を1個取り出すのは12通りだから、求める確率は、$\frac{12}{20}=\frac{3}{5}$

5
$\frac{5}{6}$

解説

2つのさいころをA、Bとすると、その目の出方は全部で36通り。

A＼B	1	2	3	4	5	6
1	2	3	4	5	6	7
2	3	4	5	6	7	8
3	4	5	6	7	8	9
4	5	6	7	8	9	10
5	6	7	8	9	10	11
6	7	8	9	10	11	12

目の数の和が6の倍数になるのは■の6通りだから、その確率は、$\frac{6}{36}=\frac{1}{6}$

したがって、目の数の和が6の倍数にならない確率は、$1-\frac{1}{6}=\frac{5}{6}$

6
およそ169匹

解説

養殖池にいる魚の総数をx匹とします。

養殖池における印のついた魚の割合は、数日後に捕獲した23匹の魚における印のついた魚の割合に等しいと考えられるから、$22:x=3:23$

$22\times23=3x$、$x=\frac{22\times23}{3}=168.6\cdots$

したがって、およそ169匹と推定されます。

模擬試験① (本文152〜155ページ)

1 (1) -6　(2) $-\sqrt{3}$
(3) $3ab$　(4) -1

2 (1) $x=\frac{3\pm\sqrt{29}}{10}$　(2) $y=3$　(3) $\frac{2}{3}$
(4) ① 40°　② 20°

解説 (4)① OB＝OC より、∠OBC＝(180°−130°)÷2＝25°　よって、∠DBC＝45°＋25°＝70°
DB＝DC より、∠BDC＝180°−70°×2＝40°
② ∠BAC＝$\frac{1}{2}$∠BOC＝$\frac{1}{2}$×130°＝65°
∠DCA＝∠BAC−∠BDC＝65°−40°＝25°
∠ACO＝∠DCB−∠DCA−∠OCB
＝70°−25°−25°＝20°

3 (1) $x=9$　$y=8$　(2) 24人
(3) イ、エ

解説 (3)ア　B 中学校では、記録が 28m 以上の生徒は 11 人いるが、30m 以上の生徒が 10 人以上いるとはいえません。
イ　記録が 20m 以上の生徒の割合は、
A 中学校は $\frac{23}{30}$=0.76…、B 中学校は $\frac{35}{50}$=0.70
ウ　最頻値は、A 中学校は 22m、B 中学校は 26m
エ　中央値がふくまれる階級は、A 中学校は 20m 以上 24m 未満の階級、B 中学校も 20m 以上 24m 未満の階級。
オ　24m 以上 28m 未満の階級の累積相対度数は、A 中学校は 0.80、B 中学校は 0.78

4

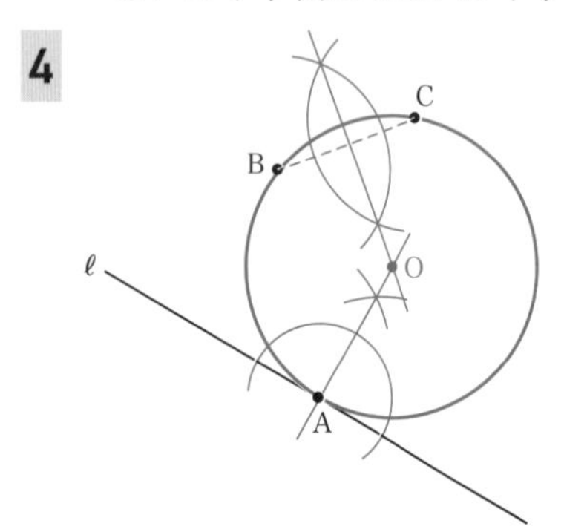

解説 (作図のしかた)
① ℓ ⊥OA だから、点 A を通る直線 ℓ の垂線を作図します。
② 点 O は 2 点 B、C から等しい距離にあるから、線分 BC の垂直二等分線を作図します。
③ ①と②の直線の交点を O として、点 O を中心にして半径 OA（または OB、OC）の円をかきます。

5 (1) $a=\frac{1}{3}$　(2) 27　(3) $t=3\sqrt{2}$

解説 (1) $y=ax^2$ に点 A の座標を代入する。
(2) 点 B の y 座標は、$y=\frac{1}{3}\times3^2=3$ だから、
B(3, 3)
よって、直線 AB の式は、$y=-x+6$
直線 AB と y 軸との交点を C とすると、
C(0, 6)
したがって、△OAB＝△OAC＋△OBC
$=\frac{1}{2}\times6\times6+\frac{1}{2}\times6\times3=18+9=27$
(3) 点 P の x 座標は t、点 Q の x 座標は $-t$ だから、PQ$=t-(-t)=2t$
点 P の y 座標は $\frac{1}{3}t^2$、点 R の y 座標は $-t+6$
だから、PR$=\frac{1}{3}t^2-(-t+6)=\frac{1}{3}t^2+t-6$
PQ＝2PR だから、$2t=2\left(\frac{1}{3}t^2+t-6\right)$
これを解くと、$\frac{1}{3}t^2=6$、$t^2=18$、$t=\pm3\sqrt{2}$
$t>3$ だから、$t=3\sqrt{2}$

6 (1) 54°　(2) 3：4
(3) **(証明)**　△AGIと△CHJにおいて、
仮定から、AG＝CH　……①
AB∥DCで、平行線の錯角は等しいから、
∠AGI＝∠CHJ　……②
平行四辺形の対角は等しいから、
∠BAD＝∠DCB　……③
四角形AECFにおいて、
AF∥EC、AF＝EC
1組の対辺が平行でその長さが等しいので、
四角形AECFは平行四辺形だから,
∠FAE＝∠ECF　……④
ここで、∠GAI＝∠BAD−∠FAE
∠HCJ＝∠DCB−∠ECF

これと③、④より、$\angle$GAI＝$\angle$HCJ……⑤
①、②、⑤より、1組の辺とその両端の角がそれぞれ等しいので、△AGI≡△CHJ

解説 (1) $\angle$CDF＝$\angle$ABC＝72°
DC＝DF より、$\angle$DFC＝(180°−72°)÷2＝54°
AD∥BC で、平行線の錯角は等しいから、
$\angle$BCF＝$\angle$DFC＝54°

(2) 点 A から辺 BC にひいた垂線の長さを h cm とすると、

$\triangle ABE=\frac{1}{2}\times 6\times h=3h(\text{cm}^2)$

四角形 AECF の面積は、$4\times h=4h(\text{cm}^2)$
△ABE：(四角形 AECF の面積)＝$3h$：$4h$
＝3：4

7 (1) 9cm　(2) $18\sqrt{2}\pi$ cm³
(3) $9\sqrt{3}$ cm

解説 (1) 円錐の側面積は、(表面積)−(底面積)より、
$36\pi-\pi\times 3^2=27\pi(\text{cm}^2)$

よって、$\frac{1}{2}\times 2\pi\times 3\times \text{OA}=27\pi$、OA＝9(cm)

(2) OB⊥AB より、△OAB は直角三角形だから、$\text{OB}^2=9^2-3^2=72$
OB＞0 だから、$\text{OB}=\sqrt{72}=6\sqrt{2}$(cm)
したがって、円錐の体積は、

$\frac{1}{3}\times\pi\times 3^2\times 6\sqrt{2}=18\sqrt{2}\pi(\text{cm}^3)$

(3) 側面のおうぎ形の中心角の大きさは、

$360^\circ\times\frac{2\pi\times 3}{2\pi\times 9}=120^\circ$

よって、円錐の側面の展開図は、右の図のような半径 9cm、中心角 120° のおうぎ形になります。

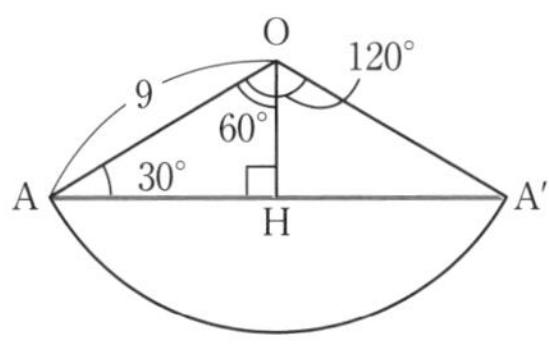

糸がもっとも短くなるのは、糸が線分 AA′ になるときです。
△OAH は、3 つの角が 30°、60°、90° の直角三角形だから、OA：OH：AH＝2：1：$\sqrt{3}$

よって、$\text{AH}=\frac{9\sqrt{3}}{2}$(cm)

したがって、$\text{AA}'=\frac{9\sqrt{3}}{2}\times 2=9\sqrt{3}$(cm)

模擬試験② (本文156～159ページ)

1 (1) $\frac{8}{3}$　(2) 1
(3) $\frac{5a-4b}{18}$　(4) x^2-y^2+6y-9

2 (1) $x=2$、$y=-4$　(2) 3
(3) $a=\frac{2}{3}$　(4) 8回　(5) 21°

解説 (5) $\angle$ABC
＝$\angle$BAC＝67°
平行四辺形の対角は等しいから、
$\angle$ADC＝$\angle$ABC＝67°

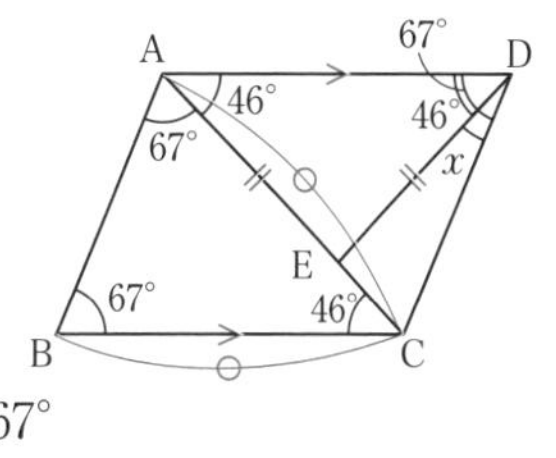

また、$\angle$ACB＝180°−67°×2＝46°
AD∥BC だから、$\angle$EAD＝$\angle$ACB＝46°
AE＝DE だから、$\angle$EDA＝$\angle$EAD＝46°
したがって、$\angle x$＝67°−46°＝21°

3 Aの百の位の数を x、一の位の数を y とする。
Aの各位の数の和が12だから、$x+1+y=12$
これを整理して、$x+y=11$　……①
Aは、$100x+10\times 1+y=100x+y+10$、
Bは、$100y+10\times 1+x=x+100y+10$
と表せるから、
$(100x+y+10)-(x+100y+10)=297$
これを整理して、$x-y=3$　……②
①、②を連立方程式として解くと、$x=7$、$y=4$
したがって、自然数Aは、714

4 (1) $\frac{1}{6}$　(2) $\frac{2}{9}$

解説 A、B 2つのさいころの目の出方は全部で36通り。
(1) 点 P が直線 $y=x$ 上にあるような目の出方は、(1, 1)、(2, 2)、(3, 3)、(4, 4)、(5, 5)、(6, 6)の 6 通りだから、$\frac{6}{36}=\frac{1}{6}$

(2) △PQR が直角三角形になるような点 P は、右の図の 8 つの場合があるから、求める確率は、
$\frac{8}{36}=\frac{2}{9}$

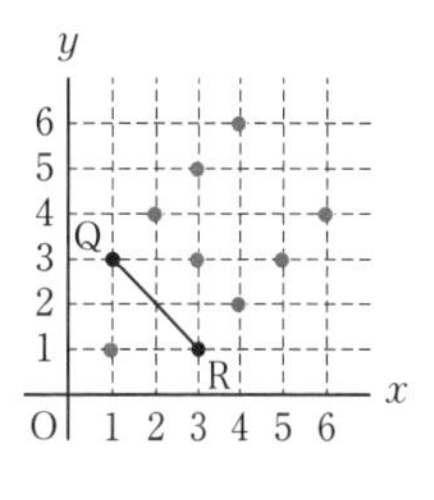

5 (1)

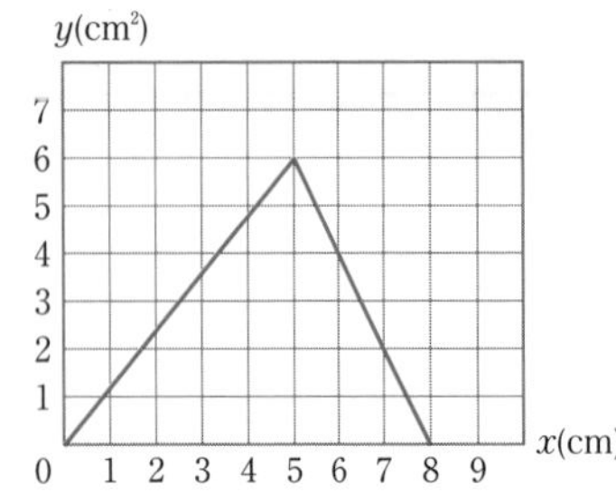

(2) $x=\frac{10}{3}$、6

解説 (1) $AB^2=3^2+4^2=25$

$AB>0$ だから、$AB=\sqrt{25}=5$(cm)

$0 \leqq x \leqq 5$ のとき、点 P は辺 AB 上にあります。

△APC：△ABC＝AP：AB、

$y:6=x:5$ より、$y=\frac{6}{5}x$

$5 \leqq x \leqq 8$ のとき、点 P は辺 BC 上にあります。

$PC=5+3-x=8-x$ だから、

$y=\frac{1}{2}\times(8-x)\times4=-2x+16$

(2) $0 \leqq x \leqq 5$ のとき、$\frac{6}{5}x=4$ より、$x=\frac{10}{3}$

$5 \leqq x \leqq 8$ のとき、$-2x+16=4$ より、$x=6$

6 (1) 8　　(2) $a=-\frac{1}{4}$

(3) $\left(\frac{21}{5},\ \frac{63}{10}\right)$

解説 (1) $8=\frac{1}{2}x^2$ より、$x^2=16$、$x=\pm4$

A(4, 8)、B(−4, 8)より、$AB=4-(-4)=8$

(2) CD＝12 だから、点 C の x 座標は、$12\div2=6$

よって、C(6, −9)　$y=ax^2$ に点 C の座標を代入すると、$-9=a\times6^2$、$a=-\frac{1}{4}$

(3) D(−6, −9)だから、直線 OD の式は、

$y=\frac{3}{2}x$ ……①　直線 AC の式を $y=bx+c$ とおき、この式に 2 点 A、C の座標を代入すると、$8=4b+c$ ……②、$-9=6b+c$ ……③

②、③より、$b=-\frac{17}{2}$、$c=42$

直線 AC の式は、$y=-\frac{17}{2}x+42$ ……④

①、④より、$x=\frac{21}{5}$、$y=\frac{63}{10}$

7 (1) 8本　　(2) $24\sqrt{3}$ cm³

(3) $5\sqrt{3}$ cm²

解説 (1) 辺 CI、DJ、EK、FL、HI、IJ、KL、LG の 8 本。

(2) 底面の正六角形は、右の図のように、1 辺 2cm の正三角形を 6 個合わせたものだから、底面積は、

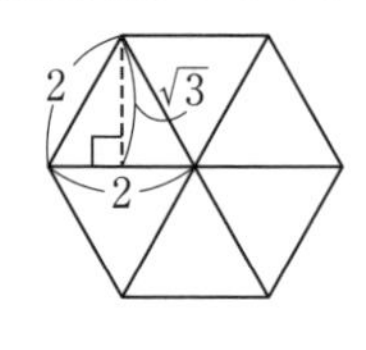

$\frac{1}{2}\times2\times\sqrt{3}\times6=6\sqrt{3}$(cm²)

したがって、体積は、$6\sqrt{3}\times4=24\sqrt{3}$(cm³)

(3) △EGKで、EK＝4cm、$GK=2\times\sqrt{3}=2\sqrt{3}$(cm)

だから、$EG^2=4^2+(2\sqrt{3})^2=28$

$EG>0$ だから、$EG=\sqrt{28}=2\sqrt{7}$(cm)

$EI=EG=2\sqrt{7}$ cm、$GI=GK=2\sqrt{3}$ cm だから、

△EGI は、右の図のような二等辺三角形になります。

点 E から GI に垂線をひき、その交点を M とすると、点 M は線分 GI の中点だから、

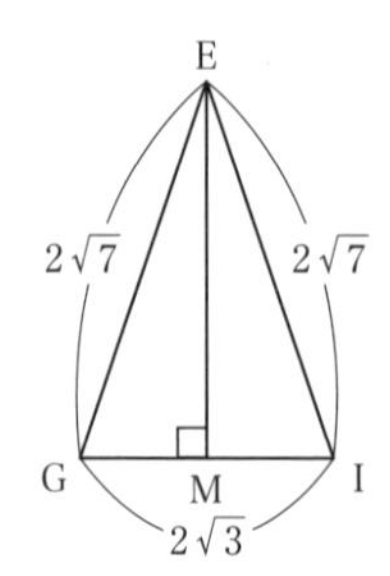

$EM^2=(2\sqrt{7})^2-(\sqrt{3})^2=25$

$EM>0$ だから、$EM=\sqrt{25}=5$(cm)

したがって、$△EGI=\frac{1}{2}\times2\sqrt{3}\times5=5\sqrt{3}$(cm²)

8 (1) **(証明)**　**△AECと△CEOにおいて、**

共通な角だから、∠AEC＝∠CEO ……①

$\overset{\frown}{BC}$に対する円周角だから、

∠CAE＝∠CDB ……②

CO∥BDで、平行線の錯角は等しいから、

∠CDB＝∠OCE ……③

②、③より、∠CAE＝∠OCE ……④

①、④より、2組の角がそれぞれ等しいから、

△AEC∽△CEO

(2) 36°

解説 (2) OC＝OA だから、

∠ACO＝∠CAB＝27°

また、(1)より、

△AEC∽△CEO だから、

∠OCE＝∠CAE＝27°

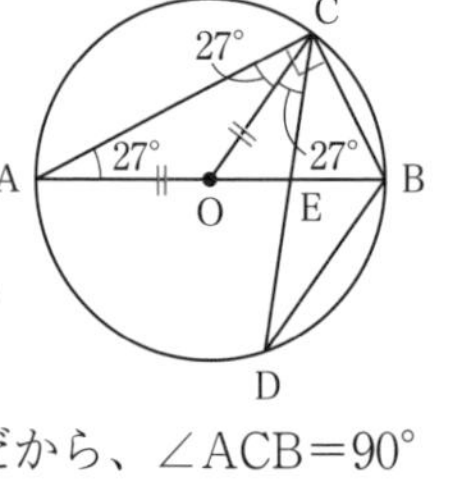

線分 AB は円 O の直径だから、∠ACB＝90°

したがって、∠BCD＝90°−(27°＋27°)＝36°

③